□ 中国高等职业技术教育研究会推荐

高职高专系列规划教材

特 种 加 工

主　编　杨武成

副主编　张康智　黄　勇

主　审　宋文学

西安电子科技大学出版社

内 容 简 介

本书共 8 章，内容包括概述、电火花加工、电火花线切割加工、电化学加工、激光加工、超声波加工、电子束和离子束加工、其他特种加工等。重点介绍了电火花加工、电火花线切割加工、电化学加工的原理、工艺规律、加工工艺及其应用实例等。根据高职高专教学要求，本书兼顾特种加工理论和具体加工工艺，理论讲述与实例分析并重，力争使读者能学以致用、融会贯通。

本书适合作为高职高专院校模具、机械制造、机电、数控技术应用等专业的特种加工课程的教材，也可作为电火花成型加工、线切割加工等机床操作工的职业培训用书，还可供从事模具制造等机械制造行业的专业人员参考。

★本书配有电子教案，需要者可登录出版社网站，免费下载。

图书在版编目(CIP)数据

特种加工/杨武成主编 . —西安：西安电子科技大学出版社，2009.8(2017.5 重印)
高职高专系列规划教材
ISBN 978 - 7 - 5606 - 2314 - 6

Ⅰ. 特… Ⅱ. 杨… Ⅲ. 特种加工—高等学校：技术学校—教材 Ⅳ. TG66

中国版本图书馆 CIP 数据核字(2009)第 119131 号

策　　划	云立实
责任编辑	马晓娟　云立实
出版发行	西安电子科技大学出版社(西安市太白南路 2 号)
电　　话	(029)88242885　88201467　　　邮　编　710071
网　　址	www.xduph.com　　　　　电子邮箱　xdupfxb001@163.com
经　　销	新华书店
印刷单位	陕西天意印务有限责任公司
版　　次	2009 年 8 月第 1 版　2017 年 5 月第 4 次印刷
开　　本	787 毫米×1092 毫米　1/16　印　张 13.375
字　　数	313 千字
印　　数	11001～14 000 册
定　　价	22.00 元

ISBN 978 - 7 - 5606 - 2314 - 6/TG · 0024

XDUP 2606001 - 4

前　言

特种加工是将电、热、光、声、化学等能量或其组合施加到被加工工件的特定部位上去除材料的加工方法，也被称为非传统加工。特种加工技术应用日益广泛，因此成为高技能型人才必须掌握的一门技术，"特种加工"课程也成为机械类专业学生必修的一门专业课程。

在实际应用中，特种加工设备的 90%以上主要用于模具加工，占模具加工总量的30%～60%，成为模具制造的重要工艺技术手段。在其他制造行业，特种加工广泛应用于加工各种高硬度、形状复杂、微细、精密、薄壁等常规加工无法完成或很难完成的工件。近十几年来，国内外仅电加工机床年产量的平均增长率就已经大大高于金属切削机床的增长率，相应地，对从事特种加工的技术人员的需求也不断地增长。为了适应高层次技能型人才培养的需要，适应特种加工技术的迅速发展和应用的需要，我国高职高专层次的机械类专业均开设了"特种加工"课程，并且模具专业对该课程的要求还相对其他专业较高。

本书按照企业实际应用情况重点讲解了电火花加工、电火花线切割加工、电化学加工的原理、工艺规律、加工工艺及其应用实例分析等，简单介绍了其他特种加工的原理及其应用。在具体内容编写时，以模具专业(45 学时)为主要使用对象编排，其他专业，如机械制造专业、机电专业(30 学时)可以适当删减部分内容，以达到教学大纲的要求。

本书适合作为高职高专院校模具、机械制造、机电、数控技术应用等专业的"特种加工"课程的教材，也可作为电火花成型加工、线切割加工等机床操作工的职业培训用书，还可供从事模具制造等机械制造行业的专业人员参考。

本书由西安航空技术高等专科学校机械工程系杨武成(第 1 章、第 2 章 2.6 节、第 3章、第 4 章 4.3 和 4.4 节、第 5 章)、张康智(第 2 章 2.1～2.5 节、第 4 章 4.1 和 4.2 节)和黄勇(第 6～8 章)编写。全书由杨武成统稿。西安航空技术高等专科学校机械工程系主任宋文学担任主审。在本书编写过程中，得到了西安航空技术高等专科学校机械工程系领导、西安电子科技大学出版社云立实编辑等的大力支持和帮助，也参考了部分同类教材，引用了部分标准和技术文献资料，在此对相关单位、专家和老师一并表示衷心的感谢。

由于编者水平有限，加之时间仓促，书中难免存在不足之处，敬请广大读者批评指正。

编　者

2009 年 5 月

目　　录

第 1 章　概　　述

1.1　特种加工的产生原因

推动人类社会进步的两个工具是语言和劳动工具。劳动工具经历了石器时代、青铜器时代后进入了机器化时代，而机械加工则是伴随着时代的进步而发展的。

传统的机械加工已有非常悠久的历史，它对人类的生产活动和物质文明起到了极大的推动作用。例如，18 世纪 70 年代就发明了蒸汽机，但苦于制造不出高精度的蒸汽机汽缸而无法推广应用。直到后来有人创造出和改进了汽缸镗床，解决了蒸汽机主要部件的加工工艺，才使得蒸汽机获得广泛应用，引起了世界性的第一次产业革命。这一事实充分说明了加工方法对新产品的研制、推广和社会经济的发展等起着重大的作用。

但是，从第一次产业革命直到第二次世界大战之前，在这段长达 150 多年靠机械切削加工的漫长年代里，并没有产生特种加工的迫切要求，也没有发展特种加工的充分条件，人们的思想一直局限在自古以来传统的用机械能量或热能所提供的切削力来除去多余的金属，以达到加工要求的方式。

随着社会生产的需要和科学技术的进步，20 世纪 40 年代，前苏联科学家拉扎连柯夫妇在研究开关触点遭受火花放电腐蚀损坏的现象和原因时，发现电火花的瞬时高温可使局部的金属熔化、汽化而被蚀除掉，从而开创和发明了变有害的电蚀为有用的电火花加工的方法。他们用铜杆在淬火钢上加工出小孔的实验验证了用软的工具可加工任何硬度的金属材料这一事实，首次摆脱了传统的切削加工方法，直接利用电能和热能来去除金属，获得了"以柔克刚"的效果。

进入 20 世纪 50 年代以来，由于现代科学技术的迅猛发展，机械工业、电子工业、航空航天工业、化学工业、医药工业、国防工业等蓬勃发展，尤其是国防工业部门，要求尖端科学技术产品向高精度、高速度、大功率、小型化方向发展，以及能在高温、高压、重载荷或腐蚀环境下长期可靠地工作。为了适应这些要求，各种新结构、新材料和复杂形状的精密零件大量出现，其结构和形状越来越复杂，材料越来越强韧，对精度要求越来越高，对加工表面粗糙度和完整性要求越来越严格，使机械制造面临着一系列严峻的任务：

（1）解决各种难切削材料的加工问题。如硬质合金、钛合金、高温合金、耐热钢、不锈钢、淬火钢、金刚石、石英以及锗、硅等各种高硬度、高强度、高韧性、高脆性的金属及非金属材料的加工。

（2）解决各种特殊复杂型面的加工问题。如喷气涡轮机叶片、整体涡轮、发动机机匣、锻压模和注塑模等的立体成型表面，各种冲模、冷拔模等特殊断面的型孔，炮管内膛线、喷油嘴、喷丝头上的小孔、异形孔、窄缝等的加工。

（3）解决各种超精密、光整零件的加工问题。如对表面质量和精度要求很高的航天用仪器、航空陀螺仪、精密光学透镜、激光核聚变用的曲面镜、高灵敏度的红外传感器等的精细表面加工，形状和尺寸精度要求在 $0.1\ \mu m$ 以上，表面粗糙度要求在 $0.01\ \mu m$ 以上。

（4）特殊零件的加工问题。如大规模集成电路、光盘基片、复印机和打印机的感光鼓、微型机械、微型医疗器械和机器人零件、细长轴、薄壁零件、弹性元件等低刚度零件的加工。

要解决上述一系列问题，仅仅依靠传统的机械切削加工方法很难实现，有些根本无法实现。在生产的迫切需求下，人们通过各种渠道，借助于多种能量形式，不断研究和探索新的加工方法。特种加工技术就是在这种环境和条件下产生和发展起来的。

目前，特种加工已经成为制造领域不可缺少的重要方面，在难切削材料、复杂型面、精细零件、低刚度零件、模具加工、快速原形制造以及大规模集成电路等领域发挥着越来越重要的作用。

1.2　特种加工的定义及分类

传统切削加工的本质和特点：一是所用刀具材料比工件更硬；二是利用机械能把工件上多余的材料切除。借助于除机械能以外的其他能量形式去除工件多余材料的新加工方法，统称为"特种加工"，国外称为"非传统加工"或"非常规机械加工"。

特种加工是指利用光、电、声、热、化学、磁、原子能等能源或其组合施加到工件被加工的部位上，从而实现材料去除的加工方法，也称为非传统加工方法（NTM，Non-Traditional Machining）。

特种加工的特点和与传统切削加工的区别主要有：

（1）主要依靠机械能以外的其他能量（如电能、热能、光能、声能以及化学能或其组合等）来去除工件材料。

（2）工具的硬度可以低于被加工工件材料的硬度，在某些情况下，如在激光加工、电子束加工、离子束加工等加工过程中，根本不需要使用任何工具。

（3）在加工过程中，工具和工件之间不存在显著的机械切削力作用，工件不承受机械力，特别适合于精密加工低刚度零件。

（4）特种加工技术不仅可以采取单独的加工方法，更可以采用复合的加工方法。近年来，复合特种加工方法发展迅速，应用十分广泛。

由于具有上述特点，因此总体而言，特种加工技术可以加工任何硬度、强度、韧性、脆性的金属材料、非金属材料或复合材料，而且特别适合于加工复杂、微细表面和低刚度的零件，同时，有些方法还可以用于进行超精密加工、镜面加工、光整加工以及纳米级（原子级）的加工。

特种加工一般按能量来源和作用形式以及加工原理不同，可分为如表 1-1 所示的各种加工方法。

表 1-1　常用特种加工方法分类表

加 工 方 法		主要能量形式	作用形式	符号
电火花加工	电火花成型加工	电能、热能	熔化、汽化	EDM
	电火花线切割加工	电能、热能	熔化、汽化	WEDM
电化学加工	电解加工	电化学能	金属离子阳极溶解	ECM(ELM)
	电解磨削	电化学能、机械能	阳极溶解、磨削	EGM(ECG)
	电解研磨	电化学能、机械能	阳极溶解、研磨	ECH
	电铸	电化学能	金属离子阴极沉积	EFM
	涂镀	电化学能	金属离子阴极沉积	EPM
高能束加工	激光束加工	光能、热能	熔化、汽化	LBM
	电子束加工	电能、热能	熔化、汽化	EBM
	离子束加工	电能、机械能	切蚀	IBM
	等离子弧加工	电能、热能	熔化、汽化	PAM
物料切蚀加工	超声加工	声能、机械能	切蚀	USM
	磨料流加工	机械能	切蚀	AFM
	液体喷射加工	机械能	切蚀	HDM
化学加工	化学铣削	化学能	腐蚀	CHM
	化学抛光	化学能	腐蚀	CHP
	光刻	光能、化学能	光化学腐蚀	PCM
复合加工	电化学电弧加工	电化学能	熔化、汽化腐蚀	ECAM
	电解电化学机械磨削	电能、电化学能、机械能	离子溶解、熔化、切割	MEEC

尽管特种加工优点突出，应用日益广泛，但是各种特种加工的能量来源、作用形式、工艺特点不尽相同，其加工特点与应用范围自然也不一样，而且各自还具有一定的局限性，因此为了更好地应用和发挥各种特种加工的最佳功能及效果，必须依据工件材料、尺寸、形状、精度、生产率、经济性等情况作具体分析，区别对待，合理选择特种加工方法。几种常见的特种加工方法性能和效果综合比较如表 1-2 所示。

表 1-2　几种常用特种加工方法的综合比较

加工方法	可加工材料	工具损耗率/(%)(最低/平均)	材料去除率/(mm³/min)(平均/最高)	可达到的尺寸精度/mm(平均/最高)	可达到的表面粗糙度/μm(平均/最高)	主要适用范围
电火花成型加工	任何导电金属材料,如硬质合金钢、耐热钢、不锈钢、淬火钢、钛合金等	0.1/10	30/3000	0.03/0.003	10/0.04	从数微米的孔、槽到数米的超大型模具、工件等,如各种类型的孔、各种类型的模具,还可进行刻字、表面强化等加工
电火花线切割加工		较小(可补偿)	20/500①(mm²/min)	0.02/0.002	5/0.04	切割各种二维及三维直纹面组成的模具及零件,可直接切割样板等,也常用于钼、钨、半导体材料或贵重金属的切削
电解加工		不损耗	100/10000	0.1/0.01	1.25/0.16	从微小零件到超大型工件、模具的加工,如型孔、型腔的加工及抛光、去毛刺等
电解磨削		1/50	1/100	0.02/0.001	1.25/0.04	硬质合金钢等难加工材料的磨削,如硬质合金刀具、量具、轧辊的加工及小孔研磨、珩磨等
超声波加工	任何脆性材料	0.1/10	1/50	0.03/0.005	0.63/0.16	加工、切割脆硬材料,如玻璃、石英、宝石、金刚石、硅等,可加工型孔、型腔、小孔等
激光加工	任何材料	不损耗(三种加工没有成型用的工具)	瞬时去除率很高;受功率限制,平均去除率不高	0.01/0.001	10/1.25	精密加工小孔、窄缝及成型切割、蚀刻,如金刚石拉丝模、钟表宝石轴承等
电子束加工					1.25/0.2	在各种难加工材料上打微小孔、切缝、蚀刻、焊接等,常用于制造大、中规模集成电路微电子器件
离子束加工		很低②	/0.01 μm		/0.01	对零件表面进行超精密、超微量加工、抛光、刻蚀、掺杂、镀覆等
水射流切割	钢铁、石材	无损耗	>300	0.2/0.1	20/5	下料、成型切割、剪裁
快速成型	增加材料方法加工,无可比性			0.3/0.1	10/5	快速制作样件、模具

注:① 线切割加工的金属去除率按惯例均用 mm²/min 为单位,但低速走丝和高速走丝机床间指标差异较大。

　　② 这类工艺主要用于精微和超精微加工,不能单纯比较材料去除率。

1.3　特种加工对制造业的影响

由于特种加工技术具有的特点以及逐渐被广泛应用，因此引起了机械制造领域内的许多变革。例如，对材料的可加工性、工艺路线的安排、新产品的试制过程、产品零件结构设计、零件结构工艺性好坏的衡量标准等产生了一系列的影响：

（1）提高了材料的可加工性。一般情况下，认为金刚石、硬质合金、淬火钢、石英、玻璃、陶瓷等是很难加工的，但是现在已经广泛采用的利用金刚石、聚晶金刚石、聚晶立方氮化硼等制造的刀具、工具、拉丝模具等都可以采用电火花、电解、激光等多种方法来加工，也即工件材料的可加工性不再与其硬度、强度、韧性、脆性等有直接的关系。对于电火花、线切割等加工技术而言，淬火钢比未淬火钢更容易加工。特种加工方法使材料的可加工范围从普通材料发展到硬质合金、超硬材料和特殊材料。

（2）改变了零件的典型工艺路线。在传统的加工领域，除磨削加工以外，其他的切削加工、成型加工等都必须安排在淬火热处理工序之前，这是工艺人员不可违反的工艺准则。特种加工技术的出现，改变了这种一成不变的程序格式。由于特种加工基本上不受工件材料硬度的影响，而且为了免除加工后再淬火引起热处理变形，一般都是先淬火处理而后加工。最为典型的是，电火花线切割加工、电火花成型加工、电解加工等都必须先进行淬火处理后再加工。

特种加工的出现还对以往工艺路线的"工序分散"和"工序集中"产生了影响。以加工齿轮、连杆等型腔锻模为例，由于特种加工过程中没有显著的机械作用力，因此机床、夹具、工具的强度、刚度不是主要矛盾，即使是较大的、复杂的加工表面，往往使用一个复杂工具、简单的运动轨迹，经过一次安装、一道工序就可以加工出来，工序比较集中。

（3）大大缩短了新产品的试制周期。以往试制新产品的关键零部件时，必须先设计、制造相应的刀、夹、量具和模具以及二次工装，现在试制新产品时，采用精密与特种加工技术就可以直接加工出各种标准和非标准直齿轮，微型电动机定子、转子硅钢片，各种变压器铁芯，各种特殊及复杂的二次曲面体零件，可以不用设计和制造相应的刀具、夹具、量具、模具以及二次工装，大大缩短了新产品的试制周期。而快速成型技术更是试制新产品的必要手段，改变了过去传统的产品试制模式。

（4）对产品零件的结构设计产生了很大的影响。例如，为了减少应力集中，花键孔、轴以及枪炮膛线的齿根部分最好做成小圆角，但拉削加工时刀齿做成圆角对排屑不利，容易磨损，因此刀齿只能设计与制造成无棱角的齿根，而采用电解加工技术时，由于存在尖角变圆的现象，因此必须采用小圆角的齿根。各种复杂冲模，如山形硅钢片冲模，以往由于难以制造，经常采用镶拼式结构，现在采用电火花、线切割加工技术后，即使是硬质合金的模具或刀具，也可以制成整体式结构。喷气发动机涡轮也由于电解加工技术的出现而可以采用整体式结构。

（5）对传统的结构工艺性好与坏的衡量标准产生了重要影响。以往普遍认为方孔、小孔、弯孔、窄缝等是工艺性差的典型，是设计人员和工艺人员非常"忌讳"的，有的甚至是机械结构的"禁区"。而对于电火花穿孔加工、电火花线切割加工来说，加工方孔和加工圆孔的难易程度是一样的。喷油嘴小孔，喷丝头小异形孔，涡轮叶片上大量的小冷却深孔、窄缝，静压轴承和静压导轨的内油囊型腔等的加工,在采用电火花加工技术以后都变难为易了。过去,若淬火处理以前忘了钻定位销孔、铣槽等工艺,那么淬火处理后这种工件只能报废,现在则可以用电火花打孔、切槽等进行补救。相反,现在有时为了避免淬火处理产生开裂、变形等缺陷,故意把钻孔、开槽等工艺安排在淬火处理之后,使工艺路线安排更为灵活。

(6) 特种加工已经成为微细加工和纳米加工的主要手段。近年来出现并快速发展的微细加工和纳米加工技术,主要是电子束、离子束、激光、电火花、电化学等电物理、电化学特种加工技术,学习和掌握这种加工技术后,可以使设计和工艺技术人员采用更小的结构,甚至微细结构。

1.4　特种加工的发展趋势

目前,国际上对特种加工技术的研究主要表现在以下几个方面:

(1) 微细化。目前,国际上对微细电火花加工、微细超声波加工、微细激光加工、微细电化学加工等的研究方兴未艾,特种微细加工技术有望成为三维实体微细加工的主流技术。

(2) 特种加工的应用领域正在拓宽。例如,非导电材料的电火花加工,电火花、激光、电子束表面改性等。

(3) 广泛采用自动化技术。充分利用计算机技术对特种加工设备的控制系统、电源系统进行优化,建立综合参数自适应控制装置、数据库等,进而建立特种加工的 CAD/CAM 和 FMS 系统,这是当前特种加工技术的主要发展趋势。

(4) 用简单工具电极加工复杂的三维曲面是电解加工和电火花加工的发展方向。目前已实现用四轴联动线切割机床切出扭曲变截面的叶片。随着设备自动化程度的提高,实现特种加工柔性制造系统已成为各工业国家追求的目标。

我国的特种加工技术起步较早。20 世纪 50 年代中期,我国工厂已设计并研制出电火花穿孔机床。60 年代末,上海电表厂张维良工程师在阳极—机械切割的基础上发明了我国独创的高速走丝线切割机床,上海复旦大学研制出电火花线切割数控系统,从此,电火花、线切割加工技术在我国迅猛发展并遍地开花。1979 年,我国成立了全国性的电加工学会。2006 年,我国电火花穿孔成型机床年产量大于 3000 台;电火花数控线切割机床年产量大于 40 000 台;电加工机床生产企业由最初的 50 家增至 200 家以上。至此,我国电加工的机床总拥有量也跃居世界的前列。

但是,由于我国原有的工业基础薄弱,特种加工设备和整体技术水平与国际先进水平有不少差距,因此每年还需从国外进口 300 台以上高档电加工机床。我国大量生产的电加工机床往往是技术含量较低,售价和利润也较低的劳动力密集型的产品。这些都有待于我们去努力赶超,使我国从制造大国发展成制造强国。

习题与思考题

1—1　试阐述特种加工的产生缘由。特种加工的定义是什么?

1—2　说明特种加工与传统加工的本质区别。

1—3　特种加工带给制造业的重大影响有哪些?试举例说明。

第 2 章　电 火 花 加 工

2.1　电火花加工概述

电火花加工又称放电加工(Electrospark Machining)。电火花加工是一种电、热能加工方法。它是利用工具和工件两极间脉冲放电时局部瞬时产生的高温把金属熔化、汽化去除来对工件进行加工的一种方法。当用脉冲电流作用在工件表面上时,工件表面上导电部位即立即熔化,若电脉冲能量足够大,则金属将直接汽化,熔化的金属强烈飞溅而抛离电极表面,使材料表面形成电腐蚀的坑穴。如适当控制这一过程,就能准确地加工出所需的工件形状。在这一加工过程中,我们可看到放电过程中伴有火花,因此将这一加工方法称为电火花加工。

2.1.1　电火花加工的产生

早在 19 世纪初,人们就发现,插头或电器开关触点在闭合或断开时,会出现明亮的蓝白色的火花,因而烧损接触部位,而且使用较久的开关触点表面还可能出现许多麻点和缺口,这些就是火花放电和由它产生电腐蚀的结果。人们在研究如何延长电器触头使用寿命的过程中,认识了产生电腐蚀的原因,掌握了放电腐蚀的规律,但是并没有人将之应用于零件的加工。直到 1943 年,前苏联科学家拉扎连柯夫妇在研究电腐蚀现象的基础上,首次将电腐蚀原理运用到了生产制造领域,开创和发明了有用的电火花加工方法。人们经过试验发现,在煤油或机油中,火花放电所蚀除的金属量更多,并且能在工件表面上相当精确地复制出工具电极的轮廓,这就变害为利,逐渐发展为现在广泛应用的电火花加工。

目前,电火花加工技术已广泛应用于加工淬火钢、不锈钢、模具钢、硬质合金等难加工材料以及加工模具等具有复杂表面和特殊要求的零部件,在民用和国防工业中获得越来越多的应用。

2.1.2　电火花加工的特点

电火花加工的主要优点如下:

(1) 适合于任何难切削导电材料的加工。由于加工中材料的去除是靠放电时的电热作用实现的,因此材料的可加工性主要取决于材料的导电性及其热学特性,如熔点、沸点、比热容、导热系数、电阻率等,而几乎与其力学性能(硬度、强度等)无关。这样可以突破传统切削加工对刀具的限制,可以实现用软的工具加工硬韧的工件,甚至可以加工超硬材料。目前,电极材料多采用紫铜或石墨,因此工具电极较容易加工。

（2）可以加工特殊及复杂形状的零件。由于加工中工具电极和工件不直接接触，没有机械加工的切削力，因此适宜加工低刚度工件及微细加工。由于可以简单地将工具电极的形状复制到工件上，因此特别适用于复杂表面形状工件的加工，如复杂型腔模具加工等。数控技术的采用使得用简单的电极加工复杂形状零件也成为可能。

（3）脉冲参数可以在一个较大的范围内调节，因此可以在同一台机床上连续进行粗、半精及精加工。精加工时精度一般为 0.01 mm，表面粗糙度为 0.63～1.25 μm；微细加工时精度可达 0.002～0.004 mm，表面粗糙度为 0.04～0.16 μm。

（4）直接利用电能进行加工，便于实现加工过程的自动化，并可减少机械加工工序。加工周期短，劳动强度低，使用维护方便。

电火花加工也存在局限性，主要表现为：

（1）主要用于加工金属等导电材料，仅在特定条件下才可以加工半导体和非导体材料。

（2）一般加工速度较慢。因此通常安排工艺时多采用机械切削来去除大部分余量，然后再进行电火花加工以求提高生产率。但最近已有新的研究成果表明，采用特殊水基不燃性工作液进行电火花加工时，其生产率甚至高于切削加工。

（3）存在电极损耗。由于电极损耗多集中在尖角或底面，因此影响成型精度。但最近的机床产品已能将电极相对损耗比降至 0.1% 以下。

（4）最小角部半径有限制。一般电火花加工能得到的最小角部半径等于加工间隙（通常为 0.02～0.3 mm），若电极有损耗或采用平动或摇动加工，则角部半径还要增大。

2.1.3　电火花加工的分类

电火花加工按工具电极和工件相对运动的方式和用途的不同，大致可分为电火花穿孔成型加工、电火花线切割、电火花磨削和镗磨、电火花同步共轭回转加工、电火花高速小孔加工、电火花表面强化与刻字六大类。前五类属电火花成型、尺寸加工，是用于改变零件形状或尺寸的加工方法；后一类则属表面加工方法，用于改善或改变零件表面性质。以上六种类型中，电火花穿孔成型加工和电火花线切割加工应用最为广泛。

表 2-1 所示为电火花加工总的分类情况及各类加工方法的主要特点和用途。

表 2-1　电火花加工工艺方法分类

类别	工艺方法	特　点	用　途	备　注
Ⅰ	电火花穿孔成型加工	1. 工具和工件间主要只有一个相对的伺服进给运动； 2. 工具为成型电极，与被加工表面有相同的截面或相反的形状	1. 型腔加工：加工各类型腔模及各种复杂的型腔零件； 2. 穿孔加工：加工各种冲模、挤压模、粉末冶金模，各种异形孔及微孔等	约占电火花机床总数的 30%，典型机床有 D7125、D7140 等电火花穿孔成型机床

续表

类别	工艺方法	特　点	用　途	备　注
Ⅱ	电火花线切割加工	1. 工具电极为顺电极丝轴线移动着的线状电极； 2. 工具与工件在两个水平方向同时有相对伺服进给运动	1. 切割各种冲模和具有直纹面的零件； 2. 下料、截割和窄缝加工	约占电火花机床总数的 60%，典型机床有 DK7725、DK7732 数控电火花线切割机床
Ⅲ	电火花磨削和镗磨	1. 工具与工件有相对的旋转运动； 2. 工具与工件间有径向和轴向的进给运动	1. 加工高精度、良好表面精度的小孔，如拉丝模、挤压模、微型轴承内环、钻套等； 2. 加工外圆、小模数滚刀等	约占电火花机床总数的 3%，典型机床有 D6310，电火花小孔内圆磨床等
Ⅳ	电火花同步共轭回转加工	1. 成型工具与工件均作旋转运动，但二者角速度相等或成整倍数，相对应接近的放电点可有切向相对运动速度； 2. 工具相对工件可作纵、横向进给运动	以同步回转、展成回转、倍角速度回转等不同方式，加工各种复杂型面的零件，如高精度的异形齿轮，精密螺纹环规，高精度、高对称、良好表面精度的内、外回转体表面等	约占电火花机床总数的 1%，典型机床有 JN-2，JN-8 内外螺纹加工机床
Ⅴ	电火花高速小孔加工	1. 采用细管（>ϕ0.3 mm）电极，管内冲入高压水基工作液； 2. 细管电极旋转； 3. 穿孔速度极高（60 mm/min）	1. 线切割穿丝孔； 2. 深径比很大的小孔，如喷嘴等	约占电火花机床总数的 2%，典型机床有 D7003A 电火花高速小孔加工机床
Ⅵ	电火花表面强化与刻字	1. 工具在工件表面上振动； 2. 工具相对工件移动	1. 模具刃口，刀、量具刃口表面强化和镀覆； 2. 电火花刻字、打印记	约占电火花机床总数的 2%～3%，典型机床有 D9105 电火花强化机等

2.1.4　电火花加工在当前制造业中的应用现状及趋势

1. 电火花加工的发展概况

20 世纪 40 年代后期，前苏联科学家拉扎连柯夫妇针对插头或电器开关在闭合与断开时经常发生电火花烧蚀这一现象，经过反复的试验研究，终于发明了电火花加工技术，把对人类有害的电火花烧蚀转化为对人类有益的一种全新工艺方法。20 世纪 50 年代初研制出电火花加工装置，采用双继电器作控制元件，控制主轴头电动机的正、反转，达到调节电极与工件间隙的目的。这台装置只能加工出简单形状的工件，自动化程度很低。

我国是国际上开展电火花加工技术研究较早的国家之一。由中国科学院电工研究所牵头，于 20 世纪 50 年代后期先后研制了电火花穿孔机床和线切割机床。一些先进工业国，如瑞士、日本也加入电火花加工技术研究行列，使电火花加工工艺在世界范围取得巨大的发展，应用范围日益广泛。

我国电火花成型机床经历了双机差动式主轴头、电液压主轴头、力矩电动机或步进电动机主轴头、直流伺服电动机主轴头、交流伺服电动机主轴头到直线电动机主轴头的发展历程；控制系统也由单轴简易数控逐步发展到对双轴、三轴联动乃至更多轴的联动控制；脉冲电源也从最初的 RC 张弛式电源及脉冲发电机逐步发展到电子管电源、闸流管电源、晶体管电源、晶闸管电源及 RC 与 RLC 电源复合的脉冲电源。成型机床的机械部分也以滑动导轨、滑动丝杠副逐步发展为滑动贴塑导轨、滚珠导轨、直线滚动导轨及滚珠丝杠副，机床的机械精度达到了微米级，最佳加工表面粗糙度已由最初的 $32~\mu m$ 提高到目前的 $0.02~\mu m$，从而使电火花成型加工步入镜面、精密加工技术领域，与国际先进水平的差距逐步缩小。

电火花成型加工的应用范围从单纯的穿孔加工冷冲模具、取出折断的丝锥与钻头，逐步扩展到加工汽车、拖拉机零件的锻模、压铸模及注塑模具。近几年又大踏步跨进精密微细加工技术领域，为航空、航天及电子、交通、无线电通信等领域解决了切削加工无法胜任的一大批零部件的加工难题，如心血管的支架、陀螺仪中的平衡支架、精密传感器探头、微型机器人用的直径仅 1 mm 的电动机转子等的加工，充分展示了电火花加工工艺作为常规机械加工"配角"的重要作用。

2. 电火花加工在当前制造业中的应用

由于电花加工具有许多传统切削加工所无法比拟的优点，因此其应用领域日益扩大，目前已广泛应用于机械(特别是模具制造)、宇航、航空、电子、电机电器、精密机械、仪器仪表、汽车拖拉机等行业，以解决难加工材料及复杂形状零件的加工问题。加工范围已达到小至几微米的小轴、孔、缝，大到几米的超大型模具和零件。

电火花加工在各行业的应用主要表现在：

(1) 可直接加工各种金属及其合金材料、特殊的热敏感材料、半导体和非导体材料。

(2) 可加工各种形状复杂的型孔和型腔工件，包括圆孔、方孔、多边形孔、异形孔、曲线孔、螺纹孔、微孔等。

(3) 可加工深孔等型孔工件及各种型面的型腔工件。

(4) 可进行各种工件与材料的切割，包括材料的切断，特殊结构工件的切断，切割微细窄缝及微细窄缝组成的工件，如金属栅网、异型孔喷丝板、激光器件等。

（5）可加工各种成型刀、样板、工具、量具、螺纹等成型零件。

（6）可磨削各种工件，如小孔、深孔、内圆、外圆、平面等磨削和成型磨削。

（7）可刻字，打印铭牌和标记。

（8）可进行表面强化，如金属表面高速淬火、渗氮、渗碳、涂覆特殊材料及合金化等。

（9）还有一些辅助用途，如去除折断在工件中的丝锥、钻头，修复磨损件，跑合齿轮啮合件等。

3. 电火花加工的发展前景

伴随现代制造技术的快速发展，传统切削加工工艺也有了长足的进步，四轴、五轴甚至更多轴的数控加工中心先后面世，其主轴最高转速已高达$(7\sim8)\times10^5$ r/min。机床的精度与刚度也大大提高，再配上精密超硬材料刀具，切削加工的加工范围、加工速度与精度均有了大幅度提高。

面对现代制造业的快速发展，电火花加工技术在"一特二精"方面具有独特的优势。"一特"即特殊材料加工（如硬质合金、聚晶金刚石以及其他新研制的难切削材料），在这一领域，切削加工难以完成，但这一领域也是电加工的最佳研究开发领域。"二精"是精密模具及精密微细加工。如整体硬质合金凹模或其他凸模的精细补充加工。微精加工是切削加工的一大难题，而电火花加工由于作用力小，因而对加工微细零件非常有利。

随着计算机技术的快速发展，将以往的成功工艺经验进行归纳总结，建立数据库，开发出专家系统，使电火花成型加工及线切割加工的控制水平及自动化、智能化程度大大提高。新型脉冲电源的不断研究开发，使电极损耗大幅度降低，再辅以低能耗新型电极材料的研究开发，有望将电火花成型加工的成型精度及线切割加工的尺寸精度再提高一个数量级，达到亚微米级，则电火花加工技术在精密微细加工领域可进一步扩大其应用范围。

2.2　电火花加工的机理

2.2.1　电火花加工的基本原理

电火花加工的原理是基于工具和工件（正、负电极）之间脉冲性火花放电时的电腐蚀现象来蚀除多余的金属，以达到对零件的尺寸、形状及表面质量预定的加工要求。研究结果表明，电火花腐蚀的主要原因是：电火花放电时火花通道中瞬时产生大量的热，达到很高的温度，足以使任何金属材料局部熔化、汽化而被蚀除掉，形成放电凹坑。

电火花加工的原理如图 2-1 所示。工件 1 和工具电极 4（简称为电极）分别接脉冲电源的两极，并均浸泡在工作液中，电极在自动进给调节装置的驱动下，与工件间保持一定的放电间隙。电极的表面（微观）是凹凸不平的，当脉冲电压加到两极上时，某一相对间隙最小处或绝缘强度最低处的工作液将最先被电离为负电子和正离子，从而被击穿，形成放电通道，电流随即剧增，在该局部产生火花放电，瞬时高温使工件和工具表面都蚀除掉小部分金属。单个脉冲经过上述过程，完成了一次脉冲放电，而在工件表面留下一个带有凸边的小凹坑，如图 2-2 所示。这样以高频率连续不断地重复放电，工具电极不断向工件进给，工件材料不断被蚀除，最后工件整个被加工表面形成无数个小放电凹坑。这样，电极的轮廓形状便被复制到工件上，也即加工出了所需要的零件。

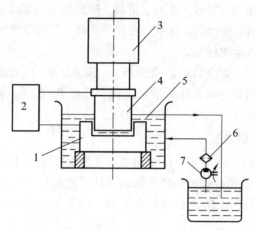

1—工件；　2—脉冲电源；　3—自动进给调节装置；
4—工具电极；　5—工作液；　6—过滤器；　7—液压泵

图 2-1　电火花加工原理示意图

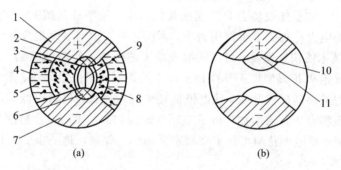

1—阳极；　2—阳极上抛出金属的区域；　3—熔化的金属微粒；
4—工作液；　5—凝固的金属微粒；　6—阴极上抛出金属的区域；
7—阴极；　8—气泡；　9—放电通道；　10—翻边凸起；　11—凹坑

图 2-2　放电间隙状况示意图
（a）放电间隙状况；（b）放电后的表面

2.2.2　电火花加工的形成条件

利用电火花加工方法对材料进行加工应具备以下条件：

（1）作为工具和工件的两极之间要有一定的距离（通常为数微米到数百微米），并且在加工过程中能维持这一距离。

（2）两极之间应充入介质。对导电材料进行尺寸加工时，两极间为液体介质；进行材料表面强化时，两极间为气体介质。

（3）输送到两极间的能量要足够大，即放电通道要有很大的电流密度（一般为 $10^5 \sim 10^{16}$ A/cm^2）。这样，放电时产生的大量的热才足以使任何导电材料局部熔化或汽化。

（4）放电应是短时间的脉冲放电，放电的持续时间为 $10^{-7} \sim 10^{-3}$ s，由于放电的时间短，使放电产生的热来不及传导扩散开去，从而把放电点局限在很小的范围内。

(5) 脉冲放电需要不断地多次进行，并且每次脉冲放电在时间上和空间上是分散的、不重复的。即每次脉冲放电一般不在同一点进行，避免发生局部烧伤。

(6) 脉冲放电后的电蚀产物能及时排运至放电间隙之外，使重复性脉冲放电顺利进行。

2.2.3 电火花加工的机理

火花放电时，电极表面的金属材料究竟是怎样被蚀除下来的，这是电火花加工的物理本质，也即电火花加工机理。

从大量实验资料来看，每次电火花腐蚀的微观过程是电场力、热力、磁力、流体动力等综合作用的过程。大致可分为四个阶段：极间介质的击穿形成放电通道；介质热分解，电极材料熔化、汽化及热膨胀；电蚀产物的抛出；间隙介质消电离。

1. 极间介质的击穿和放电通道的形成

电火花加工的基本原理决定了工作介质的击穿状态将直接影响电火花加工的规律性，因此必须掌握其击穿的规律和特征，尤其是击穿通道的特性参数（如通道截面尺寸、能量密度等）随击穿状态参数（如电参数、介质特性、电极特性及极间距离等参数）而变化的规律性。

电火花加工通常是在液体介质中进行的，属液体介质电击穿的应用范围。液体介质的电击穿是十分复杂的现象，影响因素很多，必须在特定的条件下总结特定的击穿机理。

电火花加工的工艺特性决定极间介质必定存在各种各样的杂质，如气泡、蚀除颗粒等，且污染程度是随机的，很难实现对击穿机理的定量研究。X 光影相技术的发展和应用使该研究进入了半定量化阶段。就电火花加工这一特定条件，通常所用的工作介质是煤油、水、皂化油水溶液及多种介质合成的专用工作液。用分光光度计观察电火花加工过程中放电现象，显示放电时产生氢气，氢气泡的电离膨胀导致了间隙介质的击穿。

气泡击穿理论表明，当液体介质中由于某种原因出现气泡（低密度区）时，液体的击穿过程首先在气泡中发生，气体电离产生的电子在强电场的作用下高速向阳极运动，在气液界面与液体分子碰撞，进一步导致液体分子的汽化电离。另一方面，电子在气相中的运动还会造成分子、离子的激发。这些处于受激状态的离子在回复常态的过程中，要释放出光子，在液相中产生光致电离使液体汽化。气泡不断在两极间加长，当气相连通两极时，气体电离程度猛增，雪崩电离形成等离子通道，液体介质完全击穿。

气相与液相共存，气相首先电离击穿的原因有两个：一是气体的介电常数小，因此气泡中的电场强度比液体中的高；二是气体的击穿电场强度比液体低得多。

介质中气泡产生的原因：工艺过程导致外界空气混入电介液，吸附于电极表面；电极表面微观不平度的尖峰（尖峰半径小于 10 μm）处电场集中，产生局部放电，即电晕放电，引起该处液体汽化；导电杂质颗粒在电场力的作用下，被拉入放电间隙，搭桥连通两极，由于焦耳热而熔化、汽化。

从雪崩电离开始到建立放电通道的过程非常迅速，一般为 0.1～0.01 μs，间隙电阻从绝缘状况迅速降低到几分之一欧姆，间隙电流迅速上升到最大值（几安到几百安）。间隙电压由击穿电压迅速下降到火花维持电压（一般约为 20～25 V）。图 2-3 所示为矩形波脉冲放电时的极间电压和电流波形。

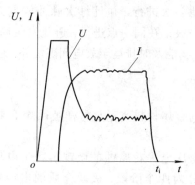

图 2-3　矩形脉冲时的极间电压和电流波形

球形气泡和贯通两极的柱形气泡雪崩电离形成的等离子通道具有不同的物理特征。贯通两极的柱形气泡形成的放电通道是圆柱形，通道的初始尺寸等于柱形气泡直径。若柱形气泡直径过小(小于 8 μm)，则形成的放电通道将不稳定，产生摇摆和扩径。电极表面的球形气泡形成的通道呈树状结构，杆部的直径近似为尖峰半径，杆部的长度大约为 40 μm。极间距离小于 40 μm，通道的初始尺寸约等于杆部的直径 10 μm；极间距离大于 40 μm，通道的初始尺寸取决于树状通道的头部尺寸 40~50 μm。树状结构头部的发展是个不稳定的过程，枝的方向随机不定，不能形成方向、尺寸稳定的通道。这两种方式形成的初始放电通道物理特征都不受电参数的影响，且当液体介质的粘度小于 10^{-5} m^2/s 时，也不受介质参数的影响。

初始电子(气泡初始电离产生)的存在和足够高的电场强度是在液体介质中形成放电通道的必要条件。极间电压和极间距离直接影响极间电场强度，电压升高时，击穿所需时间减少，通道电流密度的上升率增大，进而能量密度的上升率增大。极间距离既影响极间电场强度，又影响电子碰撞电离的效果。间距大时，电子在极间运动的时间长，碰撞次数多，逐级电离效果增强，使击穿所需电场强度降低。但间距的增大却减小了极间外加电场强度。综合作用的结果是对击穿通道的形成和电流波形没有明显的影响。极性对击穿所需时间有明显的影响。雪崩电离过程是由电子的运动决定的，因为正离子的质量接近于分子的质量，在电场的作用下以一定速度飞向阴极的正离子与分子碰撞，几乎将全部能量传给分子。由于平均自由程的限制，离子难以达到较高的速度，两次碰撞间正离子所积累的能量不足以激发分子电离，只使分子处于受激状态，恢复常态时以光子的形式释放能量。正离子与负离子碰撞，可能发生电荷转移变成中性分子，这个过程要以光子的形式释放电离能。正离子的运动只是向阴极聚拢，形成所谓的正离子鞘层，使阴极产生场致发射，并与阴极的光致发射、热致发射的电子效应叠加使阴极不断发出电子，产生和维持等离子通道。若初始电离产生于阴极，则正离子在周围的存在加强了该处的电场，不利于液体电离汽化的继续进行。若初始电离产生于阳极，则正离子鞘层的存在加强了阳极该处的电场，促进液体电离汽化的继续进行，有利于放电通道的形成。

2. 介质热分解，电极材料熔化、汽化及热膨胀

极间介质被击穿形成放电通道后，放电通道由于受到周围液体介质及电磁效应的压缩作用，放电初期通道截面极小，在这极小的通道截面内，大量的高速带电粒子发生剧烈的碰撞，产生大量的热。此外，高速带电粒子对电极表面的轰击也产生大量的热，两极放电点处的温度可高达 10 000℃以上。在极短的时间内产生这样高的温度足以熔化、汽化放电点处的材料。

所产生的热量除加热放电点处的材料外，还加热放电通道。放电通道在高温的作用下，瞬时扩展受到很大的阻力，其初始压强可达数十甚至上百个兆帕，致使通道中及周围的介质汽化或热分解，这种瞬时形成的气体团急速扩展也产生强烈的冲击波向四周传递。放电通道中部的热量大部分消耗在热辐射和热传导上，随着放电通道的长度和放电时间的增加，放电通道所消耗的热量也在增加，两极得到的热量则相对减少，使蚀除量受到一定影响。

带电粒子对电极表面的轰击是电极表面蚀除的主要因素，因此，带电粒子愈多，速度愈快，亦即电流密度愈大，能量传送速度愈高，电极表面放电点处材料的蚀除量就愈大。至于放电通道的热辐射及放电通道中的高温气体对电极表面的热冲击所传递的热量一般不大。

放电瞬时释放的能量除大部分转换成热能外，还有一部分转换成动能、磁能、光能、声能及电磁波辐射能。转换成动能的部分以电动力、电场力、电磁力、流体动力、热波压力、机械力等形态综合作用，形成放电压力。放电压力是使熔化、汽化材料抛出的作用力之一。转换成光、声、电磁波等形态的能量则属于消耗性的能量。

3. 蚀除产物的抛出

通道和正、负极表面放电点瞬时高温使工作液汽化和金属材料熔化、汽化，热膨胀产生很高的瞬时压力。通道中心的压力最高，使汽化了的气体体积不断向外膨胀，形成一个扩张的"气泡"，气泡上下、内外的瞬时压力并不相等，压力高处的熔融金属液体和蒸气就被挤掉、抛出而进入工作液中。由于表面张力和内聚力的作用使抛出的材料具有最小的表面积，冷凝时凝聚成细小的圆球颗粒，其大小随脉冲能量而异。图 2-4 所示为放电过程中的放电间隙状态示意图。

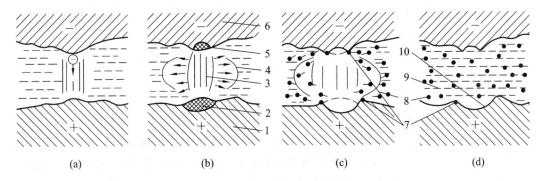

1—正极；2—从正极上抛出金属的区域；3—放电通道；4—气泡；
5—在负极上抛出金属的区域；6—负极；7—翻边凸起；
8—在工作液中凝固的金属微粒；9—工作液；10—凹坑

图 2-4　放电间隙状况示意图

实际上，熔化和汽化了的金属在抛离电极表面时，向四处飞溅，除绝大部分抛入工作液中收缩成小颗粒外，还有一小部分飞溅、镀覆、吸收在对面的电极表面上。这种互相飞溅、镀覆以及吸附的现象，在某些条件下可以用来减少或补偿工具电极在加工过程中的损耗。

半露在空气中进行电火花加工时，可以见到桔红色甚至蓝白色的火花四处飞溅，它们就是被抛出的高温金属溶滴、小屑。观察铜加工钢时电火花加工后的两个电极表面，可以看到在钢材表面上粘有铜，在铜质表面上粘有钢。如果进一步分析电加工后的产物，在显微镜下可以看到除了有游离碳粒和大小不等的铜和钢的球状颗粒之外，还有一些钢包铜、铜包钢、互相飞溅包容的颗粒，此外还有少数由气态金属冷凝成的中心带有空泡的空心球状颗粒产物。

实际上，金属材料的蚀除、抛出过程远比上述的要复杂得多。放电过程中工作液不断汽化，正极受电子撞击，负极受正离子撞击，电极材料不断熔化，气泡不断扩大。当放电结束后，气泡温度不再升高，但由于液体介质惯性作用使气泡继续扩展，致使气泡内压力急剧降低，甚至降至大气压以下，形成局部真空，使在高压下溶解在熔化和过热材料中的气体析出。材料本身在低压下也会再沸腾。由于压力的骤降，使熔融金属材料及其气体从小坑中再次爆沸飞溅而被抛出。

熔融材料抛出后，在电极表面形成放电痕迹，如图2-5所示。熔化区未被抛出的材料冷凝后残留在电极表面，形成熔化层，在四周形成稍凸起的翻边。熔化层下面是热影响层，再往下才是无变化的材料基体。

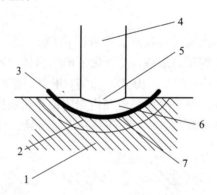

1—无变化区；2—热影响区；3—翻边凸起；4—放电通道；
5—汽化区；6—熔化区；7—熔化层

图2-5 单个放电痕迹剖面示意图

总之，材料的抛出是热爆炸力、电动力、流体动力等综合作用的结果，对这一复杂的抛出机理的认识还在不断深化中。正极、负极受电子、正离子撞击的能量、热量不同；不同电极材料的熔点、汽化点不同；脉冲宽度、脉冲电流大小不同等，导致正、负电极上被抛出材料的数量也不会相同，目前还无法定量计算。

4. 极间介质的消电离

在进行电火花加工时，一次脉冲放电结束后一般应有一间隔时间，使间隙介质消电离，即放电通道中的带电粒子复合为中性粒子，恢复本次放电通道处间隙介质的绝缘强度，以免总是重复在同一处发生放电而导致电弧放电。这样可以保证两极相对最近处或电阻率最小处形成下一击穿放电通道。

　　在加工中，如果放电产物和气泡来不及很快排除，会改变间隙介质成分和绝缘强度，使间隙中的热传导和对流受到影响，热量不易排出，带电粒子的动能不易降低，从而大大减少复合的几率。这样，间隙长时间局部过热，会破坏消电离过程，易使脉冲放电转变为破坏性的电弧放电。同时，工作液局部高温分解后可能结炭，在该处聚成焦粒而在两极间搭桥，致使加工无法进行下去，并烧伤电极对。因此，为了保证加工的正常进行，在两次脉冲放电之间一般应有足够的脉冲间隔时间，其最小脉冲间隔时间的选择不仅要考虑介质消电离的极限速度，还要考虑电蚀产物排离放电区域的时间。

　　到目前为止，人们对于电火花加工微观过程的了解还是很不够的。例如，工作液成分的作用，间隙介质的击穿现象，放电间隙内的状况，正、负电极间能量的转换与分配，材料的抛出，电火花加工过程中热场、流场、力场的变化，通道结构及其振荡等，都需要做进一步的研究。

2.3　电火花加工的基本规律

2.3.1　影响材料放电腐蚀的因素

　　在电火花加工中，材料放电腐蚀的规律和机理是个十分复杂的综合性问题。研究影响材料放电腐蚀的因素，对于应用电火花加工方法，提高电火花加工的生产率，降低工具电极的损耗是极为重要的，其主要因素有以下几方面。

1. 极性效应

　　在电火花加工过程中，相同材料两电极的电蚀量是不同的，其中一个电极比另一个电极的电蚀量大，这种现象叫做极性效应。如果两极材料不同，则极性效应更加复杂。在生产中，通常工件接脉冲电源的正极，工具电极接负极时，称正极性加工（如图 2-6 所示）；反之，工件接脉冲电源的负极，工具电极接正极时，称负极性加工，又称反极性加工（如图 2-7 所示）。在电火花加工中极性效应越显著越好。这样，可以把电蚀量小的一极作为工具电极，以减少工具的损耗。

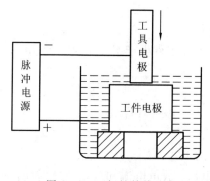

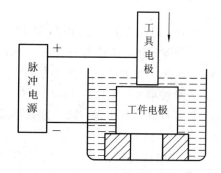

图 2-6　正极性接线法　　　　　　　　　　图 2-7　负极性接线法

　　产生极性效应的原因很复杂，一般认为在火花放电过程中，正、负电极表面分别受到负电子和正离子的轰击和瞬时热源的作用，在两极表面所分配到的能量不一样，因而熔化、汽化抛出的电蚀量也不一样。其原因是电子的质量和惯性均较小，容易获得很高的加速度和速度，在击穿放电的初始阶段就有大量的电子奔向正极，把能量传递给阳极表面，使电极材料迅速熔化和汽化；而正离子则由于质量和惯性较大，启动和加速较慢，在击穿放电的初始阶段，大量的正离子来不及到达负极表面，到达负极表面并传递能量的只有一小部分离子。所以在用短脉冲加工时，电子的轰击作用大于离子的轰击作用，使正极的蚀除速度明显大于负极的蚀除速度，这时工件应接正极。当采用长脉冲加工时，质量和惯性大的正离子将有足够的时间加速，到达并轰击负极表面的离子数将随放电时间的增长而增多；由于正离子的质量大，对负极表面的轰击破坏作用强，同时自由电子挣脱负极时要从负极获取逸出功，而正离子到达负极后与电子结合释放位能，故负极的蚀除速度将大于正极，这时工件应接负极。因此，当采用短脉冲、精加工时应选用正极性加工；当采用长脉冲、粗加工时，应采用负极性加工。此时可得到较高的蚀除速度和较低的电极损耗。

　　能量在两极上的分配对两个电极电蚀量的影响是一个极为重要的因素，而电子和正离子对电极表面的轰击则是影响能量分布的主要因素。因此，电子轰击和离子轰击无疑是影响极性效应的重要因素。

2. 覆盖效应

　　在材料放电腐蚀过程中，一个电极的电蚀产物转移到另一个电极表面上，形成一定厚度的覆盖层，这种现象叫做覆盖效应。覆盖效应对被覆盖电极起到了保护和补偿作用，改变了两极的电蚀量。合理利用覆盖效应有利于降低电极损耗。

　　在电火花加工过程中，覆盖层不断形成又不断被破坏。为了实现电极低损耗，达到提高加工精度的目的，必须使覆盖层形成与破坏的程度达到动态平衡。

3. 电参数

　　在电火花加工过程中，无论正极或负极都存在单个脉冲的蚀除量与单个脉冲能量在一定范围内成正比的关系。某一段时间内的总蚀除量约等于这段时间内各单个有效脉冲蚀除量的总和，所以正、负极的蚀除速度与单个脉冲能量、脉冲频率成正比。

$$q = KW_{\mathrm{M}}f\varphi t \qquad\qquad (2-1)$$

$$v = \frac{q}{t} = KW_{\mathrm{M}}f\varphi \qquad\qquad (2-2)$$

式中：

　　q——在 t 时间内的总蚀除量，单位为 g 或 $\mathrm{mm^3}$；

　　v——蚀除速度，单位为 g/min 或 $\mathrm{mm^3/min}$，亦即工件生产率或工具损耗速度；

　　W_{M}——单个脉冲能量，单位为 J；

　　f——脉冲频率，单位为 Hz；

　　φ——有效脉冲利用率，以百分数形式表示；

　　t——加工时间，单位为 s；

　　K——与电极材料、脉冲参数、工作液等有关的工艺参数。

　　单个脉冲放电所释放的能量取决于极间放电电压、放电电流和放电持续时间，所以单个脉冲放电能量为

$$W_{\mathrm{M}} = \int_0^{t_{\mathrm{e}}} u(t)i(t)\,\mathrm{d}t \qquad\qquad (2-3)$$

式中：

t_e——单个脉冲放电时间，单位为 s；

$u(t)$——放电间隙中随时间而变化的电压，单位为 V；

$i(t)$——放电间隙中随时间而变化的电流，单位为 A。

由于火花放电间隙电阻的非线性，击穿后间隙上的火花维持电压是一个与电极材料及工作液有关的数值(如在煤油中用纯铜加工钢时约为 25 V，用石墨加工钢时约为 30～35 V；在乳化液中用钼丝加工钢时约为 16～18 V)。火花维持电压与脉冲电压幅值、极间距离以及放电电流大小等参数的关系不大。因此，正负极的电蚀量正比于平均放电电流的大小和电流脉宽；矩形波脉冲电流正比于放电电流的幅值。

综上所述，提高电蚀量和生产率的途径在于：提高脉冲频率，增加单个脉冲能量或增加平均放电电流(对矩形脉冲即为峰值电流)和脉冲宽度；减小脉冲间隔并提高有关的工艺参数。但脉冲间隔过短，又将产生电弧放电，而随着单个脉冲能量的增加，加工表面粗糙度值也随之增大。因此，在生产中要考虑到以上各因素之间的相互制约关系和对其它工艺指标的影响。

4. 金属材料热学常数

金属材料的热学常数一般指下列各常数。

1) 比热容

(1) 使局部金属材料温度升高直至达到熔点，而每克金属材料升高 1℃所需热量即为该金属材料的比热容。

(2) 使熔化的金属液体继续升温至沸点，每克材料升高 1℃所需热量即为该熔融金属的比热容。

(3) 使金属蒸气继续加热成过热蒸气，每克金属蒸气升高 1℃所需热量即为该金属蒸气的比热容。

2) 熔化热

每熔化 1 g 材料所需热量即为该金属的熔化热。

3) 汽化热

使熔融金属汽化，每汽化 1 g 材料所需热量称为该金属的汽化热。

4) 其它

如熔点、沸点(汽化点)、热导率等。

当每次脉冲放电时，在通道内以及正、负电极放电点都瞬时获得大量热能，这些热能有一部分由于热传导而散失到电极其它部分和工作液中，其余都将消耗在比热容、熔化热、汽化热中。因此当脉冲放电能量相同时，金属的熔点、沸点、比热容、熔化热、汽化热愈高，电蚀量将愈少，金属愈难加工。热导率大的金属会将瞬时产生的热量较多地传导散失到其它部位，因而降低了本身的蚀除量。而且单个脉冲能量一定时，脉冲电流幅值愈小，脉冲宽度愈长，散失的热量也愈多，使电蚀量减少；当脉冲宽度愈短时，脉冲电流幅值愈大，会使热量过于集中而来不及传导扩散。虽然散失的热量减少，但抛出金属中的汽化部分比例增大，多耗了汽化热，使得电蚀量也降低。

由此可见，当脉冲量一定时，对于不同的工件将有一个使工件电蚀量最大的最佳脉宽。

5. 工作液

电火花加工一般在液体介质中进行。液体介质通常叫做工作液。工作液需具有绝缘、压缩通道、产生局部高压、冷却、消电离等作用。只有绝缘介质才能产生火花击穿并且在放电结束后迅速恢复间隙绝缘状态。液体介质的绝缘强度比较高，可以在较小电极间隙下击穿，从而提高仿型精度；火花放电受液体介质的压缩和放电磁场的压缩，放电通道截面积很小，电流密度高度集中，提高了生产率和加工精度；在脉冲放电作用下，液体介质急剧蒸发，产生局部高压，有利于金属和电蚀产物的排出；液体介质冷却电极和工件，防止热变形；冷却的介质又使电流密度加大，能量更加集中。绝缘恢复得快的液体介质有助于减少放电后的残留离子，避免电弧放电。

工作液性能对加工质量的影响很大。介电性能好、密度和粘度大的工作液有利于压缩放电通道，提高放电能量密度，强化电蚀产物抛出。但粘度太大又不利于电蚀产物排出，影响正常放电。电火花成型加工主要采用油类工作液。粗加工时脉冲能量大，加工间隙大，爆炸排屑抛出能力强，因此选用介电性能、粘度较大的机油。机油燃点较高，大能量加工时着火燃烧的可能性小。在半精、精加工时放电间隙小，排屑困难，因此选用粘度小、流动性好、渗透性好的煤油作为工作液。

6. 其它因素

影响电蚀量的还有其它的一些因素。

首先是加工过程的稳定性。加工过程不稳定将干扰甚至破坏正常的火花放电，使有效脉冲利用率降低。随着加工深度、加工面积的增加，或者加工型面复杂程度的增加，都将不利于电蚀产物的排出，影响加工稳定性；降低加工速度，严重时将造成结炭拉弧，使加工难以进行。为了改善排屑条件，提高加工速度和防止拉弧，常采用强迫冲油和工具电极定时抬刀等措施。

电极材料对加工稳定性也有影响。钢电极加工钢时不易稳定，纯铜、黄铜加工钢时则比较稳定。脉冲电源的波形及其前后沿陡度影响着输入能量的集中或分散程度，对电蚀量也有很大影响。

电极材料的抛出速度对电蚀量也有影响。如果抛出速度很高，就会冲击另一电极表面，使其蚀除量增大；如果抛出速度较低，则当喷射到另一电极表面时，会反粘和涂覆在电极表面，减少其蚀除量。此外，炭黑膜的形成也将影响到电极的蚀除量。如果工作液是以水溶液为基础的，如去离子水、乳化液等，那么还会产生电化学阳极溶解和阴极电镀沉积现象，影响电极的蚀除量。

2.3.2 影响加工速度的主要因素

电火花成型加工的加工速度是指在一定的电规准下，单位时间内工件的电蚀量，亦即生产率。一般采用体积加工速度 v_w 表示。

$$v_w = \frac{V}{t} \tag{2-4}$$

式中：

v_w——体积加工速度，单位为 mm^3/min；

V—— 被加工掉的体积，单位为 mm^3；

t—— 加工时间，单位为 min。

有时为了测量方便，也采用质量加工速度 v_m(g/min)来表示加工速度。

在规定的表面粗糙度、规定的相对电极损耗下的最大加工速度是电火花机床的重要工艺性能指标。一般电火花机床说明书上所指的最高加工速度是该机床在最佳状态下所达到的，在实际生产中的正常加工速度大大低于机床的最大加工速度。

影响加工速度的因素分电参数和非电参数两大类。电参数主要是脉冲电源输出波形等参数；非电参数包括加工面积、深度、工作液种类、冲油方式、排屑条件及电极对的材料和形状等参数。

1. 电规准的影响

所谓的电规准，是指电火花加工时选用的电加工参数，主要有脉冲宽度 $t_1(\mu s)$、脉冲间隔 $t_0(\mu s)$ 和峰值电流 I_P 等参数。

1) 脉冲宽度的影响

单个脉冲能量的大小是影响加工速度的重要因素。对于矩形波脉冲电源，当峰值电流一定时，脉冲能量与脉冲宽度成正比。脉冲宽度增加，加工速度随之增加，因为随着脉冲宽度的增加，单个脉冲能量增大，使加工速度提高。但若脉冲宽度过大，则加工速度反而下降(如图 2-8 所示)。这是因为单个脉冲能量虽然增大，但转换的热能有较大部分散失在电极与工件之中，不起蚀除作用。同时，在其他加工条件相同时，随着脉冲能量过分增大，蚀除产物增多，排气排屑条件恶化，间隙消电离时间不足导致拉弧，加工稳定性变差，因此加工速度反而降低。

2) 脉冲间隔的影响

在脉冲宽度一定的条件下，若脉冲间隔减小，则加工速度提高(如图 2-9 所示)。这是因为脉冲间隔减小导致单位时间内工作脉冲数目增多、加工电流增大，故加工速度提高。但若脉冲间隔过小，则会因放电间隙来不及消电离引起加工稳定性变差，导致加工速度降低。

在脉冲宽度一定的条件下，为了最大限度地提高加工速度，应在保证稳定加工的同时，尽量缩短脉冲间隔时间。带有脉冲间隔自适应控制的脉冲电源能够根据放电间隙的状态在一定范围内调节脉冲间隔的大小，这样既能保证稳定加工，又可以获得较大的加工速度。

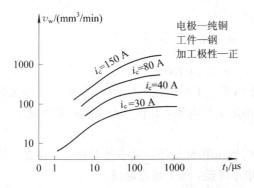 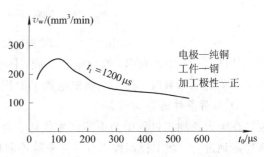

图 2-8　脉冲宽度与加工速度的关系曲线　　　图 2-9　脉冲间隔与加工速度的关系曲线

3) 峰值电流的影响

当脉冲宽度和脉冲间隔一定时，随着峰值电流的增加，加工速度也增加（如图 2-10 所示），因为加大峰值电流等于加大单个脉冲能量，所以加工速度也就提高了。若峰值电流过大（即单个脉冲放电能量很大），则容易造成电极烧伤，加工速度反而下降。

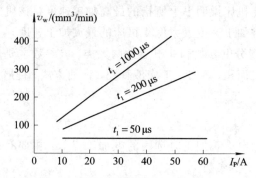

图 2-10　峰值电流与加工速度的关系曲线

此外，峰值电流增大将降低工件表面粗糙度和增加电极损耗。在生产中，应根据不同的要求，选择合适的峰值电流。

2. 非电参数的影响

1) 加工面积的影响

图 2-11 所示是加工面积与加工速度的关系曲线。由图可知，加工面积较大时，它对加工速度没有多大影响，但若加工面积小到某一临界面积时，加工速度会显著降低，这种现象叫做"面积效应"。由于加工面积小，在单位面积上脉冲放电过分集中，致使放电间隙的电蚀产物排除不畅，同时会产生气体排斥液体的现象，造成放电加工在气体介质中进行，因而大大降低加工速度。

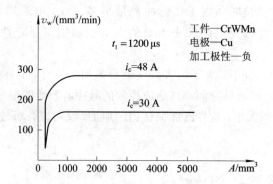

图 2-11　加工面积与加工速度的关系曲线

从图 2-11 中可看出，峰值电流不同，最小临界加工面积也不同。因此，确定一个具体加工对象的电参数时，首先必须根据加工面积确定工作电流，并估算所需的峰值电流。

2) 排屑条件的影响

在电火花加工过程中会不断产生气体、金属屑末和炭黑等，如不及时排除，则加工很难稳定地进行。加工稳定性不好，会使脉冲利用率降低，加工速度降低。

3）电极材料和加工极性的影响

在电参数选定的条件下，采用不同的电极材料与加工极性，加工速度也大不相同。由图2-12可知，采用石墨电极，在同样加工电流时，正极性比负极性加工速度高。

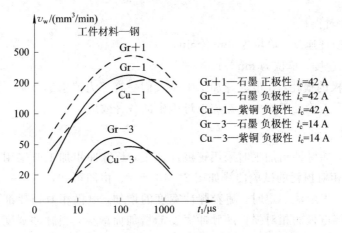

图2-12 电极材料和加工极性对加工速度的影响

在加工中选择极性，不能只考虑加工速度，还必须考虑电极损耗。如用石墨做电极时，正极性加工比负极性加工速度高，但在粗加工中，电极损耗会很大。故在不计电极损耗的通孔加工中，采用正极性加工；而在用石墨电极加工型腔的过程中，常采用负极性加工。

从图2-12中还可看出，在同样加工条件和加工极性情况下，采用不同的电极材料，加工速度也不相同。例如，中等脉冲宽度、负极性加工时，石墨电极的加工速度高于铜电极的加工速度。在脉冲宽度较窄或很宽时，铜电极加工速度高于石墨电极。此外，采用石墨电极加工的最大加工速度，比用铜电极加工的最大加工速度的脉冲宽度要窄。

由上所述可知，电极材料对电火花加工非常重要，正确选择电极材料是电火花加工首要考虑的问题。

4）工件材料的影响

在同样加工条件下，选用不同的工件材料，加工速度也不同。这主要取决于工件材料的物理性能（熔点、沸点、比热、导热系数、熔化热和汽化热等）。

一般来说，工件材料的熔点、沸点越高，比热、熔化热和汽化热越大，加工速度越低，即越难加工。如加工硬质合金钢比加工碳素钢的速度要低40%～60%。对于导热系数很高的工件，虽然熔点、沸点、熔化热和汽化热不高，但因热传导性好，热量散失快，加工速度也会降低。

5）工作液的影响

在电火花加工中，工作液的种类、粘度、清洁度对加工速度有影响。就工作液的种类来说，大致顺序是：高压水＞煤油＋机油＞煤油＞酒精水溶液。在电火花成型加工中，应用最多的工作液是煤油。

2.3.3 影响工具相对损耗的主要因素

加工中的工具相对损耗是产生加工误差的主要原因之一。工具相对损耗是指单位时间内工具的电蚀量。在生产实际中，衡量工具的损耗程度时不但要考虑工具损耗速度，还要考虑加工速度。一般采用相对损耗或损耗比来衡量工具电极的损耗程度。

$$\theta = \frac{v_e}{v_w} \times 100\%$$

式中：

　　θ——体积相对损耗；

　　v_e——工具损耗速度，单位为 mm^3/min；

　　v_w—— 加工速度，单位为 mm^3/min。

降低工具电极的损耗，在电火花加工中是人们一直努力追求的目标。为了降低工具电极的相对损耗，要正确处理好电火花加工过程中的各种效应。

1. 极性效应

由前所述知，短脉冲精加工时采用正极性加工，长脉冲粗加工时采用负极性加工，其极性效应对工具相对损耗的试验曲线如图 2-13 所示。由图可知，不论是正极性加工还是负极性加工，当峰值电流一定时，随着脉冲宽度的增加，电极相对损耗都在下降。采用负极性加工时，纯铜电极的相对损耗随脉冲宽度的增加而减少，当脉冲宽度大于 120 μs 后，电极的相对损耗将小于 1%，可以实现低耗加工。如果采用正极性加工，则不论采用哪一档脉冲宽度，电极的相对损耗都难低于 10%。然而在脉宽小于 50 μs 的窄脉宽范围内，正极性加工的工具电极相对损耗比负极性加工小。

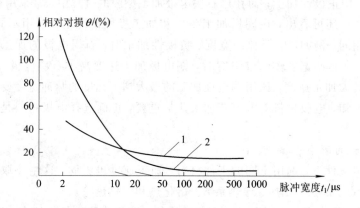

1—正极性加工；2—负极性加工

图 2-13　电极相对损耗与极性、脉宽的关系

2. 吸附效应

当采用煤油等碳氢化合物作工作液时，在放电过程中将发生热分解而产生大量的碳，碳将与金属结合形成金属碳化物的微粒，即胶团。中性的胶团在电场作用下可能与其可动层（胶团外层）脱离而成为带电荷的碳胶粒。由于碳胶粒一般带负电荷，因此在电场作用下会向正极移动并吸附在正极表面。当电极表面瞬时温度在 400℃ 左右，并持续一定时间时，将形成一定强度和厚度的化学吸附碳层，一般称为"炭黑膜"。由于碳的熔点和汽化点很高，炭黑膜可对电极起到保护和补偿作用，从而实现"低损耗"加工。

由于炭黑膜只能在正极表面形成，因此，若要利用炭黑膜的补偿作用来实现电极的低损耗，必须采用负极性加工。实验表明，当峰值电流和脉冲间隔一定时，炭黑膜厚度随脉宽的增加而增厚；而当脉冲宽度和峰值电流一定时，炭黑膜厚度随脉冲间隔的增大而减薄，亦即随着脉冲间隔的减少，电极损耗随之降低。但过小的脉冲间隔将使放电间隔来不及消电离和电蚀产物扩散而造成拉弧烧伤。

3. 传热效应

从电极表面的温度场分布看，电极表面放电点的瞬时温度与瞬时放电的总热量、放电通道的截面积、电极材料的导热性能有关。因此，在放电初期限制脉冲电流的增长率将有利于降低电极损耗，由于电流密度不致太高，也就使电极表面温度不致过高而遭受较大的损耗。又由于一般采用的工具电极的导热性能比工件好，如果采用较大的脉冲宽度和较小的脉冲电流进行加工，则导热作用使工具电极表面温度较低而减少损耗，但工件表面温度仍比较高而遭到蚀除。

4. 材料的选择

在电火花的加工过程中，为了减少工具电极的损耗，必须正确选用工具材料。钨、钼的熔点和沸点较高，损耗小，但其机械加工性能不好，价格又贵，所以除线切割外很少采用。铜的熔点虽较低，但其导热性好，因此损耗也较少，又能制成各种精密、复杂电极，故常作为对中、小型腔加工用的工具电极材料。石墨电极不仅热学性能好，而且在长脉冲粗加工时能吸附游离的碳来补偿电极的损耗，所以相对损耗很低，目前已广泛作为型腔加工的电极材料。铜碳、铜钨、银钨合金等复合材料不仅导热性好，而且熔点高，因而电极损耗小，但由于其价格较贵，制造成型比较困难，因此一般只在精密电火花加工时采用。

2.3.4　影响表面粗糙度和加工精度的主要因素

1. 影响表面粗糙度的主要因素

电火花加工表面粗糙度的形成与切削加工不同，它是由若干电蚀小凹坑组成的，凹坑的大小与单个脉冲放电能量有关，单个脉冲能量越大凹坑越大。如果把粗糙度值大小简单地看成与电蚀凹坑的深度成正比，则电火花加工表面粗糙度随脉冲宽度、峰值电流的增加而增加。在一定的脉冲能量下，不同的工件电极材料，其表面粗糙度值大小不同，熔点高的材料的表面粗糙度值要比熔点低的材料的表面粗糙度值小。工具电极表面的粗糙度值大小也影响工件的加工表面粗糙度值。例如，石墨电极表面比较粗糙，因此它加工出的工件表面粗糙度值也大。减少脉冲宽度和峰值电流能使粗糙度值下降，但又会导致生产率有很大程度的下降。例如，使表面粗糙度值从 2.5 μm 降到 1.25 μm，加工生产率要下降 10 多倍。由此可见，电火花加工要求达到粗糙度值小于等于 0.3 μm 是很困难的。因此，一般先加工到表面粗糙度值为 2.5～0.63 μm，然后再采用其它方法加工（如研磨等），以改善表面粗糙度状况，这样就比较经济。除电参数和电极材料对表面粗糙度值的影响外，成型电极和电极丝的抖动，电极丝的入口和出口处因工作液的供应、冷却、排屑情况的不同，进给速度的忽快忽慢等，都会对表面粗糙度值有很大影响。

由于电火花加工后工件表面粗糙度是由无数小凹坑组成的，这有利于储存润滑油，因此在同等粗糙度情况下，其耐磨性要比切削加工的表面好。

2. 影响加工精度的主要因素

影响加工精度除了有与普通切削加工相类似的工件安装误差、机床几何精度、工具误差等因素以外，还有与电火花加工工艺有关的因素。

电火花加工中，工具与工件间存在着放电间隙，因此工件的尺寸、形状与工具并不一致。如果加工过程中放电间隙能保持不变，则根据工件加工表面的尺寸、形状可以预先对工具尺寸、形状进行修正。但放电间隙是随电参数、电极材料、工作液的绝缘性能变化而变化的，因而影响了加工精度的稳定性。

除了间隙能否保持一致性外，间隙大小对加工尺寸精度也有影响，尤其是对复杂形状的加工表面，棱角部位电场强度分布不均，间隙越大，影响越严重。因此，为了减少加工尺寸误差，应该采用较弱小的加工规准，缩小放电间隙，另外还必须尽可能使加工过程稳定。放电间隙在精加工时一般为 0.01 mm，粗加工时可达到 0.5 mm 以上（单边）。

工具电极的损耗对尺寸精度和形状精度都有影响。精密加工时，工具的尺寸精度一般要求在 $\pm 0.5 \mu m$ 范围内，表面粗糙度值小于 0.63 μm。电火花穿孔加工时，工具电极可以贯穿工件型孔而补偿它的损耗。但型腔加工时，因为型腔本身是有底的凹穴，所以无法采用此法补偿电极的损耗，故精密型腔加工时常采用更换电极等加工方法。在电火花线切割时，由于电极丝在低速走丝时只使用一次，因此电极丝的损耗可以忽略不计，而在高速走丝时，电极丝是不断往复使用的，经过多次放电使用后，电极丝的损耗可达几十微米，所以在精加工时一定要考虑工具电极的损耗。影响电火花加工形状精度的因素还有"二次放电"。二次放电是指已加工表面上由于电蚀产物等的介入而再次进行的非正常放电。二次放电的主要后果是在加工深度方向的侧面产生斜度和使加工棱角边变钝，如图 2-14 所示。由于工具电极下端部加工时间长，绝对损耗大，而电极入口处的放电间隙则由于电蚀产物的存在，"二次放电"的几率大而间隙逐渐扩大，因而产生了加工斜度。此外，成型加工时工具电极的振动及线切割加工时电极丝的抖动，也会使侧面放电次数增多而产生工件的形状误差。

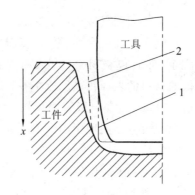

1—电极无损耗时的工具轮廓线；
2—电极有损耗而不考虑二次放电时的工件轮廓线

图 2-14　电火花加工时的加工斜度

另外，工具的尖角或凹角很难精确地复制在工件的表面上。其原因除工具电极的损耗外，还有放电间隙的等距离性的影响。当工具为尖角时，由于尖角处放电等距性，必然使工件成为圆角；当工具为凹角时，凹角尖点又根本不起放电作用。另外，积屑也会使工件尖端倒圆。因此，如果要求倒圆半径很小，则必须缩小放电间隙，采用高频窄脉宽精加工，这样方可提高仿形精度，获得圆角半径小于 0.01 mm 的尖棱。

目前，电火花加工的精度可达 0.01～0.05 mm 左右。

2.3.5 电火花加工后的表面层状态

1. 表面变化层

在电火花加工过程中，由于放电瞬时的高温和工作液迅速冷却的作用，表面层发生了很大变化，产生熔化层和热影响层，引起氧化、烧伤、热应力和显微裂纹。这种表面变化层的厚度大约为 0.01～0.5 mm，一般将其分为熔化层和热影响层，如图 2-15 所示。

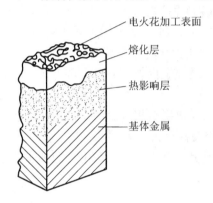

电火花加工表面
熔化层
热影响层
基体金属

图 2-15 电火花加工表面变化层

1）熔化层

熔化层位于电火花加工后工件表面的最上层，它被电火花脉冲放电产生的瞬时高温所熔化，又受到周围工作液介质的快速冷却作用而凝固。对于碳钢来说，熔化层在金相照片上呈现白色，故又称为白层。它与基体金属完全不同，是一种树枝状的淬火铸造组织，与内层的结合也不甚牢固。它由马氏体的晶粒、极细的残余奥氏体和某些碳化物组成。熔化层厚度一般为 0.01～0.1 mm，脉冲量愈大，熔化层愈厚。

2）热影响层

热影响层位于熔化层和基体之间。热影响层的金属未被熔化，只是受热的影响而发生金相组织变化的金属层，它与基体没有明显的界限。由于加工材料和加工前热处理状态及加工脉冲参数的不同，热影响层的变化也不同。对淬火钢而言，将产生二次淬火区、高温回火区和低温回火区；对未淬火钢而言，主要是产生淬火区；对耐热合金钢而言，它的影响层与基体差异不大。

3）显微裂纹

电火花加工中，加工表面层受到高温作用后又迅速冷却而产生残余拉应力。在脉冲能量较大时，表面层甚至出现细微裂纹。裂纹主要产生在熔化层，只有脉冲能量很大时才扩展到热影响层。材料不同，对裂纹的敏感性也不同，硬脆材料容易产生裂纹。由于淬火钢表面残余拉应力比未淬火钢大，因此淬火钢的热处理质量不高时，更容易产生裂纹。脉冲能量对显微裂纹的影响是非常明显的，能量愈大，显微裂纹愈宽愈深；脉冲能量很小时，一般不会出现显微裂纹。

2. 表面变化层的机械性能

1）显微硬度及耐磨性

工件在加工前由于热处理状态及加工中脉冲参数不同，加工后的表面层显微硬度变化也不同。加工后表面层的显微硬度一般均比较高，但由于加工电参数、冷却条件及工件材料热处理状况不同，有时显微硬度会降低。一般来说，电火花加工表面最外层的硬度比较高，耐磨性好。但对于滚动摩擦，由于是交变载荷，尤其是干摩擦，因此因熔化层和基体的结合不牢固，容易剥落而磨损。所以，有些要求较高的模具需把电火花加工后的表面变质层预先研磨掉。

2）残余应力

电火花表面存在着由于瞬时先热后冷作用而形成的残余应力，而且大部分表现为拉应力。残余应力的大小和分布主要与材料在加工前热处理的状态及加工时的脉冲能量有关。因此对表面层要求质量较高的工件，应尽量避免使用较大的加工规准。同时在加工中一定要注意工件热处理的质量，以减少工件表面的残余应力。

3）耐疲劳性能

电火花加工后，工件表面变化层金相组织的变化会使耐疲劳性能比机械加工表面低许多倍。采用回火处理、喷丸处理甚至去掉表面变化层，将有助于降低残余应力或使残余拉应力转变为压应力，从而提高其耐疲劳性能。采用小的加工规准是减小残余拉应力的有力措施。

2.4　电火花加工的设备

2.4.1　电火花加工机床的分类、型号及结构

我国国标规定，电火花成型机床均用 D71 加上机床工作台面宽度的 1/10 表示。例如，D7132 中，D 表示电加工成型机床（若该机床为数控电加工机床，则在 D 后加 K，即 DK）；71 表示电火花成型机床；32 表示机床工作台的宽度为 320 mm。

在中国大陆外，电火花加工机床的型号没有采用统一标准，由各个生产企业自行确定，如日本沙迪克（Sodick）公司生产的 A3R、A10R，瑞士夏米尔（Charmilles）技术公司的 ROBOFORM20/30/35 等。

电火花加工机床按其大小可分为小型（D7125 以下）、中型（D7125～D7163）和大型（D7163 以上）；按数控程度分为非数控、单轴数控和三轴数控。随着科学技术的进步，很多知名厂家已经大批生产三坐标数控电火花机床以及带有工具电极库、能按程序自动更换电极的电火花加工中心，我国的大部分电加工机床厂现在也开始研制和生产三坐标数控电火花加工机床。

电火花加工工艺及机床设备的类型较多，但按工艺过程中工具与工件相对运动的特点和用途等，大致可以分为六大类，其中应用最广，数量较多的是电火花线切割机床和电火花成型加工机床。本章主要介绍电火花成型加工机床。

电火花穿孔成型加工机床主要由主机（包括自动调节系统的执行机构）、脉冲电源、自

动进给调节系统、工作液循环过滤系统几部分组成（如图 2 - 16 所示）。

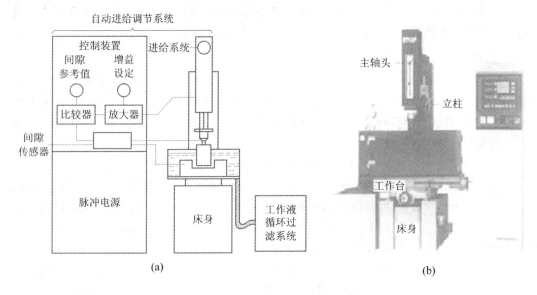

图 2 - 16 电火花机床

（a）原理图；（b）实物

1. 机床总体部分

主机主要包括主轴头、床身、立柱、工作台及工作液槽几部分。按机床类型的大小，机床的整体布局可采用如图 2 - 17 所示的结构。图 2 - 17(a)为分离式；图 2 - 17(b)为整体式，油箱与电源箱放入机床内部成为整体。一般以分离式的较多。

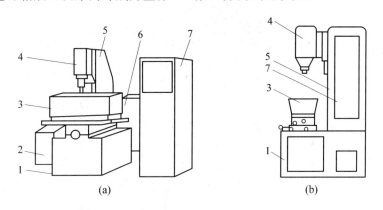

1—床身；2—液压油箱；3—工作液槽；4—立柱头；
5—立柱；6—工作液箱；7—电源箱

图 2 - 17 电火花穿孔成型机床

床身和立柱是机床的主要结构件，要有足够的强度。床身工作台面与立柱导轨面间应有一定的垂直度要求，还应有较好的精度保持性，这就要求导轨具有良好的耐磨性和充分消除材料内应力作用等。

作纵、横向移动的工作台一般都带有坐标装置，常用的是刻度手轮。随着加工精度要求的提高，可采用光学坐标读数、磁尺数显等装置。

近年来，由于工艺水平的提高及微机、数控技术的发展，已生产有三坐标伺服控制及主轴和工作台回转运动并加三向伺服控制的五坐标数控电火花机床，有的机床还带有工具电极库，可以自动更换工具电极，机床的坐标位移精度为 $2 \mu m$。

2. 主轴头

主轴头是电火花成型机床中最关键的部件，是自动调节系统中的执行机构，对加工工艺影响极大。对主轴头的要求是：结构简单、传动链短、传动间隙小、热变形小、具有足够的精度和刚度，以适应自动调节系统的惯性小、灵敏度好、能承受一定负载的要求。主轴头由进给系统、导向防扭机构、电极装夹及其调节环节组成。

液压主轴头结构有两种：一种是液压缸固定，活塞连同主轴上下移动；另一种是活塞固定，液压缸体连同主轴上下移动。前者结构简单，但刚性差，主轴导向部分为滑动摩擦，灵敏度差；后者结构复杂些，但刚性好，导向部分可制成静压导轨或滚动导轨，灵敏度高些。图 2-18 所示为液压缸固定式的 DYT-2 型液压主轴头的结构，电机械转换器 7 的作用是把放电间隙的电压信号转换为挡板的机械位移，控制活塞主轴的进给运动。窗口 6 用以观察喷嘴和挡板的工作情况，它与主轴活塞杆间的配合间隙为 0.016 mm，用以保证移动的正确性，同时还起密封作用。泄漏油由接头 2 中引出，皮罩 12 用于保护主轴，法兰盘 1 上安装夹头，以便固定和调整工具电极。

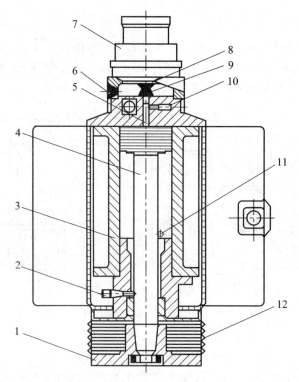

1—法兰盘端盖；2—管接头；3—轴套；4—活塞杆；
5—上油腔；6—观察窗口；7—电机械转换器；8—挡板；
9—喷嘴；10—螺钉；11—下油腔回路；12—皮罩

图 2-18　DYT-2 型液压主轴头

正如前节所述，由于步进电机、力矩电机和数控直流、交流伺服电机的出现，电火花机床已越来越多地采用电机械式主轴头，它们的传动链短，可由电机直接带动进给丝杠，主轴头的导轨可采用矩形滚柱或滚针导轨。

3. 工具电极夹具

工具电极的装夹及其调节装置的形式很多，其作用是调节工具电极和工作台的垂直度以及工具电极在水平面内微量的扭转角。常用的有十字铰链式和球面铰链式。

4. 工作液循环过滤系统

工作液循环过滤系统包括工作液（煤油）箱、电动机、泵、过滤装置、工作液槽、油杯、管道、阀门以及测量仪表等。放电间隙中的电蚀产物除了靠自然扩散、定期抬刀以及使工具电极附加振动等排除外，常采用强迫循环的办法加以消除，以免间隙中电蚀产物过多，引起已加工过的侧表面间"二次放电"，影响加工精度。此外，循环还可带走一部分热量。图 2-19 所示为工作液强迫循环的两种方式。图 2-19(a)、(b) 为冲油式，较易实现，排屑冲刷能力强，一船常采用，但电蚀产物仍通过已加工区，稍影响加工精度；图 2-19(c)、(d) 为抽油式，在加工过程中，分解出来的气体（H_1、C_2H_2 等）易积聚在抽油回路的死角处，遇电火花引燃会爆炸"放炮"，因此一般用得较少，仅在要求小间隙、精加工时使用。

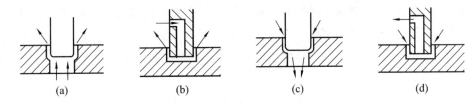

图 2-19　工作液强迫循环方式
(a)、(b) 冲油式；(c)、(d) 抽油式

为了不使工作液越用越脏，影响加工性能，必须加以净化、过滤。具体方法有：

（1）自然沉淀法。这种方法速度太慢周期太长，只用于单件小用量或精加工。

（2）介质过滤法。此法常用黄砂、木屑、棉纱头、过滤纸、硅藻土、活性炭等为过滤介质，各有优缺点，但对中、小型工件及加工用量不大时，一般都能满足过滤要求，可就地取材、因地制宜。其中，以过滤纸效率较高，性能较好，已有专用纸过滤装置生产。

（3）高压静电过滤、离心过滤法等。这些方法比较复杂，采用较少。

目前生产上应用的循环系统形式很多，常用的工作液循环过滤系统应可以冲油，也可以抽油。目前国内已有多家专业工厂生产工作液过滤循环装置。

2.4.2　电火花加工的脉冲电源

电火花加工用的脉冲电源的作用是把工频交流电流转换成一定频率的单向脉冲电流，以供给电极放电间隙所需要的能量来蚀除金属。脉冲电源对电火花加工的生产率、表面质量、加工精度、加工过程的稳定性和工具电极损耗等技术及经济指标有很大的影响，应给予足够的重视。

1. 对脉冲电源的要求及其分类

对电火花加工用脉冲电源，总的要求是：

（1）有较高的加工速度。不但在粗加工时要有较高的加工速度（$v_w > 10\ mm^3/min$），在精加工时也应有较高的加工速度（精加工时表面粗糙度小于 $1.25\ \mu m$）。

（2）工具电极损耗低。粗加工时应实现电极低损耗（相对损耗 $\theta < 1\%$），中、精加工时也要使电极损耗尽可能低。

（3）加工过程稳定性好。在给定的各种脉冲参数下能保持稳定加工，抗干扰能力强，不易产生电弧放电，可靠性高，操作方便。

（4）工艺范围广。不仅能适应粗、中、精加工的要求，而且要适应不同工件材料的加工以及采用不同工具电极材料进行加工的要求。

脉冲电源要全部满足上述各项要求是困难的。一般来说，为了满足这些总的要求，对电火花加工脉冲电源的具体要求是：

（1）脉冲电压波形的前后沿应该较陡，这样才能减少电极间隙的变化及油污程度等对脉冲放电宽度和能量等参数的影响，使工艺过程较稳定。因此，一般常采用矩形波脉冲电源。

（2）所产生的脉冲应该是单向的，没有负半波或负半波很小，这样才能最大限度地利用极性效应，提高生产率和减少工具电极的损耗。

（3）脉冲的主要参数如峰值电流、脉冲宽度、脉冲间隔等应能在很宽的范围内调节，以满足粗、中、精加工的要求。近年来，随着微电子技术的发展出现了可调节各种脉冲波形的电源，以适应不同加工工件材料和不同工具电极材料。

（4）脉冲电源应工作稳定可靠、成本低、寿命长、操作维修方便和体积小等；还要考虑节省电能。

关于电火花加工用脉冲电源的分类，目前尚无统一的规定。按其作用原理和所用的主要元件、脉冲波形等可分为多种类型，见表 2-2。

表 2-2　电火花加工用脉冲电源分类

按主回路中主要元件种类	RC 线路弛张式、晶体管式、大功率集成器件式等
按间隙状态对脉冲参数的影响	独立式、非独立式
按工作回路数	单回路、多回路
按输出脉冲波形	矩形波、阶梯波、高低压复合波

2. RC、RLC 线路脉冲电源

这类脉冲电源有各种不同的线路结构，但共同的工作原理都是利用电容器充电储存电能，而后瞬时放出，形成火花放电来蚀除金属。因为电容器时而充电，时而放电，一张一弛，故又称"弛张式"脉冲电源。

1）RC 线路脉冲电源

RC 线路是弛张式脉冲电源中最简单最基本的一种，图 2-20 所示是它的工作原理图。它由两个回路组成；一个是充电回路，由直流电源 U、充电电阻 R（可调节充电速度，同时限流以防电流过大及转变为电弧放电，故又称为限流电阻）和电容器 C（储能元件）组成；另一个回路是放电回路，由电容器 C、工

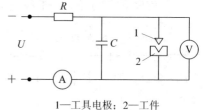

1—工具电极；2—工件

图 2-20　RC 线路脉冲电源

具电极和工件及其间的放电间隙组成。

当直流电源接通后，电源经限流电阻 R 向电容 C 充电，电容 C 两端的电压按指数曲线逐步升高，由于电容两端的电压就是工具电极和工件间隙两端的电压，因此当电容 C 两端的电压上升到等于工具电极和工件间隙的击穿电压 U_d 时，间隙就被击穿，电阻变得很小，电容器上储存的能量瞬时放出，形成较大的脉冲电流 i_c，见图 2-21。能量释放后，电压下降到接近于零，间隙中的工作液又迅速恢复绝缘状态。此后电容器再次充电，又重复前述过程。如果间隙过大，则电容器上的电压 u_C 按指数曲线上升到直流电源电压 U。

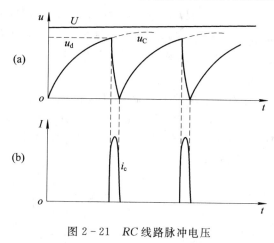

图 2-21　RC 线路脉冲电压

(a) 电流；(b) 波形图

RC 线路脉冲电源的最大优点是：

(1) 结构简单，工作可靠，成本低。

(2) 在小功率时可以获得很窄的脉宽(小于 1 μs)和很小的单个脉冲能量，可用作光整加工和精微加工。

RC 线路脉冲电源的缺点是：

(1) 电能利用效率很低，最大不超过 36%，因为大部分电能经过电阻 R 时转化为热能损失掉了，这在大功率加工时是很不经济的。

(2) 生产效率低，因为电容器的充电时间 t_c 比放电时间 t_e 长很多(见图 2-21)，脉冲间隙系数太大。

(3) 工艺参数不稳定。因为两电极间隙一直存在电压，击穿的随机性大，随时受电极间距离变动情况及工作液绝缘性能的综合影响，脉冲频率、脉冲能量等参数受干扰很大。

(4) 由于放电回路存在寄生电感的影响，有反向脉冲存在，因此工具电极损耗大。

RC 线路脉冲电源主要用于小功率的精微加工。

2) RLC 线路脉冲电源

为了改进 RC 线路脉冲电源的电能利用效率低和脉冲间隙系数大等缺点，可把充电电阻一分为二，其中一部分电阻用以限制短路电流；另一部分电阻用电感 L 代替，即成为 RLC 线路脉冲电源，如图 2-22 所示。因为单纯的电感虽然对直流电流的阻力很小，但对交流或脉

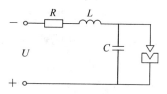

图 2-22　RLC 线路脉冲电源

冲电流却具有感抗阻力，起限流作用，且它并不会引起发热而消耗电能，所以 RLC 线路脉冲电源的电能利用效率要比 RC 线路的高，可达 $60\%\sim80\%$。

用电感 L 代替部分电阻 R 的好处是减少无用的发热损耗，更重要的是：

（1）大大缩短了电容器 C 的充电时间，即缩短了脉冲间隔时间，从而提高了脉冲频率 f。

（2）电容器 C 上的电压可充至高于直流电源电压 U，因此提高了单个脉冲能量。

由于从频率和单个脉冲能量两方面同时提高了平均功率和生产率，所以 RLC 线路与 RC 线路相比，生产率提高了 $1\sim2$ 倍以上。此外，在与 RC 线路同样功率的情况下，电容量 C 可大大减小。应注意的是，当 RLC 线路短路后瞬时断开时，电感 L 产生很高的过电压，故应采用耐压 $1500\ \mathrm{V}$ 以上以及瞬时功率较大的电容器。同时，这种情况自然也增加了加工过程中拉弧后断开的困难。

为了适当增加电流脉冲宽度，即把电容器放电过程拉长，在放电回路中常串入一个 $L_1=5\ \mu\mathrm{H}$ 左右的空心电感 L，称为 $RLCL$ 线路脉冲电源，如图 $2-23$（a）所示。它相比 RLC 线路又可以提高 10% 左右的生产率。此外还可在放电电路中并联数个 CL 回路，以进一步增大脉宽，如图 $2-23$（b）所示。

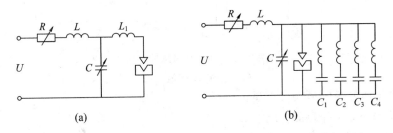

图 2-23　$RLCL$ 线路脉冲电源

上述各类弛张式脉冲电源的共同优点是线路简单可靠，成本低廉，容易掌握。它们的共同缺点是生产率低、工具耗损大；因为电容放电时间较短，很难获得生产率高、损耗低的长脉宽；此外是稳定性差，因为这类电源本身并不"独立"形成和发生脉冲，而是靠电极间隙中工作液的击穿和消电离使脉冲电流导通和切断的，所以间隙大小、间隙中电蚀产物的污染程度及排出情况等，都影响脉冲参数，也因此脉冲频率、宽度、能量都不稳定，而且放电间隙经过限流电阻始终和直流电源直接连通，没有开关元件使之隔离开来，所以随时都有放电的可能，并容易转为电弧放电。针对这些缺点，人们在实践中研制出了放电间隙和直流电源各自独立、互相隔离、能独立形成和发生脉冲的电源。它们可以大大减少电极间隙物理状态参数变化的影响。为区别于前述弛张式脉冲电源，这类电源称为独立式脉冲电源，如闸流管式、电子管式、可控硅式、晶体管式等脉冲电源。

3. 闸流管式和电子管式脉冲电源

闸流管式和电子管式脉冲电源属于独立式脉冲电源，它们以末级功率级起开关作用的电子元件而命名。闸流管和电子管均为高阻抗开关元件，因此主回路中常为高压小电流，必须采用脉冲变压器变换为大电流的低压脉冲，才能用于电火花加工。

闸流管式和电子管式脉冲电源由于受到末级功率管以及脉冲变压器的限制，脉冲宽度比较窄，脉冲电流也不能大，且能耗也大，故主要用于冲模类穿孔加工等精加工场合，不适用于型腔加工。目前，它们已为晶体管式、可控硅式脉冲电源所替代。

4. 可控硅式、晶体管式脉冲电源

可控硅式脉冲电源是利用可控硅作为开关元件而获得单向脉冲的。由于可控硅的功率较大，脉冲电源所采用的功率管数目可大大减少，因此，200 A 以上的大功率粗加工脉冲电源一般采用可控硅。

晶体管式脉冲电源的输出功率及其最高生产率不易做到可控硅式脉冲电源那样大，但它具有脉冲频率高、脉冲参数容易调节、脉冲波形较好、易于实现多回路加工和自适应控制等自动化要求的优点，所以应用非常广泛，特别在中、小型脉冲电源中，都采用晶体管式电源，故本节主要介绍晶体管式脉冲电源。

晶体管式脉冲电源是利用功率晶体管作为开关元件而获得单向脉冲的。目前，晶体管的功率都还较小（和可控硅相比），因此在脉冲电源中，功率晶体管都采用多管分组并联输出的方法来提高输出功率。

图 2-24 所示为自振式晶体管脉冲电源方框原理图，主振级 Z 为一不对称多谐振荡器，它发出一定脉冲宽度和间隔时间的矩形脉冲信号，以后经放大级 F 放大，最后推动末级功率晶体管导通或截止。末级晶体管起着"开、关"的作用。它导通时，直流电源电压 U 即加在电源间隙上，击穿工作液进行火花放电。当晶体管截止时，脉冲即行结束，工作液恢复绝缘，准备下一脉冲的到来。为了加大功率和可调节粗、精、中加工规准，整个功率级由几十只大功率高频晶体管分为若干路并联，精加工只用其中一路或两路。为了在放电间隙短路时不致损坏晶体管，每只晶体管均串联有限流电阻 R，并可以在各管之间起均流作用。

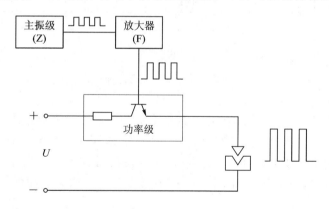

图 2-24　自振式晶体管脉冲电源方框图

近年来，随着电火花加工技术的发展，为进一步提高有效脉冲利用率，达到高速、低耗、稳定加工以及一些特殊需要，在可控硅式或晶体管式脉冲电源的基础上，派生出不少新型电源和线路，如高、低压复合脉冲电源，多回路脉冲电源以及多功能电源等。

5. 常用派生脉冲电源

1）高、低压复合脉冲电源

复合回路脉冲电源示意图如图 2-25 所示。与放电间隙并联两个供电回路：一个为高压脉冲回路，其脉冲电压较高（300 V 左右），平均电流很小，主要起击穿间隙的作用，也就是控制低压脉冲的放电击穿点，保证前沿击穿，因而也称之为高压引燃回路；另一个为低

压脉冲回路，其脉冲电压比较低(60～80 V)，电流比较大，起着蚀除金属的作用，所以称之为加工回路。二极管用以阻止高压脉冲进入低压回路。所谓高、低压复合脉冲，就是在每个工作脉冲电压(60～80 V)波形上再叠加一个小能量的高压脉冲(300 V 左右)，使电极间隙先击穿引燃而后再放电加工，大大提高了脉冲的击穿率和利

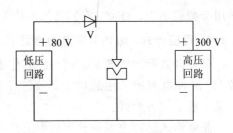

图 2-25　复合回路及高压脉冲电源

用率，并使放电间隙变大，排屑良好，加工稳定，在"钢打钢"时显出很大的优越性。

　　近年来在生产实践中，在复合脉冲的形式方面，除了将高压脉冲和低压脉冲同时触发加到放电间隙去之外(如图 2-26(a)所示)，还出现了两种低压脉冲比高压脉冲滞后一段时间 Δt 触发的形式，如图 2-26(b)、(c)所示，此 Δt 时间是可调的。一般图 2-26(b)、(c)的效果比图 2-26(a)更好，因为高压方波加到电极间隙上去之后，往往也需有一小段延时才能击穿，在高压击穿之前低压脉冲不起作用，而在精加工窄脉冲时，高压不提前，低压脉冲往往来不及起作用而成为空载脉冲，为此，应使高压脉冲提前触发，与低压同时结束，如图 2-26(c)所示。

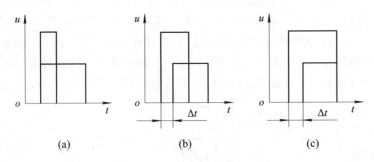

图 2-26　高、低压复合脉冲形式

2) 多回路脉冲电源

　　所谓多回路脉冲电源，即在加工电源的功率级分割出相互隔离绝缘的多个输出端，可以同时供给多个回路的放电加工，如图 2-27 所示。这样不依靠增大单个脉冲放电能量，即不使表面粗糙度变坏便可提高生产率，这在大面积、多工具、多孔加工时很有必要。如电机定、转子冲模、筛孔等穿孔加工以及大型腔模加工中经常采用此种电源。

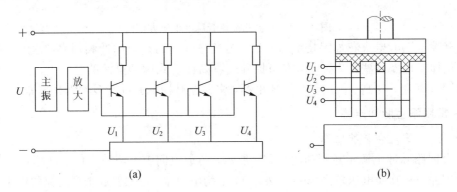

图 2-27　多回路脉冲电源和分割电极

3）等脉冲电源

所谓等脉冲电源，是指每个脉冲在介质击穿后所释放的单个脉冲能量相等。对于矩形波脉冲电源来说，由于每次放电过程的电流幅值基本相同，因而等脉冲电源的每个脉冲放电电流持续时间也完全相同。

前述的独立式、等频率脉冲电源，虽然电压脉冲宽度和脉冲间隔在加工过程中保持不变，但每次脉冲放电所释放的能量往往不相等。因为放电间隙物理状态总是不断变化的，每个脉冲的击穿延时随机性很大，各不相同，结果使实际放电的脉冲电流宽度发生变化，影响单个脉冲能量，因而也就影响加工表面粗糙度。等脉冲电源能自动保持脉冲电流宽度相等，用相同的脉冲能量进行加工，从而可以在保证一定表面粗糙度的情况下，进一步提高加工速度。

为了获得等脉冲输出，通常利用火花击穿信号来控制电源的脉冲发生器，作为脉冲电流的起始时间，经过一定的单稳延时之后，立即中断脉冲输出，切断火花通道，从而完成一个脉冲输出；经过一定的脉冲间隔，又发出下一个脉冲电压，开始第二个脉冲输出过程。这样所获得的极间放电电压和电流波形如图 2-28 所示。

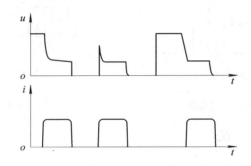

图 2-28　等脉冲电源的放电电压和电流波形图

4）自适应控制脉冲电源

自适应控制脉冲电源有一个较完善的控制系统，能不同程度地代替人工监控功能，即能根据某一给定目标（保证一定粗糙度下提高生产率）来连续不断地检测放电加工状态，并与最佳模型（数学模型或经验模型）进行比较运算，然后将其计算结果控制有关参数，以获得最佳加工效果（如图 2-29 所示）。这类脉冲电源实际上已是一个自适应控制系统，它的参数是随加工条件和极间状态而变化的。当工件和工具材料，粗、中、精不同的加工规准，

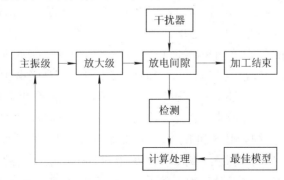

图 2-29　自适应控制脉冲电源方框图

工作液的污染程度与排屑条件，加工深度及加工面积等条件变化时，自适应控制系统都能自动地、连续不断地调节有关脉冲参数，如脉冲间隔和进给、抬刀参数，以达到生产率最高的最佳稳定放电状态。

由此可知，自适应控制电源已超出了一般脉冲电源的研究范围，实际上它已属于自动控制系统的研究范围。要实现脉冲电源的自适应控制，首要问题是极间放电状态的识别与检测；其次是建立电火花加工过程的预报模型，找出被控量与控制信号之间的关系，即建立所谓的"评价函数"；然后根据系统评价函数设计出控制环节。

5）高频分组脉冲电源和梳形波脉冲电源

高频分组脉冲波形和梳形波脉冲波形分别如图 2-30 和图 2-31 所示，这两种波形在一定程度都具有高频脉冲加工表面粗糙度值小和低频脉冲加工速度高、电极损耗低的双重优点，得到了普遍的重视。梳形脉冲波不同于分组脉冲波之处在于大脉宽期间电压不为零，始终加有一较低的正电压，其作用为当进行负极性精加工时，使正极工具能吸附碳膜获得低损耗。

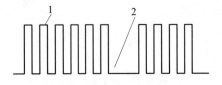

1—高频脉冲；2—分组间隔

图 2-30　高频分组脉冲电源波形

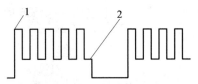

1—高频高压脉冲；2—低频低压脉冲

图 2-31　梳形波脉冲电源波形

2.4.3　自动进给调节系统

1. 自动进给调节系统的作用和分类

电火花加工时，放电间隙很小（$0.01\sim0.5$ mm），电蚀量、放电间隙在瞬时都不是常值，而是在一定范围内随机变化的，人工进给或恒速的"机动"进给很难满足要求，必须采用自动进给和调节装置。

自动进给调节系统的作用是维持某一稳定的放电间隙 S，保证电火花加工正常而稳定地进行，获得较好的加工效果。可以用间隙蚀除特性曲线和进给调节特性曲线来说明，如图 2-32 所示。图中，曲线 I 为间隙蚀除特性曲线，曲线 II 为自动进给调节系统的进给调节特性曲线。图中横坐标为放电间隙 S 或间隙平均电压 u_e（因 u_e 与 S 成对应关系），纵坐标为加工速度 v_w 或电极进给、回退速度。

放电间隙 S 与蚀除速度 v_w 有密切的关系。当间隙太大时，极间介质不易击穿，使有效脉冲利用率降低，因而使蚀除速度降低。当间隙太小时，又会因电蚀产物难于及时排除，产生二次放电，短路率增加，蚀除速度也将明显下降，甚至还会引起短路和烧伤，使加工难以进行。因此，必有一最佳放电间隙 S_B 对应于最大蚀除速度（曲线 I 上的 B 点）。如果粗、精加工采用的规准不同，则 S 和 v_w 的对应值也不同，但趋势是大体相同的。

由图 2-32 可知，当间隙过大，例如大于等于 $60\ \mu m$，为 A 点的开路电压时，电极工具将以较大的空载速度 v_{dA} 向工件进给。随着放电间隙减小和火花率的提高，向下进给速度也逐渐减小，直至为零。当间隙短路时，工具将反向以 v_{do} 高速回退。实际电火花加工时，整个系统将力图自动趋向处于两条曲线的交点，因为只有在此交点上，进给速度等于蚀除速度，才是稳定的工作点和稳定的放电间隙（交点之右，进给速度大于蚀除速度，放电间隙将逐渐变小；反之，交点之左，间隙将逐渐变大）。在设计自动进给调节系统时，应根据这两特性曲线来使其工作点交在最佳放电间隙 S_B 附近，以获得最高加工速度。此外，空载时（间隙在 A 点或更右），应以较快速度 v_{dA} 接近最高加工速度区（B 点附近），一般 $v_{dA} = (5\sim15)v_{dB}$；间隙短路时也应以较快速度 v_{do} 回退。一般认为 v_{do} 为 $200\sim300$ mm/min 时，即可快速有效地消除短路。

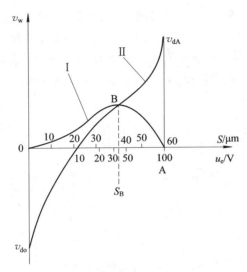

I—蚀除特性曲线；II—调节特性曲线

图 2-32　间隙蚀除特性与调节特性

对自动进给调节系统的基本要求是：

(1) 有较广的速度调节跟踪范围。在电火花加工过程中，加工规准、加工面积等条件的变化，都会影响其进给速度，调节系统应有较宽的调节范围，以适应加工的需要。

(2) 有足够的灵敏度和快速性。放电加工的频率很高，放电间隙的状态瞬息万变，要求进给调节系统根据间隙状态的微弱信号能相应地快速调节，为此，整个系统的不灵敏区、时间常数、可动部分的质量惯性等要求要小，放大倍数应足够，过渡过程应短。

(3) 有必要的稳定性。电蚀速度一般都不高，加工进给量也不必大，所以应有很好的低速性能，均匀、稳定地进给，避免低速爬行，超调量要小，传动刚度应高，传动链中不得有明显间隙，抗干扰能力要强。

(4) 有足够大的空载进给速度和短路回退速度。

自动进给调节系统按执行元件可分为电液压式、步进电动机、宽调速力矩电动机、直流伺服电动机、交流伺服电动机、直线电动机等几种形式。

2. 自动进给调节系统的基本组成部分

电火花加工进给调节装置就是一个完善的自动进给调节装置，由测量环节、放大环节、执行环节等几个主要环节组成。图 2-33 所示为其基本组成部分的框图。

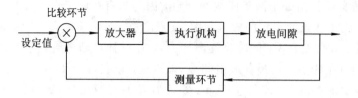

图 2-33　自动进给调节系统的基本组成

1) 测量环节

测量环节的作用是得到放电间隙大小及变化的信号。常用的信号检测方式有两种：一种是平均值测量法，如图 2-34(a) 所示，图 2-34(b) 是带整流桥的检测电路，其输入端可不考虑间隙的极性；另一种是取脉冲电压的峰值信号（即峰值检测法），包括图 2-35(a) 击穿电压检测法、图 2-35(b) 击穿延时检测法以及放电波形检测法（即同时检测击穿电压和击穿延时两个信号）。

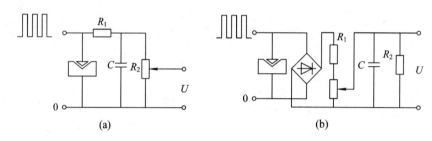

图 2-34　平均值检测电路

(a) 平均值检测电路；(b) 带整流桥的检测电路

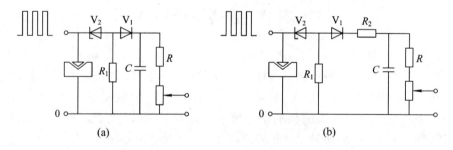

图 2-35　峰值检测电路

(a) 击穿电压检测电路；(b) 击穿延时检测电路

检测电路中的电容 C 为信号储存电容，它充电快、放电慢，记录峰值的大小，二极管 V_1 的作用是阻止负半波以及防止电容 C 所记录的电压信号再向输入端倒流放掉；稳压管 V_2 能阻止和滤除比其稳压值低的火花维持电压，从而突出空载峰值电压的控制作用，亦即只有出现多次空载波时才能输出进给信号。图 2-35(a) 击穿电压检测电路和图 2-35(b) 击穿延时检测电路的差别是电容 C 的充电时间常数不同。图 2-35(a) 击穿电压检测电路中，电容 C 的充电时间常数远小于图 2-35(b) 击穿延时检测电路中电容 C 的充电时间常数。图 2-35(a) 电容 C 上的电压可以快速达到间隙上的峰值电压；图 2-35(b) 电容 C 上的电压随峰值电压的作用时间而变化，即可以反映击穿延时。

对于弛张式脉冲电源，一般可采用平均值检测法；对于独立式脉冲电源，常采用峰值检测法。因为在脉冲间隔期间，两极间电压总是为零，故平均电压很低，对极间距离变化的反映不及峰值电压灵敏。

更合理的应是检测间隙间的放电状态。通常，放电状态有空载、火花、短路三种。更完善一些的还应能检测、区分电弧和不稳定电弧（电弧前兆）等。

2）比较环节

比较环节的作用是根据"给定值"来调节进给速度，将从测量环节得来的信号和"给定值"的信号进行比较，再按此差值来控制加工过程。大多数比较环节包含或合并在测量环节之中。

3）放大环节

放大环节的作用是把测量比较输出的信号放大，使之具有足够的驱动功率。测量比较环节获得的信号一般都很小，难于驱动执行元件，必须要有一个放大环节，通常称它为放大器。为了获得足够的推动功率，放大器要有一定的放大倍数。然而，放大倍数过高也不好，它将会使系统产生过大的超调，即出现自激现象，使工具电极时进时退，调节不稳定。

常用的放大器主要是晶体管放大器和电液压放大器。

4）执行环节

执行环节也称执行机构，它根据放大环节输出的控制信号的大小及时地调整工具电极的进给，以保持合适的放电间隙，从而保证电火花加工正常进行。由于它对自动调节系统有很大影响，通常要求它的机电时间常数尽可能小，以便能够快速反映间隙状态变化；机械传动间隙和摩擦力应当尽量小，以减少系统的不灵敏区；具有较宽的调速范围，以适应各种加工规准和工艺条件的变化。

3. 电液压式自动进给调节系统

电液压式自动进给调节系统刚度大、反应迅速、低速进给平稳。但难以获得理想的空载进给速度和短路回退速度，影响加工稳定性和效率。

按照控制方式，又可分为喷嘴—挡板式和伺服阀式两种。在国内，以喷嘴—挡板式应用最广。喷嘴—挡板式电液自动进给系统的工作原理是：测量环节从放电间隙检测出电压信号，与给定值进行比较后输出一个控制信号，再经放大，传输给电—机械转换器，它使液压放大器中的喷嘴挡板有一个成比例的位移，因而改变喷嘴的出油量，造成液压缸上、下油腔压力差变化，从而使主轴相应运动，调节放电间隙大小。

图 2-36 所示为 DYT-2 型液压主轴头的喷嘴—挡板式调节系统的工作原理图。液压泵电动机 4 驱动叶片液压泵 3 从油箱中抽出压力油，由溢流阀 2 保持恒定压力 p_0，经过过滤器 6 分两路，一路进入下油腔，另一路经节流孔 7 进入上油腔。上油腔油液可从喷嘴 8 与挡板 12 的间隙中流回油箱，使上油腔的压力 p_1 随此间隙的大小而变化。

电—机械转换器 9 主要由动圈（控制线圈）10 与静圈（励磁线圈）11 等组成。动圈处在励磁线圈的磁路中，与挡板 12 连成一体。改变输入动圈的电流，可使挡板随之移动，从而改变挡板与喷嘴间的间隙。当动圈两端电压为零时，动圈不受电磁力的作用，挡板处于最高位置 I，喷嘴与挡板间开口为最大，使油液流经喷嘴的流量为最大，上油腔的压力降亦为最大，压力 p_1 下降到最小值。设 A_2、A_1 分别为上、下油腔的工作面积，G 为活塞等执行机构移动部分的重量，这时 $p_0A_1 > G + p_1A_2$，活塞杆带动工具上升。当动圈电压为最大时，挡板下移，处于最低位置Ⅲ，喷嘴的出油口全部关闭，上、下油腔压强相等，使 $p_0A_1 < G + p_1A_2$，活塞上的向下作用力大于向上作用力，活塞杆下降。当挡板处于平衡位置Ⅱ时，$p_0A_1 = G + p_1A_2$，活塞处于静止状态。由此可见，主轴的移动是由电—机械转换器中控制线圈电流的大小来实现的，控制线圈电流的大小则由加工间隙的电压或电流信号来控制，从而实现了进给的自动调节。

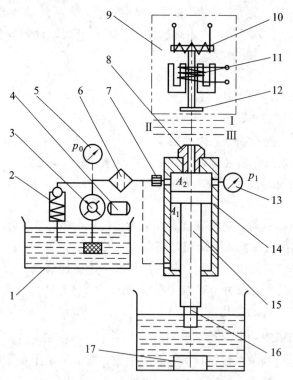

1—油箱；2—溢流阀；3—液压泵；4—电动机；
5、13—压力表；6—过滤器；7—节流孔；8—喷嘴；
9—电—机械转换器；10—动圈；11—静圈；12—挡板；
14—液压缸；15—活塞；16—工具电极；17—工件电极

图 2-36 喷嘴—挡板式调节系统的工作原理图

4. 电机械式自动进给调节系统

电机械式自动调节系统主要是采用步进电动机和力矩电动机的自动调节系统。步进电动机和力矩电动机的低速性能好，可直接带动丝杠进退，因而传动链短、灵敏度高、体积小、结构简单，而且惯性小，有利于实现加工过程的自动控制和数字程序控制。目前，采用直线电动机的电机械式自动调节系统得到推广应用。高响应速度的直线伺服系统省去滚珠丝杠传动，无振动，无噪声，可以实现 0.1 μm 的控制当量和 36 m/min 超高速回退，从而保证了加工的高效率、高精度及设备的高精度保持性。

图 2-37 所示为步进电动机自动调节系统的原理框图。检测环节对放电间隙进行检测后，输出一个反映间隙状态的电压信号。变频电路将该电压信号加以放大，并转换成不同频率的脉冲，为环形分配器提供进给触发脉冲。同时，多谐振荡器发出恒频率的回退触发

脉冲。根据放电间隙的物理状态，两种触发脉冲由判别电路选其一种送至环形分配器，决定进给或是回退。当极间放电状态正常时，判别电路通过单稳电路打开进给与门 1；当极间放电状态异常（短路或形成有害的电弧）时，判别电路通过单稳电路打开回退与门 2，分别驱动相对应的环形分配器的相序，使步进电动机正向或反向转动，使主轴进给或退回。

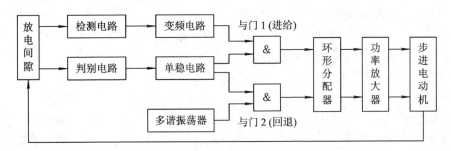

图 2 - 37　步进电动机自动调节系统的原理框图

对步进电动机自动调节系统，控制当量是重要的设计参数。控制当量是输入一个脉冲信号时，步进电动机驱动主轴移动的位移量。它的大小与电火花加工工艺密切相关。控制当量太大，会经常发生短路，使加工稳定性和加工速度明显降低；控制当量太小，又会影响主轴的进给和回退速度，特别是在放电间隙发生短路或有有害电弧时，使电极来不及快速回退而导致电极与工件的烧伤（直线伺服电动机无此缺陷）。可变控制当量的步进电动机自动调节系统克服了上述缺陷。

2.5　电火花加工工艺

2.5.1　电火花加工工艺

电火花加工是一种电、热能加工方法，是一种使用较早、较普遍的特种加工方法，按加工特点又分为电火花穿孔成型加工与电火花线切割加工两种。它具有许多传统切削加工所无法比拟的优点，其应用领域日益扩大，主要用以解决难加工材料及复杂形状零件的加工问题。

1. 电火花穿孔成型加工

电火花穿孔成型加工是利用火花放电腐蚀金属的原理，用工具电极对工件进行复制加工的工艺方法。其应用又分为：冲模（包括凸凹模及卸料板、固定板）、粉末冶金模、挤压模（型孔）、型孔零件、小孔（$\phi 0.01 \sim \phi 3$ mm 小圆孔和异形孔）、深孔等。

1）冲模加工

冲模加工是电火花穿孔加工的典型应用。冲头可以用机械加工方法加工，而凹模加工则较困难。采用电火花加工不但提高了加工质量而且提高了使用寿命。

◆ 工艺方法

图 2 - 38 所示为凹模电火花加工的示意图。如凹模的尺寸为 L，工具电极相应的尺寸为 L_1，单面火花间隙值为 S_1，则

$$L_2 = L_1 + 2S_1$$

火花间隙值 S_1 主要取决于脉冲参数与机床的精度，只要加工规准选择恰当，保证加工的稳定性，火花间隙值 S_1 的误差是很小的。因此，只要工具电极的尺寸精确，用它加工出的凹模也是比较精确的。

对冲模来说，配合间隙是一个很重要的质量指标，它的大小与均匀性都直接影响冲击的质量及模具的寿命，在加工中必须给予保证。达到配合间隙的方法主要有直接配合法、修配冲头法、修配电极法三种。电火花穿孔加工常用直接配合法。

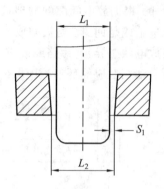

图 2-38　凹模的电火花加工

直接配合法是用冲头本身做工具电极直接加工凹模，通过调节加工参数来保证放电间隙与所要求的配合间隙一致。这种方法简化了工具电极的制造，并可得到均匀的配合间隙，减少了钳工工时。

修配冲头法是先用工具电极加工凹模，然后配做冲头，以达到需要的配合间隙。这种方法可以合理地选择工具电极材料及调节电规准，提高电火花加工的工艺指标，从而可达到各种不同大小的配合间隙。

修配电极法是先按冲头尺寸制造工具电极，然后根据配合间隙的要求，对照选定规准的放电间隙修配工具电极尺寸，使电火花加工后的凹模能与冲头配合。

不论是哪一种方法，凹模精度均取决于工具电极精度和放电间隙，而放电间隙大小和均匀性又取决于电规准和其它工艺参数。

◆ 工具电极

若采用直接配合法加工，工具材料即是冲头材料。凸模一般选优质高碳钢 T8A 或铬钢 Cr12、GCr15，硬质合金等。应注意，凸凹模不应选用同一种钢材型号，否则电火花加工时不易稳定。采用其它两种方法加工时，可选用紫铜，精度要求高的冲模则可选用铜钨或银钨作工具电极材料。

工具电极的尺寸精度应比凹模精度高一级，一般不低于 IT7 级，表面粗糙度值也应比凹模的数值小，一般为 0.63～1.25 μm，直线度和平行度在 100 mm 内不超过 0.01 mm。

工具电极应有足够的长度，若加工硬质合金时，由于电极损耗较大，电极还应适当加长。工具电极的截面轮廓尺寸除考虑配合间隙外，还要比预定加工的型孔尺寸均匀地缩小一个加工时的火花放电间隙。

◆ 工件的准备

电火花加工前，工件(凹模)型孔部分要加工预孔，并留适当的电火花加工余量。余量的大小应能补偿电火花加工的定位、找正误差及机械加工误差。一般情况下，单边余量为 0.3～1.5 mm 为宜，并力求均匀。对形状复杂的型孔，余量要适当加大。

◆ 电规准的选择及转换

电规准是指电火花加工过程中一组电参数，如电压、电流、脉冲宽度、脉冲间隔等。应根据工件的要求、电极和工件的材料、加工工艺指标和经济效果等因素来确定电规准，并在加工过程中及时地转换。

冲模加工中，分粗、中、精三种规准，每一种又分若干档。粗加工主要是蚀除大量材料，并留出少量的精加工余量。对它的要求是：生产率高($v_w \geqslant 50$ mm³/min)，工具电极损耗小($\theta<10\%$)、表面粗糙度值小于 10 μm，脉冲宽度 $t_1=50\sim500$ μs，加工电流可达几十安培。半精加工时常选用 $t_1=10\sim100$ μs，$i_c=4\sim8$ A。精加工应在保证质量指标的前提下尽可能地提高生产率，故应采用小的电流、高的频率、短的脉冲宽度，一般选用 $i_c=1\sim4$ A，$t_1=2\sim6$ μs。

2) 小孔加工

对于硬质合金、耐热合金等特殊材料的小孔加工，采用电火花加工是首选的办法。小孔电火花加工适用于深径比(小孔深度与直径的比)小于 20、直径大于 0.01 mm 的小孔，还适用于精密零件的各种型孔(包括异型孔)的单件和小批生产。

小孔加工由于工具电极截面积小，容易变形；不易散热，排屑又困难，因此电极损耗大。这将使端面变形大而影响加工精度。因此，小孔电火花加工的电极材料应选择消耗小、杂质少、刚性好、容易矫直和加工稳定的金属丝。如黄铜丝、铜钨合金丝、钨丝、钼丝等。加工时为避免电极弯曲变形，还需设置工具电极的导向装置。

为了改善小孔加工时的排屑条件，使加工过程稳定，常采用电磁振动头，使工具电极丝沿轴向振动，或采用超声波振动头，使工具电极端面有轴向高频振动，进行电火花超声波复合加工，可以大大提高生产率。如所加工的小孔直径较大，允许采用空心电极，如空心不锈钢管或铜管，则可用较高的压力强迫冲油，加工速度将会显著提高。

在加工小孔时，除采用金属丝矫直后作为电极外，还可用电火花反拷工艺制造电极。如图 2-39 所示。图中，反拷块的作用类似车床中的车刀。反拷块 3 固定在坐板 4 上，坐板 A、C、D 三面经过磨削。

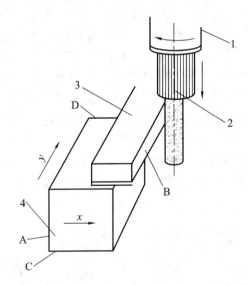

1—主轴；2—电极；3—铜钨合金反拷块；4—坐板

图 2-39　电火花反拷制作小孔电极示意图

在反拷加工时，电极随主轴旋转并向下进给，由 x 轴坐标控制电极尺寸，y 轴坐标补偿反拷块的损耗，即"纵车"方式。电极也可停止在要求的高度上，用 x 轴坐标控制尺寸，用反拷块 3 的 y 向的移动加工电极，即"横车"方式。

加工较长的小孔电极时，应采用"纵车"，加工较短的小孔电极时，应采用"横车"。采用电火花反拷加工小孔电极，可反拷出 $\phi0.015$ mm 的电极。

3）异形小孔的加工

电火花加工不但能加工圆形小孔，而且能加工多种非圆形的异形小孔。加工微细而又复杂的异形小孔，对脉冲电源和机床的要求与加工圆形小孔基本一样，关键是异形电极的制造，其次是异形电极的装夹。

制造异形小孔电极主要有冷拔整体电极法、电火花线切割加工整体电极法、电火花反拷加工整体电极法等。由于加工异形小孔的工具电极结构复杂，装夹定位比较困难，因此需要采用专用夹具。

异形小孔加工时的规准选择基本与圆形小孔加工相似，只是要求自动控制系统更加灵敏。

4）其它电火花加工

随着生产的发展，电火花加工领域不断扩大，出现了许多新的电火花加工方法。

◆ 电火花小孔磨削

当加工对精度和表面粗糙度要求都较高的较深小孔，同时工件材料的机械加工性能又很差时，如磁钢、硬质合金、耐热合金等，采用电火花磨削或镗磨就能较好地达到加工要求。

电火花磨削可在穿孔成型机床上附加一套磨头来实现，使工具电极作旋转运动，若工件也附加一旋转运动时，工件的孔可磨得更圆。在坐标磨孔机床中，工具还作公转，工件的孔距靠坐标系统来保证。这种办法操作起来比较方便，但机床结构复杂，制造精度要求高。

电火花镗磨与磨削相比，不同之点是只有工件的旋转运动及电极的往复和进给运动，而电极工具没有转动运动。图 2-40 所示为加工示意图。

电火花镗磨虽然生产率较低，但比较容易实现，而且加工精度高，表面粗糙度值小，小孔的圆度可达 $0.003\sim0.005$ mm，表面粗糙度值小于 0.32 μm，故生产中应用较多。目前已经用来加工小孔径的弹簧夹头（可以先淬火后开缝再磨孔），特别是已用来加工镶有硬质合金的小型弹簧夹头和内径在 1 mm 以下、圆度在 0.01 mm 以内的钻套及偏心钻套，还用来加工粉末冶金用压模，这类压模材料多为硬质合金材料。电火花磨削机床在修旧利废中也发挥着很大的作用。图 2-41 为挤形模具实例，工件孔径为 1.13 mm，使用后磨损孔径变大，出口处呈喇叭口，现利用外圆和端面定位，将孔磨成 $\phi1.16$ mm。另外，微型轴承的内环、冷挤压模的深孔、液压件深孔等，在采用电火花磨削、镗削后均取得了较好的效果。

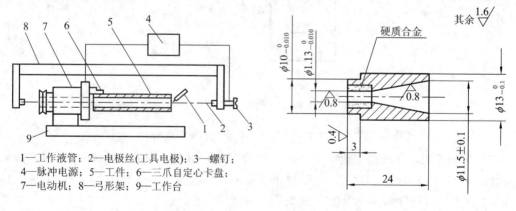

1—工作液管；2—电极丝（工具电极）；3—螺钉；
4—脉冲电源；5—工件；6—三爪自定心卡盘；
7—电动机；8—弓形架；9—工作台

图 2-40　电火花镗磨示意图　　　　　　图 2-41　挤形模具实例

◆ 电火花铲磨硬质合金小模数齿轮滚刀

采用电火花铲磨硬质合金小模数齿轮滚刀的齿形，可用于齿形的粗加工和半精加工，提高生产率 3～5 倍，成本降低 4 倍左右。

电火花铲磨时，加工间隙中的工作液会引起油雾的燃烧，因此一般采用粘度较大、燃点较高的油。煤油由于燃点低易燃烧而不能采用。5 号锭子油的电火花磨削性能与煤油相近，虽加工表面粗糙度及生产率稍低，但能避免油雾所引起的燃烧问题，所以比较安全。

工具电极采用纯铜磨轮时其磨削性能好，损耗较小，生产率较高，表面粗糙度值小。但纯铜磨轮用梳刀修整时很困难。从电火花磨削性能来看，采用石墨磨轮比较合理。用梳刀修整石墨磨轮时，梳刀磨损较小，进行电火花磨削时损耗小，生产率较高，但表面粗糙度值稍大些。

◆ 电火花共轭回转加工

电火花共轭回转加工包括同步回转式、展成回转式、倍角速度回转式、差动比例回转式、相位重合回转式等不同加工方法。它们的共同特点是工件与工具电极间的切向相对运动线速度值很小，几乎接近于零。所以在放电加工区域内，工件和工具电极接近于纯滚动状态，因而有着特殊的加工过程。例如，采用同步回转式加工方法加工精密螺纹，如图 2-42 所示。工件预孔按螺纹内径制作，工具电极的螺纹尺寸及其精度按工件图样的要求制作，但电极外径应小于工件预孔。加工时，电极穿过工件预孔并且保持两者轴线平行，然后使电极和工件以相同的方向和相同的转速旋转，如图 2-42(a) 所示；同时，工件向工具电极径向切入进给，如图 2-42(b) 所示，从而复制出所要求的内螺纹。为了补偿电极的损耗，在精加工规准转换前，电极轴向移动一个相当于工件厚度的螺距倍数值。

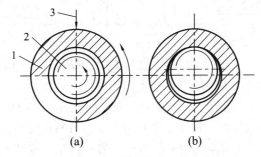

1—工件；2—工具电极；3—进给方向

图 2-42　电火花加工内螺纹的示意图

用上述方法设计和制造的电火花精密内螺纹机床可加工 M6～M55 mm 的多种牙形和不同螺距的精密内螺纹，螺纹中径误差小于 0.004 mm；也可精加工 $\phi4～\phi55$ mm 的圆柱通孔，圆度小于 0.002 mm，表面粗糙度值为 0.063 μm。

电火花共轭回转加工的应用范围日益扩大，目前主要应用于以下几方面：

(1) 各类螺纹环规及塞规，特别适用于硬质合金材料及内螺纹的加工；

(2) 精密内、外齿轮加工，特别适用于非标准内齿轮加工；

(3) 精密的旋转圆弧面、锥面等的加工；

(4) 静压轴承内腔、回转泵体的高精度成型加工等；

(5) 梳刀、滚刀等刀具的加工。

◆ 聚晶金刚石等高阻抗材料的电火花加工

聚晶金刚石被广泛用作拉丝模、刀具、磨轮等材料。它的硬度仅次于天然金刚石。金刚石虽是碳的同素异构体，但天然金刚石几乎不导电。聚晶金刚石是将人造金刚石微粉用铜铁粉等导电材料作为粘结剂，搅拌混合后加压烧结而成的，因此整体仍有一定的导电性能，可以用电火花加工。

电火花加工聚晶金刚石的原理是靠火花放电时的高温将导电的粘结剂熔化、汽化蚀除掉，同时电火花高温使金刚石微粉"碳化"成为可加工的石墨，也可能因粘结剂被蚀除掉后而整个金刚石微粒自行脱落下来。有些导电的工程陶瓷及立方氮化硼材料也可用类似的原理进行电火花加工。

◆ 金属电火花表面强化和刻字

图 2-43 所示是金属电火花表面强化的加工原理图。在工具电极和工件之间接直流或交流电源，由于振动器的作用，使电极与工件之间的放电间隙频繁变化，工具电极与工件间不断产生火花放电，从而实现对金属表面的强化。

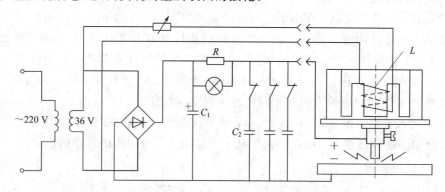

图 2-43　金属电火花强化加工原理图

电火花强化过程如图 2-44 所示。当电极与工件之间距离较大时，电源经过电阻 R 对电容器 C 充电，同时工具电极在振动器的带动下向工件运动，如图 2-44(a) 所示。当间隙接近到某一距离时，间隙中的空气被击穿，产生火花放电，如图 2-44(b) 所示，使电极和工件材料局部熔化甚至汽化。当电极继续接近工件并与工件接触时，在接触点处流过短路电流，使该处继续加热，并以适当压力压向工件，使熔化了的材料相互粘结、扩散形成熔渗层，如图 2-44(c) 所示。图 2-44(d) 所示为电极在振动作用下离开工件，由于工件的热容量比电极大，使靠近工件的熔化层首先急剧冷凝，从而使工具电极的材料粘结、覆盖在工件上。

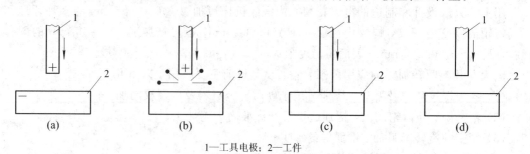

1—工具电极；2—工件

图 2-44　电火花表面强化过程示意图

　　电火花强化工艺方法简单、经济、效果好，因此广泛应用于模具、刃具、量具、凸轮、导轨、水轮机和涡轮机叶片的表面强化。

　　电火花表面强化的原理也可用于在产品上刻字、打印记。过去刻字是采用酸洗腐蚀法，工艺复杂且缺点很多。目前，国、内外在刃具、量具、轴承等产品上用电火花刻字、打印记，取得了很好的效果。

　　电火花加工还有许多方法，具体可参看表 2-3 中的其它电火花加工方法图示及说明。

表 2-3　其它电火花加工方法图示及说明

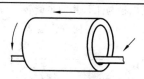

内圆磨削
工件旋转、轴向运动并作径向进给运动

刃磨
工具电极旋转运动，刀具横向往复运动、纵向直线运动

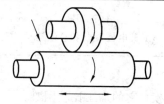

外圆磨削
工具电极旋转和直线运动，工件旋转和往复运动

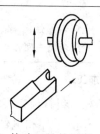

特殊刀具的刃磨
工具电极旋转和直线运动，工件直线运动

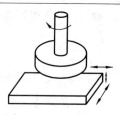

平面磨削
工具电极旋转运动，工件三个互相垂直方向直线运动

铣沟横
工具电极旋转和一个方向直线运动，工件两个互相垂直方向直线运动

铣键槽
工具电极旋转和两个方向互相垂直的直线运动

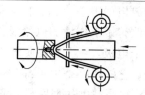

镗制中心孔
以电极丝为电极，在刚性芯轴上绷紧，并作往复运动，芯轴作进给运动，工件作旋转运动

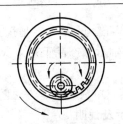

回转齿轮加工

工具电极与工件作共轭范成运动，

工具电极作径向进给运动

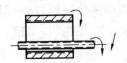

回转螺纹加工

工具电极与工件作同步旋转运动，

工件作径向进给运动

金属表面强化

电极振动，并沿金属表面作进给运动

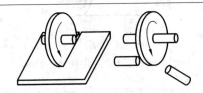

材料切断

工具电极旋转和直线运动

2. 型腔模加工

锻模、压铸模、塑料模、胶木模、挤压模都属型腔模。它的加工比较困难，首先由于它是盲孔加工，工作液循环和电蚀产物排除条件差，工具电极损耗后无法靠主轴进给补偿精度，金属蚀除量大；其次由于加工时面积变化大，加工过程中电规准的变化范围也较大，且型腔模形状复杂，电极损耗不均匀，因此对加工精度影响很大。所以，对型腔模的电火花加工，既要求蚀除量大，加工速度高，又要求电极损耗低，并保证获得所要求的精度和表面粗糙度值。

1）工艺方法

由于型腔模的工艺特点所限，型腔模加工不能简单地用一个与型腔形状相对应的成型工具电极进行加工。常用的方法有以下三种：

（1）单电极平动法。此方法先用低损耗（$\theta < 1\%$）、高生产率的粗规准进行加工，在半精和精加工时，采用平动头使工具电极相对于工件作微小的平面圆周运动，进行"仿形"加工。在减小电规准进行半精、精加工时，依次加大工具电极的平动量，以补偿前后加工电规准之间的放电间隙差值和表面粗糙度差值，完成整个型腔加工。单电极平动加工的优点是由于平动改善了工作液的供给及排屑条件，使工具电极损耗均匀，加工过程稳定。同时，它只需要一个电极，一次安装便可达到 ±0.05 mm 的加工精度。平动法已成为目前最常用的工艺方法。它的缺点是尖角部位电极损耗较大，同时工具电极上每点都在作平面圆周运动，故难以获得高精度的型腔模，特别是难以加工出有棱有角的型腔模。

（2）多电极更换法。此方法是用几个形状相同但尺寸各异的电极依次更换加工同一个型腔。由于每次加工中因电极损耗、二次放电造成的侧面斜度及棱角半径过大等加工误差都将在更换电极后的下一次加工中除去，因此一般用两个电极进行粗、精加工即可满足要求。当型腔模的精度和表面质量要求高时，才采用三个或更多个电极进行加工。多电极加工的仿形精度高，尤其适用于尖角、窄缝多的型腔模加工。其缺点是需制造多个电极，且对电极的重复制造精度要求很高；电极的依次更换重复定位精度要求也很高。因此，这种方法一般只适用于精密型腔的加工。例如，盒式磁带、收录机、电视机等机壳的模具，都是用多个电极加工出来的。

（3）分解电极法。此方法是单极平动加工法和多电极更换加工法的综合应用。其工艺灵活性强，仿形精度高，适用于尖角、窄缝、沉孔、深槽多的复杂型腔模具加工。根据型腔的几何形状，把电极分解成主型腔电极和副型腔电极分别制造。加工时先加工出主型腔，后用副型腔电极加工尖角、窄缝等部位的副型腔。这种方法还可按不同的加工要求选用不同的电极材料，简化了电极的制造和维修。缺点是在更换电极时，主型腔和副型腔电极之间要求有精确的定位。

2）工具电极

目前，在型腔加工中，电极材料多采用紫铜和石墨两种。它们的共同特点是损耗小、生产率高、加工稳定性好。紫铜电极的尺寸精度较好，不会崩刃塌角，能制成薄片和其他复杂形状；加工过程中不易拉弧，被加工表面粗糙度值小。石墨电极易于成型和修整、重量轻，但加工出的工件表面粗糙度数值大且精加工时损耗大，不易做成薄片和尖棱。铜钨、银钨电极的耐损耗性能好，但价格贵，仅在加工高精度型腔模时才使用。

型腔加工中常用的工具电极结构形式有整体式、镶拼式、组合式等几种。在型腔加工中，排屑、排气都比较困难，因此往往要在工具电极上安排冲油孔或排气孔。冲油孔应设在难于排屑的位置，如拐角、窄缝等处。排气孔应设在蚀除面积大和电极端部有凹陷的位置。用平动法加工时，冲油孔和排气孔的直径应小于工具的平动量，否则加工后会残留有凸起物而不易清除。当孔距在 20～40 mm 左右时，孔要适当错开。由于电极的损耗会影响到型腔模的加工精度，因此对于形状复杂、细小的精密型腔，一般不允许在电极上开孔，加工时可采用抬动电极和侧面冲油方法来解决排屑、排气问题。

3）电规准的选择、转换，平动量的分配

电规准的选择与转换主要是根据模具要求和加工方法而定的。粗加工时，要求生产率高和工具损耗小，应首先选择宽脉冲，其次选择大电流。脉宽一般应大于 400 μm。选择电流时，要考虑加工过程中工具与工件"接触"面积大小的变化。加工刚开始时，接触面积小，电流不宜过大；随着加工面积增大，可逐步加大电流。如用石墨加工钢时，一般最高电流密度为 35 A/cm^2，用紫铜加工钢时还可稍大些。半精加工时，要考虑利用平动运动来补偿前后两个加工规准间的放电间隙和表面粗糙度的差值。脉宽一般为 20～400 μs，电流峰值为 10～25 A，表面粗糙度值小于 10 μm，留给精加工的单边余量为 0.1～0.2 mm。精加工通常是指表面粗糙度小于等于 2.5 μm 的加工，脉宽一般为 2～20 μm，电流峰值为 10 A 左右。

加工电规准转换档数应根据所加工型腔的精度、形状复杂程度、尺寸大小等具体确定。在半精和精加工中，有时还要适当转换几档参数。当加工表面达到本档规准应具有的粗糙度值时就及时转换规准，这样既可达到不断修光的目的，又可使每档的金属蚀除量最小，从而得到高的加工速度和低的工具损耗。

半精加工的平动量一般为总平动量的 75%～80%。也就是说，半精加工后，表面粗糙度与上一档的加工间隙差值已基本得到修正。精加工只是作修光工作。

2.5.2　电火花加工的工艺步骤

电火花加工一般按图 2-45 所示步骤进行。

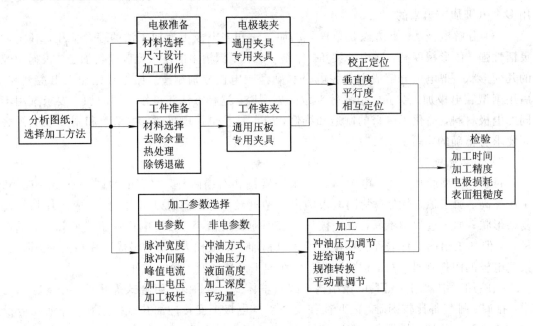

图 2-45　电火花加工的步骤

由图 2-45 可以看出,电火花加工主要由三部分组成:电火花加工的准备工作、电火花加工和电火花加工检验工作。其中,电火花加工可以加工通孔和盲孔,前者习惯上称为电火花穿孔加工,后者习惯上称为电火花成型加工。它们不仅是名称不同,而且加工工艺有着较大的区别。电火花加工的准备工作有电极准备、电极装夹、工件准备、工件装夹、电极工件的校正定位等。

2.5.3　电火花加工中应注意的一些问题

1. 加工精度问题

加工精度主要包括"仿形"精度和尺寸两个方面。所谓"仿形"精度,是指电加工后的型腔与加工前工具电极几何形状的相似程度。

影响"仿形"精度的因素有:

(1) 使用平动头造成的几何形状失真,如很难加工出清角、尖角变圆等。

(2) 工具电极损耗及"反粘"现象的影响。

(3) 电极装夹校正装置的精度和平动头、主轴头的精度以及刚性影响。

(4) 规准选择转换不当,造成电极损耗增大。

影响尺寸精度的因素有:

(1) 操作者选用的电规准与电极缩小量不匹配,以致加工完成以后,使尺寸精度超差。

(2) 在加工深型腔时,二次放电机会较多,使加工间隙增大,以致侧面不能修光,或者即使能修光,也超出了图纸尺寸。

（3）冲油管的放置和导线的架设存在问题，导线与油管产生阻力，使平动头不能正常进行平面圆周运动。

（4）电极存在制造误差。

（5）主轴头、平动头、深度测量装置等存在机械误差。

2. 表面粗糙度问题

电火花加工型腔模时，有时型腔表面会出现尺寸到位，但修不光的现象。造成这种现象的原因有以下几方面：

（1）电极对工作台的垂直度没校正好，使电极的一个侧面成了倒斜度，这样相对应模具侧面的上部分就会修不光。

（2）主轴进给时，出现扭曲现象，影响了模具侧表面的修光。

（3）在加工开始前，平动头没有调到零位，以致到了预定的偏心量时，有一面无法修出。

（4）各档规准转换过快，或者跳规准进行修整，使端面或侧面留下粗加工的麻点痕迹，无法再修光。

（5）电极或工件没有装夹牢固，在加工过程中出现错位移动，影响模具侧面粗糙度的修整。

（6）平动量调节过大，加工过程出现大量碰撞短路，使主轴不断上下往返，造成有的面能修出，有的面修不出。

3. 影响模具表面质量的"波纹"问题

用平动头修光侧面的型腔，在底部圆弧或斜面处易出现"细丝"及鱼鳞状的凸起，这就是"波纹"。"波纹"问题将严重影响模具加工的表面质量。一般"波纹"产生的原因如下：

（1）电极材料的影响。如在用石墨作电极时，由于石墨材料颗粒粗、组织疏松、强度差，会引起粗加工后电极表面产生严重剥落现象（包括疏松性剥落、压层不均匀性剥落、热疲劳破坏剥落、机械性破坏剥落等），因为电火花加工是精确"仿形"加工，故在电火花加工中石墨电极表面剥落现象经过平动修整后会反映到工件上，即产生了"波纹"。

（2）中、粗加工电极损耗大。由于粗加工后电极表面粗糙度值很大，中、精加工时电极损耗较大，故在加工过程中工件上粗加工的表面不平度会反拷到电极上，电极表面产生的高低不平又反映到工件上，最终就产生了所谓的"波纹"。

（3）冲油、排屑的影响。电加工时，若冲油孔开设得不合理，排屑情况不良，则蚀除物会堆积在底部转角处，这样也会助长"波纹"的产生。

（4）电极运动方式的影响。"波纹"的产生并不是平动加工引起的，相反，平动运动能有利于底面"波纹"的消除，但它对不同角度的斜度或曲面"波纹"仅有不同程度的减少，却无法消除。这是因为平动加工时，电极与工件有一个相对错开位置，加工底面错位量大，加工斜面或圆弧错位量小，因而导致两种不同的加工效果。

"波纹"的产生既影响了工件表面粗糙度，又降低了加工精度，为此，在实际加工中应尽量设法减小或消除"波纹"。

2.6　电火花加工应用实例

2.6.1　电机转子冲孔落料模的电火花加工

1. 工件名称

电机转子冲孔落料模。

2. 工件材料

淬火 40Cr 钢，工件尺寸要求如图 2-46(a)所示。凸凹模配合间隙：0.04～0.07 mm。工具电极（即冲头）材料：淬火 Cr12，尺寸要求如图 2-46(b)所示。

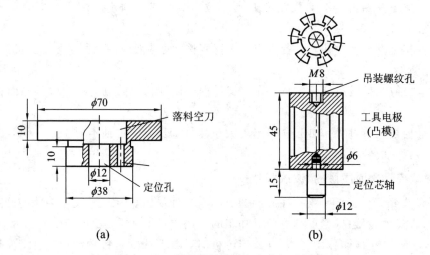

(a)　　　　　　　　　　　　(b)

图 2-46　冲孔落料模的电火花加工图

(a) 工件示意图；(b) 工具电极（冲头）和定位芯轴示意图

3. 工具电极在电火花加工前的工艺路线

1）准备定位芯轴

车：车削芯轴 $\phi6$ 外圆和 $\phi12$ 外圆，其外圆直径留 0.2 mm 磨削余量，钻中心孔。

磨：精磨芯轴 $\phi6$ 外圆和 $\phi12$ 外圆。

2）车

粗车冲头外形，精车上段吊装内螺纹（见图 2-46(b)），$\phi6$ 孔留磨削余量。

3）热处理

淬火处理。

4）磨

精磨 $\phi6$ 定位芯轴孔。

5）线切割

以定位芯轴 $\phi12$ 外圆面为定位基准，精加工冲头外形，达到图纸要求。

6）钳

安装固定连接杆（连接杆用于与机床主轴头连接）。

7）化学腐蚀（酸洗）

配制腐蚀液，均匀腐蚀，单面腐蚀量 0.14 mm，腐蚀高度 20 mm。

8）钳

利用凸模上 $\phi6$ 孔安装固定定位芯轴。

4. 电火花加工工艺方法

凸模打凹模的阶梯工具电极加工法，反打正用。

5. 加工时使用的设备

HCD300K 型数控电火花成型加工机床。

6. 装夹、校正、固定工件

1）工具电极

以定位芯轴作为基准，校正后予以固定。

2）工件

将工件自由放置在工作台上，将校正并固定后的电极定位芯轴插入对应的 $\phi12$ 孔，注意不能受力，然后旋转工件，使预加工刃口孔对准冲头（电极），最后予以固定。

7. 加工规准选择

加工规准如表 2-4 所示。

表 2-4　电机转子冲孔落料模加工规准

工序	脉冲宽度 /μs	脉冲间隔 /μs	放电峰值 电流/A	脉冲电压 /V	加工电流 /A	加工深度	加工极性	工作液 循环方式
粗加工	20	50	24	173	7～8	穿透	负	下冲油
精加工	2	20～50	24	80	3～4	穿透	负	下冲油

8. 加工效果

（1）配合间隙：0.06 mm。

（2）斜度：0.03 mm（单面）。

（3）加工表面粗糙度值为 1.0～1.25 μm，符合设计要求。

2.6.2　去除断在工件中的钻头和丝锥的电火花加工

1. 加工内容

用电火花加工方法去除断在工件中的钻头和丝锥。

2. 需用到的设备

电火花成型机床、精密角尺、百分表、工具电极、工件电极。

3. 加工工艺分析

钻削小孔和用小丝锥攻丝时，由于刀具硬且脆，刀具的抗弯、抗扭强度较低，因而会发生刀具被折断在加工孔中的现象。为了避免工件报废，可采取电火花加工方法去除断在工件中的钻头和丝锥。

为此，首先是选择合适的电极材料，一般可选择紫铜电极。这是因为紫铜电极的导电性能好，电极损耗小，机械加工也比较容易，电火花加工的稳定性好。其次是设计电极，电极的尺寸应根据钻头和丝锥的尺寸来确定。电极的直径略小于去除钻头和丝锥的直径。最后是确定电规准。因对加工精度和表面粗糙度的要求比较低，所以可选择加工速度快和电极损耗小的粗规准一次加工完成。但加工小孔时，电极的电流密度会比较大，所以加工电流将受到加工面积的限制，可选择小电流和长脉宽加工。

在电火花加工的过程中，断在小孔中的丝锥或钻头会有残片剥离，而这些残片极有可能造成火花放电短路、主轴上台的情况发生，应及时清理后，再继续加工。

4. 工具电极的设计与制作

1）工具电极的设计

工具电极的直径可根据钻头和丝锥的直径来设计。如钻头为 $\phi 4$ mm，丝锥为 M4 mm，工具电极可设计成直径为 $\phi 2 \sim 3$ mm。电极长度应根据断在小孔中的长度加上装夹长度来定，并适当地留出一定的余量。

2）工具电极的制作

工具电极为圆柱形，可在车床上一次加工成型。通常制作成阶梯轴，装夹大端，有利于提高工具电极的强度，如图 2-47 所示。

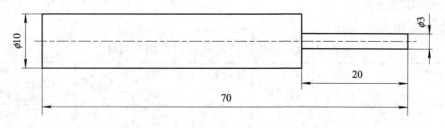

图 2-47　圆柱形电极

5. 电火花加工

1）工具电极的装夹与找正

工具电极可用钻夹头固定在主轴夹具上，先用精密角尺找正工具电极对工作台 x 轴和 y 轴方向的垂直，然后用百分表再次找正。必要时可用观察电火花的方法找正。另外，电极比较细，容易弯曲，可利用圆柱形台阶找正。

2）工件电极的装夹与定位

工件电极可用压板固定在工作台上，也可用磁性吸盘将工件电极吸附，用百分表对工件进行找正。

3）选择电规准

峰值电流为 $5 \sim 10$ A，脉冲宽度为 $100 \sim 200$ μs，脉冲间隔为 $40 \sim 50$ μs。

4）放电加工

开启机床电源，先按下电器控制柜上的"自动对刀"键，使主轴缓慢下降，完成工具电极的对刀，将工件的上表面设定为加工深度零点位置；再设定加工深度，加工深度值应根据断在工件中的钻头或丝锥长度来定；然后开启工作液泵，向工作液槽内加注工作液，加工液应高出工件 $30 \sim 50$ mm，并保证工作液循环流动；最后，按下"放电加工"键，实现放电加工。待加工完成后，放掉工作液，取下工具电极和工件电极，清理机床工作台，完成加工。

2.6.3　塑料叶轮注塑模的电火花加工

1. 工件名称

塑料叶轮注塑模。

2. 工件的技术要求

1）工件材料

45 钢。

2）工件的形状

在 $\phi120$ 圆范围内，以其轴心作为对称中心，均匀分布有 6 片叶片的型槽。槽的最深处尺寸为 15 mm，槽的上口宽 2.2 mm，槽壁有 0.2 mm 的脱模斜度，约 $30'$。具体可参见图 2-48 所示的叶轮工具电极图。工件的中心有一个 $\phi10^{+0.03}_{-0.01}$ mm 孔。

3. 工件在电火花加工前的工艺路线

1）车

精车 $\phi10^{+0.03}_{-0.01}$ mm 孔和其他各尺寸，上、下面留磨削量。

2）磨

精磨上、下两面。

3）钻

在待加工的 6 个叶片部位各钻一个 $\phi1$ mm 的冲油孔，加工时用以冲油。

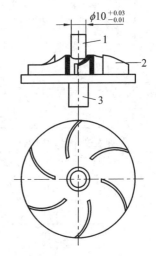

1—校正棒；2—电极；3—连接杆

图 2-48　叶轮工具电极

4. 工具电极的技术要求

1）电极材料

紫铜。

2）形状

分别用紫铜材料加工 6 片成形工具电极，然后镶装或焊接在一块固定板上。电极固定板中心加工一个 $\phi10^{+0.03}_{-0.01}$ 孔，与工件中心孔相对应。

3）工具电极在电火花加工前的工艺路线

（1）铣或者用线切割加工：加工 6 个叶片电极。

（2）钳：拼镶或焊接工具电极并修型、抛光。

（3）车：工具电极校正后加工 $\phi10^{+0.03}_{-0.01}$ 孔。

5. 电火花加工工艺方法

单电极平动修光法。

6. 加工时使用的设备

HCD300K 型数控电火花成型加工机床。

7. 装夹、校正、固定工件

1）准备定位芯轴

用 45 圆钢车长为 40 mm、直径为 $\phi 10^{+0.03}_{-0.01}$ 的定位芯轴作为校正棒。

2）工具电极

以各叶片电极的侧壁为基准校正后予以固定。固定后将定位芯轴校正棒装入固定板中心孔。

3）工件

将工件平放在工作台面上。移动 x、y 坐标，对准芯轴校正棒与工件上对应孔，直到能自由插入为止。将工件夹紧后抽出定位芯轴。

8. 加工规准选择

加工规准如表 2－5 所示。刚开始时，由于实际加工面积很小，应减小峰值电流，以防电弧烧伤。

表 2－5　塑料叶轮注塑模加工规准

工序	脉冲宽度 /μs	脉冲间隔 /μs	功放管数 高压	功放管数 低压	加工电流 /A	总进给深度 /mm	平动量 /mm	表面粗糙度 /μm	加工极性
粗加工	512	200	4	12	15	12.5	0	＞25	负
	256	200	4	8	10	14.5	0.20	12～13	负
半精、精加工	128	10	4	4	2	14.8	0.30	7～8	负
	64	10	4	4	1.3	15	0.36	3～4	负
	2	40	8	24	0.8	15.1	0.40	1.5～2	正

9. 加工效果

（1）因半精加工、精加工采用了低损耗规准，所以工具电极综合损耗约为 1％～2％。

（2）加工表面粗糙度值为 1.5～2 μm，无需修型抛光，可以直接使用。

（3）加工后，槽孔壁有 0.2 mm 的脱模斜度，符合设计要求。

习题与思考题

2－1　简述电火花加工的原理及电火花加工的适用范围。

2－2　简述电火花加工的特点。

2－3　在电火花加工过程中，工作液有哪些作用？

2－4　电火花加工机床主要由哪些部分组成？各有哪些功能？

2－5　影响电火花加工精度和加工表面质量的工艺因素有哪些？

2－6　减少电极损耗可采取什么措施？

2－7　电火花加工中的电极常用结构有哪些？

2－8　简要说明电火花成型加工中冲模、型腔模加工的工艺方法以及具体加工中应注意的有关问题。

第 3 章 电火花线切割加工

3.1 电火花线切割加工概述

电火花线切割加工(Wire Cut EDM，简称 WEDM)是在电火花加工基础上于 20 世纪 50 年代末，最早在原苏联发展起来的一种新的工艺形式，它用线状电极(铜丝或钼丝)靠火花放电对工件进行切割，故称为电火花线切割，简称线切割。它已获得广泛的应用，目前，国、内外的线切割机床已占电加工机床的 60% 以上。

3.1.1 电火花线切割加工的原理

电火花线切割加工的基本原理仍是基于电火花加工原理：在电火花线切割加工中，利用移动的细金属导线(铜丝或钼丝)作一个电极，工件作另一个电极，并按照预定的轨迹运动，通过不断的火花放电对工件进行放电蚀除，以切割出成型的各种二维、三维表面。

图 3-1 所示为往复式高速走丝电火花线切割加工原理示意图。利用细钼丝 4 作工具电极进行切割，储丝筒 7 使钼丝作正、反向交替移动，加工能量由脉冲电源 3 供给。在电极丝和工件之间浇注工作液介质，工作台在水平面两个坐标方向各自按预定的控制程序或既定轨迹，根据火花间隙状态作伺服进给移动，从而合成各种曲线轨迹，把工件切割成型。

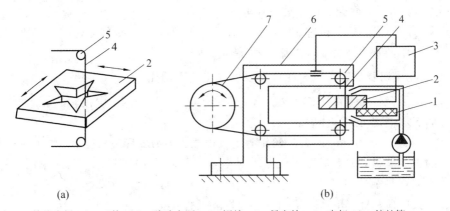

(a)   (b)

1—绝缘底板；2—工件； 3—脉冲电源；4—钼丝；5—导向轮；6—支架；7—储丝筒

图 3-1 高速走丝电火花线切割加工原理图

图 3-2 所示为低速走丝电火花线切割加工原理示意图。低速走丝电火花线切割加工利用铜丝做电极丝，靠火花放电对工件进行切割。在加工中，电极丝一方面相对工件 2 不断做上(下)单向移动；另一方面，安装工件的工作台 7 在数控伺服 x 轴电动机 8、y 轴电动

机 10 的驱动下,在 x、y 轴实现切割进给,使电极丝沿加工图形的轨迹对工件进行加工。加工时在电极丝和工件之间加上脉冲电源 1,同时在电极丝和工件之间浇注去离子水工作液,不断产生火花放电,使工件不断被电蚀除,从而控制完成工件的尺寸加工。储丝筒 6 带动电极丝经导向轮相对工件 2 做单向移动。

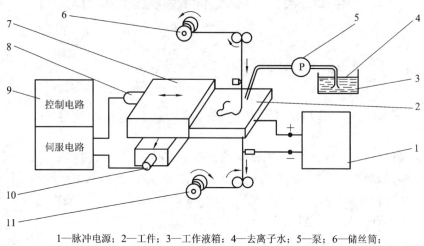

1—脉冲电源;2—工件;3—工作液箱;4—去离子水;5—泵;6—储丝筒;
7—工作台;8—x轴电动机;9—数控装置;10—y轴电动机;11—收丝筒

图 3-2　低速走丝电火花线切割加工原理图及结构图

3.1.2　电火花线切割加工的特点

电火花线切割加工过程的工艺和机理与电火花穿孔成型加工既有共同性,又有特殊性。

1. 电火花线切割加工与电火花穿孔成型加工的共同点

两者在加工原理、工作机理、工艺、适应材料等方面相同,具体表现为:

(1) 线切割加工的电压、电流波形与电火花加工的基本相似。单个脉冲也有多种形式的放电形态,如开路、短路、正常火花放电等。

(2) 线切割加工的加工机理、生产率、表面粗糙度等工艺规律,材料的可加工性等也都与电火花加工的基本相似,可以加工硬质合金等一切导电材料。

2. 电火花线切割加工与电火花穿孔成型加工的不同点

两者在加工极性、工作液、放电状态、接触方式、电极形式、电极丝的加工特点、工具损耗等方面有不同之处,具体表现为:

(1) 以 0.03~0.35 mm 的金属丝作为工具电极,不需要制造特定形状的电极,因而省掉了成型的工具电极,大大降低了成型工具电极的设计和制造费用。用简单的工具电极,靠数控技术实现复杂的切割轨迹,缩短了生产准备时间,加工周期短,这不仅对新产品的试制很有意义,对大批量生产也增加了快速性和柔性。

(2) 虽然加工的对象主要是平面形状,但是除了有金属丝直径决定的内侧转弯的最小直径 R(金属线半径+放电间隙)这样的限制外,任何复杂的形状都可以加工。无论被加工工件的硬度如何,只要是导体或半导体的材料都能实现加工。

(3) 轮廓加工所需的加工余量少,能有效节约贵重的材料。由于电极丝比较细,可以加工微细异型孔、窄缝和复杂形状的工件。又由于切缝很窄,且只对工件材料进行"套料"加工，实际金属去除量很少，因此材料的利用率很高，这对加工、节约贵重金属有着重要意义。

　　（4）可忽略电极丝损耗，加工精度高。高速走丝线切割采用低损耗脉冲电源；低速走丝线切割采用单向连续供丝，在加工区总是保持新电极丝加工。由于采用移动的长电极丝进行加工，使单位长度电极丝的损耗较少，从而对加工精度的影响比较小，特别在低速走丝线切割加工时，电极丝一次性使用，电极丝损耗对加工精度的影响更小。正是电火花线切割加工有许多突出的长处，因而在国内、外发展都较快，已获得了广泛的应用。

　　（5）电极与工件之间存在着"疏松接触"式轻压放电现象。近年来的研究结果表明，当柔性电极丝与工件接近到通常认为的放电间隙（如 $8\sim10~\mu m$）时，并不发生火花放电，甚至当电极丝已接触到工件，从显微镜中已看不到间隙时，也常常看不到火花。只有当工件将电极丝顶弯，偏移一定距离（几微米到几十微米）时，才发生正常的火花放电。即每进给 $1~\mu m$，放电间隙并不减小 $1~\mu m$，而是钼丝增加一点张力，向工件增加一点侧向压力，只有电极丝和工件之间保持一定的轻微接触压力，才形成火花放电。因此可以认为，在电极丝和工件之间存在着某种电化学产生的绝缘薄膜介质，当电极丝被顶弯所造成的压力和电极丝相对工件的移动摩擦使这种介质减薄到可被击穿的程度，才发生火花放电。放电发生之后产生的爆炸力可能使电极丝局部振动而脱离接触，但宏观上仍是轻压放电。

　　（6）采用乳化液或去离子水的工作液，不必担心发生火灾，可实现昼夜无人看守连续加工。采用水或水基工作液，不会引燃起火，容易实现安全无人运转。但由于工作液的电阻率远比煤油小，因而在开路状态下，仍有明显的电解电流。电解效应有益于改善加工表面的粗糙度。

　　（7）一般没有稳定的电弧放电状态。因为电极丝与工件始终有相对运动，尤其是高速走丝电火花线切割加工时更是如此，因此线切割加工的间隙状态可以认为是由正常火花放电、开路和短路这三种状态组成的。但往往在单个脉冲内有多种放电状态，有"微开路"、"微短路"现象。

　　（8）任何复杂形状的零件，只要能编制加工程序就可以进行加工，因而很适合小批量零件和试制品的生产加工，加工周期短，应用灵活。

　　（9）依靠微型计算机控制电极丝轨迹和间隙补偿功能，同时加工凹、凸两种模具时，间隙可任意调节。采用四轴联动，可加工上、下面异型体，形状扭曲曲面体，变锥度和球形体等零件。

　　（10）电极工具是直径较小的细丝，故脉冲宽度、平均电流等不能太大，加工工艺参数的范围较小，属中、精正极性电火花加工，工件常接脉冲电源正极。

3.1.3　电火花线切割加工的分类及应用

1. 电火花线切割加工的分类

　　根据电火花线切割加工中电极丝的运行方向和速度来分，电火花线切割加工通常分为两大类：一类是高速走丝电火花线切割加工，电极丝作高速往复运动，一般走丝速度为 $8\sim10~m/s$；另一类是低速走丝电火花线切割加工，电极丝作低速单向运动，一般走丝速度低于 $0.2~m/s$。

　　电火花线切割加工按控制方式可分为靠模仿型控制加工、光电跟踪控制加工、数字程序控制加工等；

按加工尺寸范围可分为大、中、小型零件以及普通型与专用型零件等加工。

按所使用的数控系统可分为单片机、单板机、微型计算机系统控制的加工等。

2. 电火花线切割加工的应用

线切割加工为新产品试制、精密零件加工及模具制造等开辟了一条新的工艺途径，主要应用于以下几个方面。

1）试制新产品及零件加工

在新产品开发过程中需要单件的样品，可使用线切割直接切割出零件。例如，试制切割特殊微电机硅钢片定转子铁芯，由于不需另行制造模具，可大大缩短制造周期，降低成本。又如，在冲压生产时，未制造落料模时，先用线切割加工的试样进行成型等后续加工，得到验证后再制造落料模。另外，由于线切割加工时修改设计、变更加工程序比较方便，加工薄件时还可多片叠在一起加工，因此在零件制造方面，可用于加工品种多、数量少的零件，特殊难加工材料的零件，材料试验件，各种型孔、型面、特殊齿轮、凸轮、样板、成型刀具等。有些具有锥度切割的线切割机床可以加工出"天圆地方"等上、下异型面的零件。同时还可进行微细加工，异型槽等表面的加工。

2）加工特殊材料

切割某些高硬度、高熔点的金属时，使用机械加工的方法几乎是不可能的，而采用线切割加工既经济又能保证精度。电火花成型加工用的电极，一般穿孔加工用的电极，带锥度型腔加工用的电极以及铜钨、银钨合金之类的电极材料，用线切割加工特别经济，同时也适用于加工微细复杂形状的电极。

3）加工模具零件

电火花线切割加工主要应用于冲模、挤压模、塑料模、电火花型腔模的电极加工等。由于电火花线切割加工机床加工速度和精度的迅速提高，目前已达到可与坐标磨床相竞争的程度。例如，中、小型冲模的材料为模具钢，过去用分开模和曲线磨削的方法加工，现在改用电火花线切割整体加工的方法，制造周期可缩短 3/4～4/5，成本降低 2/3～3/4，配合精度高，不需要熟练的操作工人。因此，一些工业发达国家的精密冲模的磨削等工序，已被电火花和电火花线切割加工所代替。表 3-1 所示为电火花线切割加工的应用领域。

表 3-1　电火花线切割加工的应用领域

电火花线切割加工	平面形状的金属模加工	冲模、粉末冶金模、拉拔模、挤压模的加工
	立体形状的金属模加工	冲模用凹模的退刀槽加工，塑料用金属压模、塑料模等分离面加工
	电火花成型加工用电极制作	形状复杂的微细电极的加工，一般穿孔用电极的加工，带锥度型模电极的加工
	试制品及零件加工	试制零件的直接加工，批量小、品种多的零件加工，特殊材料的零件加工，材料试件的加工
	轮廓量规的加工	各种卡板量具的加工，凸轮及模板的加工，成型车刀的成型加工
	微细加工	化纤喷嘴加工，异型槽和窄槽加工，标准缺陷加工

图 3-3 所示为用电火花线切割加工方法实际加工的零件。

各种零件的加工

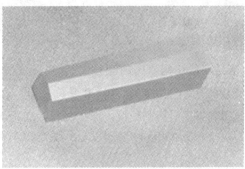

棱锥体形件

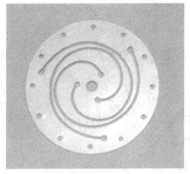

多孔窄缝加工

冷冲凸模的加工

图 3-3　电火花线切割法加工的零件（图样来源于互联网）

3.1.4　电火花线切割加工的机床

1. 电火花线切割机床

电火花线切割机床是电火花加工机床的一种形式。

线切割机床按电极丝的运行方向和速度可分为高速往复走丝电火花线切割机床（WEDM—HS）和低速单向走丝电火花线切割机床（WEDM—LS）两大类。

高速走丝线切割机床的电极丝作高速往复运动，一般走丝速度为 8～10 m/s，是我国独创的电火花线切割加工模式。高速走丝线切割机床上运动的电极丝能够双向往返运行，重复使用，直至断丝为止。电极丝材料常用直径为 0.10～0.30 mm 的钼丝（有时也用钨丝或钨钼丝）。对小圆角或窄缝切割，也可采用直径为 0.6 mm 的钼丝。高速走丝线切割机床工作时的工作液通常采用乳化液。

高速走丝线切割机床结构简单、价格便宜、生产率高，但由于运行速度快，因此工作时机床震动较大，钼丝和导轮的损耗快，加工精度和表面粗糙度不如低速走丝线切割机床，其加工精度一般为 0.01～0.02 mm，表面粗糙度为 1.25～2.5 μm。

低速走丝线切割机床走丝速度低于 0.2 m/s。常用黄铜丝（有时也采用紫铜、钨、钼和各种合金的涂覆线）作为电极丝，铜丝直径通常为 0.10～0.35 mm。电极丝仅从一个单方向通过加工间隙，不重复使用，避免了因电极丝的损耗而降低加工精度。同时，由于走丝速度慢，机床及电极丝的震动小，因此加工过程平稳，加工精度高，可达 0.005 mm，表面

粗糙度小于等于 $0.32\ \mu m$。低速走丝线切割机床的工作液一般采用去离子水、煤油等，生产率较高。

低速走丝机床主要由日本、瑞士等国生产，目前，国内有少数企业引进国外先进技术与外企合作生产低速走丝机床。

2. 电火花线切割机床的型号

电火花线切割机床的主要技术参数包括：工作台行程（纵向行程×横向行程）、最大切割厚度、切割锥度、切割速度、加工精度、加工表面粗糙度及数控系统的控制方式等。

国标 GB/T15375—1994 规定：数控电火花线切割机床的型号以 DK7 开头，如 DK7725。DK7725 的基本含义为：

◆ D 为机床的类别代号，表示电加工机床；

◆ K 为机床的特性代号，表示数控机床；

◆ 第一个 7 为组代号，表示电火花加工机床；

◆ 第二个 7 为系代号（高速走丝线切割机床为 7；低速走丝线切割机床为 6；电火花成型机床为 1）；

◆ 25 为主参数代号，表示工作台横向行程为 250 mm。

即 DK7725 表示工作台横向行程为 250 mm 的数控高速走丝电火花线切割机床。

3. 电火花线切割机床的结构

电火花线切割机床的结构主要由机床本体、脉冲电源、工作液循环系统、控制系统和机床附件等几部分组成。图 3－2 和图 3－4 分别为低速走丝和高速走丝线切割机床结构示意图。

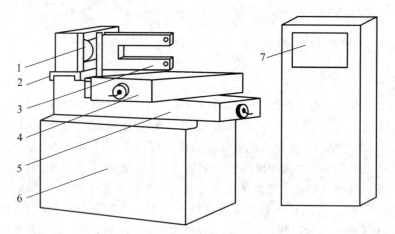

1—储丝筒；2—走丝溜板；3—丝架；4—上滑板；5—下滑板；6—床身；7—电源、控制柜

图 3－4　高速走丝线切割机床结构示意图

1）机床本体

机床本体由床身、坐标工作台、锥度切割装置、走丝机构、丝架、工作液箱、附件和夹具等几部分组成。

◆ 床身

床身一般为铸件，是坐标工作台、运丝机构及丝架的支承和固定基础。通常采用箱式结构，应有足够的强度和刚度。床身内部安放电源和工作液箱，考虑到电源的发热和工作油泵的振动，有些精度高的机床将电源和工作液箱移出床身外另行安放。

◆ 坐标工作台

电火花线切割机床最终都是通过坐标工作台与电极丝的相对运动来完成对零件加工的。为了保证机床精度，对导轨的精度、刚度和耐磨性有较高的要求。一般都采用"十"字拖板、滚动导轨和丝杆传动副将电机的旋转运动变为工作台的线性运动，通过两个坐标方向各自的进给移动，可合成各种平面图形曲线轨迹。为保证工作台的定位精度和灵敏度，传动丝杆和螺母之间必须消除间隙。

◆ 走丝机构

走丝机构使电极丝以一定的速度运动并保持一定的张力。

在高速走丝机床上，一定长度的电极丝平整地卷绕在储丝筒上(参见图 3-5)，丝张力与排绕时的拉紧力有关，储丝筒通过联轴器与驱动电机相连。为了重复使用该段电极丝，电机由专门的换向装置控制，做正反向交替运转。走丝速度等于储丝筒的圆周线速度，通常为 8～10 m/s。在运动过程中，电极丝由丝架支撑，并依靠导轮保持电极丝与工作台垂直或倾斜一定的几何角度(锥度切割时)。

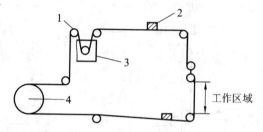

1—导轮；2—导电块；3—配重块；4—储丝筒

图 3-5　高速走丝系统示意图

低速走丝系统如图 3-2 和图 3-6 所示。自未使用的金属丝筒 2(绕有 1～5 kg 金属丝)、靠卷丝轮 1 使金属丝以较低的速度(通常 0.2 m/s 以下)移动。为了提供一定的张力(2～25 N)，在走丝路径中装有一个机械式或电磁式张力机构 4 和 5。为实现断丝时能自动停车并报警，走丝系统中通常还装有断丝检测微动开关。用过的电极丝集中到卷丝筒上或送到专门的收集器中。

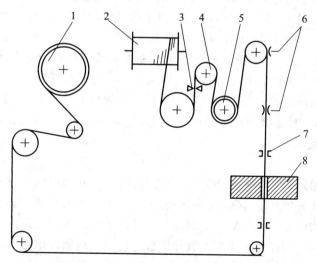

1—废丝卷丝轮；2—未使用的金属丝筒；3—拉丝模；4—张力电动机；
5—电极丝张力调节轴；6—退火装置；7—导向器；8—工件

图 3-6　低速走丝系统示意图

为了减轻电极丝的振动，加工时应使其跨度尽可能小(按工件厚度调整)，通常在工件的上下采用蓝宝石 V 形导向器或圆孔金刚石模块导向器，其附近装有引电部分，工作液一般通过引电区和导向器再进入加工区，可使全部电极丝的通电部分冷却。近代的机床上还装有自动穿丝机构，能使电极丝经一个导向器穿过工件上的穿丝孔而被传送到另一个导向器，在必要时也能自动切断并再穿丝，为无人连续切割创造了条件。

◆ 锥度切割装置

为了切割有落料角的冲模和某些有锥度(斜度)的内外表面，大部分线切割机床具有锥度切割功能。实现锥度切割的方法有多种。

(1) 偏移式丝架。该丝架主要用在高速走丝线切割机床上实现锥度切割，其工作原理如图 3-7 所示。

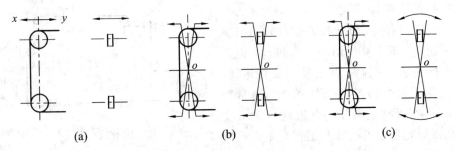

图 3-7 偏移式丝架实现锥度加工的方法示意图

(a) 上(下)丝臂平动法；(b) 上、下丝臂同时绕一定中心移动法；
(c) 上、下丝臂分别沿导轮径向平动和轴向摆动法

图 3-7(a)为上(或下)丝臂平动法，上(或下)丝臂沿 x、y 方向平移，此法锥度不宜过大，否则钼丝容易拉断，导轮易磨损，工件上有一定的加工圆角。图 3-7(b)为上、下丝臂同时绕一定中心移动的方法，如果模具刃口放在中心"o"上则加工圆角近似为电极丝半径。此法加工锥度也不宜过大。图 3-7(c)为上、下丝臂分别沿导轮径向平动和轴向摆动的方法，此法加工锥度不影响导轮磨损，最大切割锥度通常可达 5°以上。

(2) 双坐标联动装置。在电极丝有恒张力控制的高速走丝和低速走丝线切割机床上广泛采用此类装置。其主要依靠上导向器作纵横两轴(称 u、v 轴)驱动，与工作台的 x、y 轴在一起构成 NC 四轴同时控制(见图 3-8)。这种方式的自由度很大，依据功能丰富的软件控制，可以实现上、下异形截面形状的加工，最大的倾斜角度一般为±5°，有的甚至可达到 30°～50°(与工件厚度有关)。

2) 脉冲电源

电火花线切割加工的脉冲电源与电火花成型加工的脉冲电源在原理上是一样的，不过受加工表面粗糙度和电极丝允许承载电流的限制，线切割加工脉冲电源的脉宽较窄(2～60 μs)，单个脉冲能量、平均电流(1～5 A)一般较小，所以线切割加工总是采用正极性加工。脉冲电源的形式品种很多，如晶体管矩形波脉冲电源、高频分组脉冲电源、并联电容型脉冲电源和节能型脉冲电源等。

3) 工作液循环系统

在线切割加工中，工作液对加工工艺指标的影响很大，如对切割速度、表面粗糙度、加工精度等都有影响。低速走丝线切割机床大多采用去离子水作工作液，只有在特殊的精

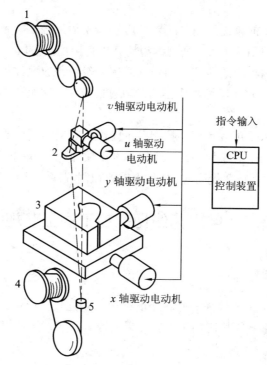

1—新丝卷筒；2—上导向器；3—电极丝；4—废丝卷筒；5—下导向器

图 3-8　四轴联动锥度切割装置

加工时才采用绝缘性能较高的煤油。高速走丝线切割机床使用的工作液是专用乳化液，目前供应的乳化液有 DX-1、DX-2、DX-3 等，各有其特点，有的适于快速加工，有的适于大厚度切割，也有的是在原来工作液中添加某些化学成分来提高其切割速度或增加防锈能力等。工作液循环装置一般由工作液循环泵、工作液箱、过滤器、管道和流量控制阀等组成。对高速走丝机床，通常采用浇注式供液方式；而对低速走丝机床，近年来采用浸泡式供液方式。

　　4）控制系统

　　控制系统是进行电火花线切割加工的重要环节。控制系统的稳定性、可靠性、控制精度及自动化程度都直接影响到加工工艺指标和工人的劳动强度。

　　控制系统的主要作用有：

　　（1）按加工要求自动控制电极丝相对工件的运动轨迹和进给速度，来实现对工件的形状和尺寸加工。

　　（2）实现进给速度的自动控制，以维持正常的稳定切割加工。它是根据放电间隙大小与放电状态自动控制的，使进给速度与工件材料的蚀除速度相平衡。

　　因此，电火花线切割机床控制系统的主要功能应包括：

　　（1）轨迹控制——精确控制电极丝相对于工件的运动轨迹，以获得所需的形状和尺寸。

　　（2）加工控制——主要包括对伺服进给速度、电源装置、走丝机构、工作液系统以及其它的机床操作控制。此外，断电记忆、故障报警、安全控制及自诊断功能也是一个重要的方面。

电火花线切割机床的轨迹控制系统曾经历过靠模仿形控制、光电跟踪仿形控制，现在已普遍采用数字程序控制，并已发展到微型计算机直接控制阶段。

关于电火花线切割机床的轨迹数控控制原理类似于普通数控机床的轨迹控制原理，多数使用逐点比较法进行插补运算来取得切割轨迹的控制。这里不再赘述，具体可参考相关数控原理方面的书籍。

目前绝大部分机床采用数字程序控制，并且普遍采用绘图式编程技术，操作者首先在计算机屏幕上画出要加工的零件图形，线切割专用软件（如北航海尔的 CAXA 线切割软件等）会自动将图形转化为 ISO 代码或 3B 代码等线切割程序。

3.2 电火花线切割加工的工艺规律

3.2.1 主要工艺指标

电火花线切割加工工艺效果的好坏一般都用切割速度、加工精度、表面粗糙度和电极丝损耗量等来衡量。影响线切割加工工艺效果的因素很多，并且相互制约。

1. 切割速度

线切割加工中的切割速度是指在保证一定的表面粗糙度的切割过程中，单位时间内电极丝中心线在工件上切过面积的总和，单位为 mm^2/min。最高切割速度是指在不计切割方向和表面粗糙度等条件下，所能达到的最大切割速度。

通常，高速走丝线切割加工速度为 $50\sim100\ mm^2/min$，低速走丝线切割加工的切割速度为 $100\sim150\ mm^2/min$，甚至可达 $350\ mm^2/min$，它与加工电流大小有关。为了在不同脉冲电源、不同加工电流下比较切割效果，将每安培电流的切割速度称为切割效率。一般的切割效率为 $20\ mm^2/(min \cdot A)$。

2. 加工精度

加工精度是指加工后工件的尺寸精度、形状精度（如直线度、平面度、圆度等）和位置精度（如平行度、垂直度、倾斜度等）的总称。加工精度是一项综合指标，它包括切割轨迹的控制精度、机械传动精度、工件装夹定位精度以及脉冲电源参数的波动，电极丝的直径误差、损耗与抖动，工作液脏污程度的变化，加工操作者的熟练程度等对加工精度的影响。

一般高速走丝线切割加工的可控加工精度在 $0.01\sim0.02\ mm$ 左右；低速走丝线切割加工的可控加工精度可达 $0.005\sim0.002\ mm$ 左右。

3. 表面粗糙度

高速走丝线切割加工的表面粗糙度一般为 $6.3\sim2.5\ \mu m$，最佳也只有 $1.25\ \mu m$ 左右。低速走丝线切割加工的表面粗糙度一般为 $1.25\ \mu m$，最佳可达 $0.2\ \mu m$。

4. 电极丝损耗量

对高速走丝机床，电极丝损耗量用电极丝在切割 $10\ 000\ mm^2$ 面积后电极丝直径的减少量来表示，一般减小量不应大于 $0.01\ mm$。对低速走丝机床，由于电极丝是一次性的，故电极丝损耗量可忽略不计。

3.2.2　电参数对工艺指标的影响

电参数对线切割加工工艺指标的影响最为主要。放电脉冲宽度增加、脉冲间隔减小、脉冲电压幅值增大（电源电压升高）、峰值电流增大（功放管增多）都会提高切割加工速度，但加工的表面粗糙度和精度则会下降，反之则可改善加工表面粗糙度和提高加工精度。

1. 脉冲宽度 t_1

通常情况下，放电脉冲宽度 t_1 加大时，加工速度提高而表面粗糙度变差。一般取脉冲宽度 $t_1 = 2 \sim 60\ \mu s$。在分组脉冲及光整加工时，脉冲宽度 t_1 可小至 $0.5\ \mu s$ 以下。

2. 脉冲间隔 t_0

放电脉冲间隔 t_0 减小时，平均电流增大，切割速度加快。但脉冲间隔 t_0 不能过小，以免引起电弧放电和断丝。一般情况下，取脉冲间隔 $t_0 = (4 \sim 8) t_1$。在刚切入，或大厚度加工时，应取较大的 t_0 值，以保证加工过程的稳定性。

3. 开路电压 u_i

改变开路电压的大小会引起放电峰值电流和放电加工间隙的改变。u_i 提高，加工间隙增大，排屑变易，可提高切削速度和加工稳定性，但易造成电极丝振动。通常，u_i 的提高会增加电源中限流电阻的发热损耗，还会使电极丝损耗加大。

4. 放电峰值电流 i_e

放电峰值电流是决定单脉冲能量的主要因素之一。放电峰值电流 i_e 增大时，切割加工速度提高，表面粗糙度变差，电极丝损耗比加大甚至断丝。一般取峰值电流 i_e 小于 40 A，平均电流小于 5 A。低速走丝线切割加工时，因脉宽很窄，小于 $1\ \mu s$，电极丝又较粗，故 i_e 有时大于 100 A 甚至 500 A。

5. 放电波形

在相同的工艺条件下，高频分组脉冲常常能获得较好的加工效果。电流波形的前沿上升比较缓慢时，电极丝损耗较少。不过当脉宽很窄时，必须要有陡的前沿才能进行有效的加工。

6. 极性

线切割加工因脉宽较窄，所以都用正极性加工，否则切割速度会变低且电极丝损耗会增大。

综上所述，电参数对线切割电火花加工的工艺指标的影响有如下规律：

（1）加工速度随着加工峰值电流、脉冲宽度的增大和脉冲间隔的减小而提高，即加工速度随着加工平均电流的增加而提高。实验证明，增大峰值电流对切割速度的影响比用增大脉宽的办法显著。

（2）加工表面粗糙度数值随着加工峰值电流、脉冲宽度的增大及脉冲间隔的减小而增大，不过脉冲间隔对表面粗糙度影响较小。

实践表明，在加工中改变电参数对工艺指标影响很大，必须根据具体的加工对象和要求，综合考虑各因素及其相互影响关系，选取合适的电参数，既优先满足主要加工要求，又同时注意提高各项加工指标。例如，加工精密小零件时，精度和表面粗糙度是主要指标，加工速度是次要指标，这时选择电参数主要满足尺寸精度高、表面粗糙度好的要求。又如加工中、大型零件时，对尺寸的精度和表面粗糙度要求低一些，故可选较大的加工峰值电流、脉冲宽度，尽量获得较高的加工速度。此外，不管加工对象和要求如何，还需选择适当的脉冲间隔，以保证加工稳定进行，提高脉冲利用率。因此，选择电参数值是相当重要的，只要能客观地运用它们的最佳组合，就一定能够获得良好的加工效果。

3.2.3　非电参数对工艺指标的影响

1. 电极丝及其材料对工艺指标的影响

1）电极丝的选择

目前，电火花线切割加工使用的电极丝材料有钼丝、钨丝、钨钼合金丝、黄铜丝、铜钨丝等。

采用钨丝加工时，可获得较高的加工速度，但放电后丝质易变脆，容易断丝，故应用较少，只在低速走丝弱规准加工中尚有使用。钼丝比钨丝熔点低，抗拉强度低，但韧性好，在频繁的急热急冷变化过程中，丝质不易变脆、不易断丝。钨钼丝（钨、钼各占 50％ 的合金）加工效果比前两种都好，它具有钨、钼两者的特性，使用寿命和加工速度都比钼丝高。铜钨丝有较好的加工效果，但抗拉强度差些，价格比较昂贵，来源较少，故应用较少。采用黄铜丝做电极丝时，加工速度较高，加工稳定性好，但抗拉强度差，损耗大。

目前，高速走丝线切割加工中广泛使用 $\phi 0.06 \sim 0.20$ mm 的钼丝作为电极丝，低速走丝线切割加工中广泛使用 $\phi 0.1$ mm 以上的黄铜丝作为电极丝。

2）电极丝的直径

电极丝的直径是根据加工要求和工艺条件选取的。在加工要求允许的情况下，可选用直径较大的电极丝。

直径越大，抗拉强度越大，承受电流越大，就可采用较强的电规准进行加工，能够提高输出的脉冲能量，提高加工速度。同时，电极丝粗，切缝宽，放电产物排除条件好，加工过程稳定，能提高脉冲利用率和加工速度。若电极丝过粗，则难加工出内尖角工件，降低了加工精度，同时切缝过宽使材料的蚀除量变大，加工速度也有所降低；若电极丝直径过小，则抗拉强度低，易断丝，而且切缝较窄，放电产物排除条件差，加工经常出现不稳定现象，导致加工速度降低。细电极丝的优点是可以得到较小半径的内尖角，加工精度能相应提高。表 3-2 是常见的几种直径的钼丝的最小拉断力。高速走丝线切割加工一般采用 0.06～0.25 mm 的钼丝。

表 3-2　常用钼丝的最小拉断力

丝径/mm	0.06	0.08	0.10	0.13	0.15	0.18	0.22
最小拉断力/N	2～3	3～4	7～8	12～13	14～16	18～20	22～25

3）走丝速度对工艺指标的影响

对于高速走丝线切割机床，在一定的范围内，随着走丝速度（常简称丝速）的提高，有利于脉冲结束时放电通道迅速消电离。同时，高速运动的电极丝能把工作液带入厚度较大工件的放电间隙中，有利于排屑和放电加工稳定进行。故在一定加工条件下，随着丝速的增大，加工速度提高。图 3-9 所示为高速走丝线切割机床走丝速度与切割速度关系的实验曲线。实验证明：当走丝速度由 1.4 m/s 上升到 7~9 m/s 时，走丝速度对切割速度的影响非常明显。若再继续增大走丝速度，则切割速度不仅不增大，反而开始下降，这是因为丝速再增大，排屑条件虽然仍在改善，蚀除作用基本不变，但是储丝筒一次排丝的运转时间减少，使其在一定时间内的正反向换向次数增多，非加工时间增多，从而使加工速度降低。

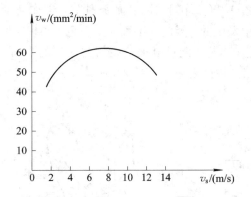

图 3-9 高速走丝方式下丝速对加工速度的影响

对应最大加工速度的最佳走丝速度与工艺条件、加工对象有关，特别是与工件材料的厚度有很大关系。当其他工艺条件相同时，工件材料厚一些，对应于最大加工速度的走丝速度就高些，即图 3-9 中的曲线将随工件厚度增加而向右移。

对低速走丝线切割机床来说，同样也是走丝速度越快，加工速度越快。因为低速走丝机床的电极丝的线速度范围约为零点几毫米到几百毫米每秒。这种走丝方式是比较平稳均匀的，电极丝抖动小，故加工出的零件表面粗糙度好、加工精度高；但丝速慢导致放电产物不能及时被带出放电间隙，易造成短路及不稳定放电现象。提高电极丝走丝速度，工作液容易被带入放电间隙，放电产物也容易排出间隙之外，故改善了间隙状态，进而可提高加工速度。但在一定的工艺条件下，当丝速达到某一值后，加工速度就趋向稳定（如图 3-10 所示）。

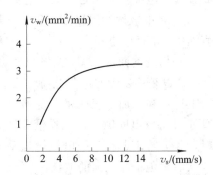

图 3-10 低速走丝方式下丝速对加工速度的影响

低速走丝线切割机床的最佳走丝速度与加工对象、电极丝材料、直径等有关。具体可以参考低速走丝线切割机床的操作说明书。

4）电极丝往复运动对工艺指标的影响

高速走丝线切割加工工件时，加工工件表面往往会出现黑白交错相间的条纹（如图

3-11(a)所示），电极丝进口处呈黑色，出口处呈白色。条纹的出现与电极丝的运动有关，是排屑和冷却条件不同造成的。电极丝从上向下运动时，工作液由电极丝从上部带入工件内，放电产物由电极丝从下部带出。这时，上部工作液充分，冷却条件好，下部工作液少，冷却条件差，但排屑条件比上部好。工作液在放电间隙里受高温热裂分解，形成高压气体，急剧向外扩散，对上部蚀除物的排除造成困难。这时，放电产生的炭黑等物质将凝聚附着在上部加工表面上，使之呈黑色。在下部，排屑条件好，工作液少，放电产物中炭黑较少，而且放电常常是在气体中发生的，因此加工表面呈白色。同理，当电极丝从下向上运动时，下部呈黑色，上部呈白色。这样，经过电火花线切割加工的表面，就形成黑白交错相间的条纹。这是往复走丝的工艺特性之一。

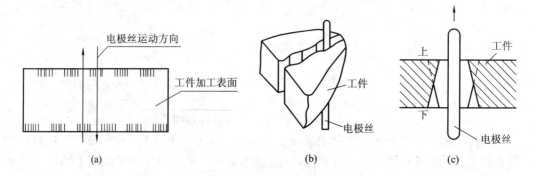

(a)　　　　　　　　　　　(b)　　　　　　　　　　　(c)

图 3-11　线切割加工的表面条纹及其切缝形状
（a）电极丝往复运动产生的黑白条纹；（b）电极丝入口和出口处的宽度；
（c）电极丝不同走向处的剖面图

由于加工表面两端出现黑白交错相间的条纹，因此使工件加工表面两端的粗糙度比中部稍有下降。当电极丝较短、储丝筒换向周期较短或者切割较厚工件时，如果进给速度和脉冲间隔调整不当，则尽管加工结果看上去似乎没有条纹，但实际上条纹很密而互相重叠。

电极丝往复运动还会造成斜度。电极丝上下运动时，电极丝进口处与出口处的切缝宽窄不同（如图 3-11(b)所示）。宽口是电极丝的入口处，窄口是电极丝的出口处。故当电极丝往复运动时，在同一切割表面中，电极丝进口与出口的高低不同，这对加工精度和表面粗糙度是有影响的。图 3-11(c)是切缝剖面示意图。由图可知，电极丝的切缝不是直壁缝，而是两端小、中间大的鼓形缝。这也是往复走丝的工艺特性之一。

对低速走丝线切割加工，上述不利于加工表面粗糙度的因素可以克服。一般低速走丝线切割加工无需换向，加之便于维持放电间隙中的工作液和蚀除产物的大致均匀，所以可以避免黑白相间的条纹。同时，由于低速走丝系统电极丝运动速度低，走丝运动稳定，因此不易产生较大的机械振动，从而避免了加工面的波纹。

5）电极丝张力对工艺指标的影响

电极丝张力对工艺指标的影响如图 3-12 所示。由图可知，在起始阶段，电极丝的张力越大，则切割速度越快。这是由于张力大时，电极丝的振幅变小，切缝宽度变窄，因而进给速度加快。

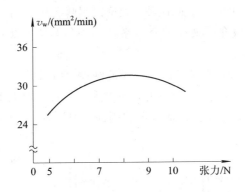

图 3-12　电极丝张力与进给速度图

若电极丝的张力过小，则一方面电极丝抖动厉害，会频繁造成短路，以致加工不稳定，加工精度不高；另一方面，电极丝过松使电极丝在加工过程中受放电压力作用而产生的弯曲变形严重，结果电极丝切割轨迹落后并偏移工件轮廓，即出现加工滞后现象，从而造成形状和尺寸误差，如切割较厚的圆柱时会出现腰鼓形状，严重时电极丝在快速运转过程中会跳出导轮槽，从而造成断丝等故障。但如果过分将张力增大，切割速度不仅不继续上升，反而容易断丝。电极丝断丝的机械原因主要是电极丝本身受抗拉强度的限制。因此，在多次线切割加工中，往往在初加工时，将电极丝的张力稍微调小，以保证不断丝；在精加工时，将电极丝的张力稍微调大，以减小电极丝抖动的幅度，从而提高加工精度。

在低速走丝加工中，设备操作说明书一般都有详细的张紧力设置说明，初学者可以按照说明书去设置，有经验者可以自行设定。如对多次切割，可以在第一次切割时稍微减小张紧力，以避免断丝。在高速走丝加工中，部分机床有自动紧丝装置，操作者完全可以按相关说明书进行操作；另一部分需要手动紧丝，这种操作需要实践经验，一般在开始上丝时紧三次，在随后的加工中根据具体情况具体分析。

2. 工作液对工艺指标的影响

在相同的工作条件下，采用不同的工作液可以得到不同的加工速度、表面粗糙度。电火花线切割加工的切割速度与工作液的介电系数、流动性、洗涤性等有关。高速走丝线切割机床的工作液有煤油、去离子水、乳化液、洗涤剂液、酒精溶液等。但由于煤油、酒精溶液加工时加工速度低、易燃烧，现已很少采用。目前，高速走丝线切割工作液广泛采用的是乳化液，其加工速度快。低速走丝线切割机床采用的工作液是去离子水和煤油。

工作液的注入方式和注入方向对线切割加工精度有较大影响。工作液的注入方式有浸泡式、喷入式和浸泡喷入复合式。在浸泡式注入方法中，线切割加工区域流动性差，加工不稳定，放电间隙大小不均匀，很难获得理想的加工精度；喷入式注入方式是目前国产高速走丝线切割机床应用最广的一种，因为工作液以喷入这种方式强迫注入工作区域，其间隙的工作液流动更快，加工较稳定。但是，由于工作液喷入时难免带进一些空气，故不时发生气体介质放电，其蚀除特性与液体介质放电不同，从而影响了加工精度。浸泡式和喷入式比较，喷入式的优点明显，所以大多数高速走丝线切割机床采用这种方式。在精密电火花线切割加工中，低速走丝线切割加工普遍采用浸泡喷入复合式的工作液注入方式，它既体现了喷入式的优点，又避免了喷入时带入空气的隐患。

工作液的喷入方向分单向和双向两种。无论采用哪种喷入方向，在电火花线切割加工中，因切缝狭小、放电区域介质液体的介电系数不均匀等，所以放电间隙也不均匀，并且导致加工面不平、加工精度不高。

若采用单向喷入工作液，则入口部分工作液纯净，出口处工作液杂质较多，这样会造成加工斜度（如图 3-13(a)所示）；若采用双向喷入工作液，则上下入口较为纯净，中间部位杂质较多，介电系数低，这样会造成鼓形切割面（如图 3-13(b)所示）。工件越厚，这种现象越明显。

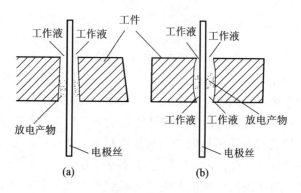

图 3-13　工作液喷入方式对线切割加工精度的影响

3. 工件材料及厚度对工艺指标的影响

1）工件材料对工艺指标的影响

工艺条件大体相同的情况下，工件材料的化学、物理性能不同，加工效果也将会有较大差异。

在低速走丝方式、煤油介质情况下，加工铜件过程稳定，加工速度较快。加工硬质合金等高熔点、高硬度、高脆性材料时，加工稳定性及加工速度都比加工铜件低。加工钢件，特别是不锈钢、磁钢和未淬火或淬火硬度低的钢等材料时，加工稳定性差，加工速度低，表面粗糙度也差。

在高速走丝方式、乳化液介质的情况下，加工铜件、铝件时，加工过程稳定，加工速度快。加工不锈钢、磁钢、未淬火或淬火硬度低的高碳钢时，加工稳定性差些，加工速度也低，表面粗糙度也差。加工硬质合金钢时，加工比较稳定，加工速度低，但表面粗糙度好。

材料不同，加工效果不同，这是因为工件材料不同，脉冲放电能量在两极上的分配、传导和转换都不同。从热学观点来看，材料的电火花加工性与其熔点、沸点有很大关系。常用的电极丝材料钼的熔点为 2625℃，沸点为 4800℃，比铁、硅、锰、铬、铜、铝的熔点和沸点都高，而比碳化钨、碳化钛等硬质合金基体材料的熔点和沸点要低。在单个脉冲放电能量相同的情况下，用铜丝加工硬质合金比加工钢产生的放电痕迹小，加工速度低，表面粗糙度好，同时电极丝损耗大，间隙状态恶化时则易引起断丝。

2）工件厚度对工艺指标的影响

工件厚度对工作液进入和流出加工区域以及电蚀产物的排除、通道的消电离等都有较大的影响。同时，电火花通道压力对电极丝抖动的抑制作用也与工件厚度有关。这样，工件厚度对电火花加工稳定性和加工速度必然产生相应的影响。工件材料薄时，工作液容易进入和充满放电间隙，对排屑和消电离有利，加工稳定性好。但是工件若太薄，对固定丝架来说，电极丝从工件两端面到导轮的距离大，易发生抖动，对加工精度和表面粗糙度带来不良影响，且脉冲利用率低，切割速度下降；若工件材料太厚，工作液难进入和充满放电间隙，这样对排屑和消电离不利，加工稳定性差。

工件材料的厚度大小对加工速度有较大影响。在一定的工艺条件下，加工速度将随工件厚度的变化而变化，一般都有一个对应最大加工速度的工件厚度。图 3 - 14(a)为低速走丝时工件厚度对加工速度的影响；图 3 - 14(b)为高速走丝时工件厚度对加工速度的影响。

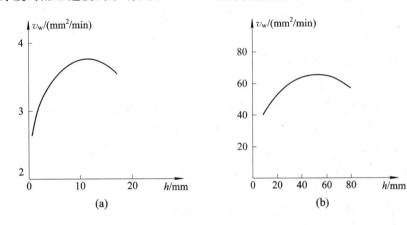

图 3 - 14　工件厚度对加工速度的影响

(a) 低速走丝时工件厚度对加工速度的影响；(b) 高速走丝时工件厚度对加工速度的影响

4. 进给速度对工艺指标的影响

1) 进给速度对加工速度的影响

在线切割加工时，工件不断地被蚀除，即有一个蚀除速度；另一方面，为了电火花放电正常进行，电极丝必须向前进给，即有一个进给速度。在正常加工中，蚀除速度大致等于进给速度，从而使放电间隙维持在一个正常的范围内，使线切割加工能连续进行下去。

蚀除速度与机器的性能、工件的材料、电参数、非电参数等有关，但一旦对某一工件进行加工时，它就可以看成是一个常量。在国产的高速走丝机床中，有很多机床的进给速度需要人工调节，它又是一个随时可变的可调节参数。

正常的电火花线切割加工就要保证进给速度与蚀除速度大致相等，使进给均匀平稳。若进给速度过高（过跟踪），即电极丝的进给速度明显超过蚀除速度，则放电间隙会越来越小，以致产生短路；当出现短路时，电极丝马上会产生短路而快速回退；当回退到一定的距离时，电极丝又以大于蚀除速度的速度向前进给，又开始产生短路、回退。这样频繁地发生短路现象，一方面会造成加工的不稳定，另一方面会造成断丝。若进给速度太慢（欠跟踪），即电极丝的进给速度明显落后于工件的蚀除速度，则电极丝与工件之间的距离越来越大，造成开路。这样会使工件蚀除过程暂时停顿，整个加工速度自然会大大降低。由此可见，在线切割加工中，调节进给速度虽然本身并不具有提高加工速度的能力，但它能保证加工的稳定性。

2) 进给速度对工件表面质量的影响

进给速度调节不当，不但会造成频繁的短路、开路，而且还会影响加工工件的表面粗糙度，致使出现不稳定条纹，或者出现表面烧蚀现象。分下列几种情况讨论：

（1）进给速度过高。这时工件蚀除的线速度低于进给速度，会频繁出现短路，造成加工不稳定，平均加工速度降低，加工表面发焦，呈褐色，工件的上、下端面均有过烧现象。

（2）进给速度过低。这时工件蚀除的线速度大于进给速度，经常出现开路现象，导致加工不能连续进行，加工表面亦发焦，呈淡褐色，工件的上、下端面也有过烧现象。

（3）进给速度稍低。这时工件蚀除的线速度略高于进给速度，加工表面较粗、较白，两端面有黑白相间的条纹。

（4）进给速度适宜。这时工件蚀除的线速度与进给速度相匹配，加工表面细而亮，丝纹均匀。因此，在这种情况下，能得到表面粗糙度好、精度高的加工效果。

5. 火花通道压力对工艺指标的影响

在液体介质中进行脉冲放电时，产生的放电压力具有急剧爆发的性质，对放电点附近的液体、气体和蚀除物产生强大的冲击作用，使之向四周喷射，同时伴随发生光、声等效应。这种火花通道的压力对电极丝产生较大的后向推力，使电极丝发生弯曲。图 3-15 所示是放电压力使电极丝弯曲的示意图。因此，实际加工轨迹往往落后于工作台运动轨迹。例如，切割直角轨迹工件时，切割轨迹应在图 3-16 中 a 点处转弯，但由于电极丝受到放电压力的作用，实际加工轨迹如图 3-16 中实线所示。

为了减缓因电极丝受火花通道压力而造成的滞后变形给工件造成的误差，许多机床采用了特殊的补偿措施。如图 3-16 中，为了避免塌角，附加了一段 a—a′ 段程序。当工作台的运动轨迹从 a 点到 a′ 点再返回到 a 点时，滞后的电极丝也刚好从 b 点运动到了 a 点。

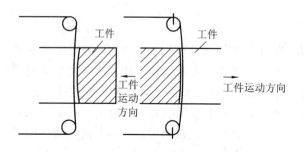

图 3-15　放电压力使电极丝弯曲的示意图　　　图 3-16　电极丝弯曲对加工精度的影响

3.2.4　合理选择电火花线切割加工的工艺指标

1. 抓住主要矛盾，兼顾方方面面

在电火花线切割加工中，影响工艺指标的因素很多，且各种因素对工艺指标的影响是互相关联的，又是互相矛盾的。如为了提高加工速度，可以通过增大峰值电流来实现，但这又会导致工件的表面粗糙度变差等。所以在实际加工中还是要抓住主要矛盾，全面考虑。

加工速度与脉冲电源的波形和电参数有直接关系，它将随着单个脉冲放电能量的增加和脉冲频率的提高而提高。然而，有时由于加工条件和其他因素的制约，使单个脉冲放电能量不能太大。因此，提高加工速度，除了合理选择脉冲电源的波形和电参数外，还要注意其他因素的影响，如工作液的种类、浓度、脏污程度和喷流情况的影响，电极丝的材料、直径、走丝速度和抖动情况的影响，工件材料和厚度的影响，加工进给速度、稳定性的影响等，以便在两极间维持最佳的放电条件，提高脉冲利用率，得到较快的加工速度。

表面粗糙度主要取决于单个脉冲放电能量的大小，但电极丝的走丝速度、抖动情况、进给速度的控制情况等对表面粗糙度的影响也很大。电极丝张紧力不足，将出现松丝、抖动或弯曲，影响加工表面粗糙度。电极丝的张紧力要选得恰当，使之在放电加工中受热和发生损耗后，电极丝不断丝。

2. 尽量减少断丝次数

在线切割加工过程中，电极丝断丝是一个很常见的问题，其后果往往也很严重。一方面断丝严重影响加工速度，特别是高速走丝机床在加工中间断丝；另一方面，断丝将严重影响加工工件的表面粗糙度。所以在操作过程中，要不断积累经验，学会处理断丝问题。一般来说，在线切割加工中，能否正确处理断丝问题是操作者熟练程度的重要标志。

3.3　电火花线切割加工的编程

3.3.1　编程原理

数控线切割加工机床的控制系统是根据人的"命令"控制机床进行加工的。必须先将要加工工件的图形用线切割控制系统所能接受的"语言"编好"命令"，输入控制系统（控制器），这种"命令"就是线切割加工程序。

电火花线切割加工的数控控制原理是把图样和工件的形状和尺寸编制成程序指令，通过键盘或其他方式输入计算机，计算机根据输入的程序进行计算，并发出进给信号来控制驱动电动机，由驱动电动机带动精密丝杠，使工件相对于电极丝作轨迹运动，实现加工过程的自动控制。

数字程序控制系统能够控制加工同一平面上由直线和圆弧组成的任何图形的工件，这是最基本的控制功能。此外，还有带锥度切割、三维四轴联动加工、间隙补偿、螺距补偿、图形轨迹跟踪显示、停电记忆恢复加工、自适应控制、信息显示等多种控制功能。

线切割编程方法分为手工编程和微机自动编程两种。手工编程能使操作者比较清楚地了解编程所需要进行的各种计算和编程过程，但计算工作比较繁杂。近年来，由于计算机快速发展，目前线切割加工的编程普遍采用计算机自动编程（如北航海尔的CAXA线切割软件）。

线切割加工程序的格式有3B、4B、5B、ISO和EIA等。国内使用最多的是3B格式，为了与国际接轨，目前有些厂家也使用ISO代码格式。高速走丝线切割机床通常使用3B数控程序格式，而低速走丝线切割机床通常使用ISO数控程序格式。

3.3.2　3B程序编程

1. 3B代码程序格式

线切割加工的轨迹图形是由直线和圆弧组成的，它们的3B程序指令格式如表3-3所示。

表 3 - 3　3B 程序指令格式

B	x	B	y	B	J	G	Z
分隔符	x 坐标值	分隔符	y 坐标值	分隔符	计数长度	计数方向	加工指令

表中：

B——分隔符，用它来区分、隔离 x、y 和 J 等数码，B 后的数字如为 0(零)，则可以不写。

x，y——直线的终点或圆弧起点的坐标值，编程时均取绝对值，以 μm 为单位。

J——计数长度，亦以 μm 为单位。以前编程时必须填写满六位数，如计数长度为 4560 μm，则应写成 004560。现在的微机控制器不必用 0 填满六位数。

G——计数方向，分 G_x 或 G_y，即可按 x 方向或 y 方向计数，工作台在该方向每走 1 μm 即计数累减 1，当累减到计数长度 J＝0 时，这段程序即加工完毕。

Z——加工指令，分为直线 L 与圆弧 R 两大类。直线按走向和终点所在象限而分为 L_1、L_2、L_3、L_4 四种；圆弧按第一步进入的象限及走向的顺、逆圆分为 SR_1、SR_2、SR_3、SR_4 及 NR_1、NR_2、NR_3、NR_4 八种，如图 3 - 17 所示。

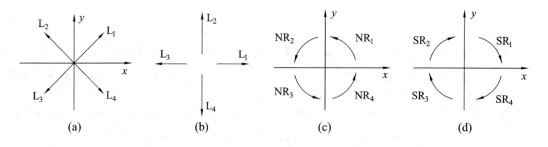

图 3 - 17　直线和圆弧的加工指令划分

(a)、(b) 直线的加工指令划分；(c)、(d) 圆弧的加工指令划分

2. 直线的编程

(1) 把直线的起点作为坐标的原点；

(2) 把直线的终点坐标值取绝对值后作为 x、y，单位为 μm。因为 x、y 的比值表示直线的斜度，因此也可用公约数将 x、y 缩小整倍数，如(x10000，y20000)可以表示为(x1，y2)。

(3) 计数长度 J，按计数方向 G_x 或 G_y 取该直线在 x 轴或 y 轴上的投影值，即取 x 值或 y 值，以 μm 为单位。决定计数长度时，要和计数方向的选择一并考虑。

(4) 计数方向的选取原则，应取此直线最后一步的走向为计数方向。不能预知时，一般选取与终点处的走向较平行的轴向作为计数方向，这样可减小编程误差与加工误差。对直线而言，取 x、y 中较大的绝对值和轴向作为计数长度 J 和计数方向。如图 3 - 18(a)所示，以要加工的直线的起点为原点，建立直角坐标系，查看该直线终点坐标的区域，如果直线终点落在图中阴影区域(含 45°和 135°直线)，则计数方向为 G_y，否则为 G_x。

(5) 加工指令按直线走向和终点所在象限不同而分为 L_1、L_2、L_3、L_4。其中，与＋x 轴重合的直线为 L_1；与＋y 轴重合的为 L_2；与－x 轴重合的为 L_3；与－y 轴重合的为 L_4。与 x、y 轴重合的直线，编程时，x、y 均可作 0，且在 B 后可不写。(参见图 3 - 17(a)、(b))

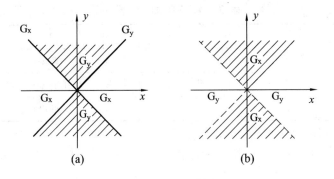

图 3-18　计数方向的确定

(a) 直线的计数方向划分；(b) 圆弧的计数方向划分

3. 圆弧的编程

(1) 把圆弧的圆心作为坐标原点。

(2) 把圆弧的起点坐标值取绝对值后作为 x、y，单位为 μm。(注：圆弧的 x、y 值不能整除公约数。)

(3) 计数长度 J，按计数方向取 x 或 y 轴上的投影值，以 μm 为单位。如果圆弧较长，跨越两个以上象限，则分别取计数方向 x 轴(或 y 轴)上各个象限投影值的绝对值的累加和，作为该方向总的计数长度。决定计数长度时，要和选择计数方向一并考虑。

(4) 计数方向也取与该圆弧终点时走向较平行的轴向作为计数方向，以减少编程和加工误差。对圆弧来说，取终点坐标中绝对值较小的轴向作为计数方向(与直线相反)。如图 3-18(b)所示，以要加工的圆弧的圆心为原点，建立直角坐标系，查看该圆弧终点坐标的区域，如果圆弧终点落在图中阴影区域(不含 45°和 135°直线，如果恰在两条直线上则可选取 G_x 或 G_y)，则计数方向为 G_x，否则为 G_y。

(5) 加工指令对圆弧而言，按其第一步所进入的象限可分为 R_1、R_2、R_3、R_4；按切割走向又可分为顺圆 S 和逆圆 N，于是共有 8 种指令，即 SR_1、SR_2、SR_3、SR_4、NR_1、NR_2、NR_3、NR_4，如图 3-17(c)、(d)所示。

4. 3B 格式编程举例

【例 3-1】　有如图 3-19(a)所示的工件形状，请写出其 3B 格式加工指令。(注：本章中图形所标注的尺寸若无说明，单位都为 mm。)

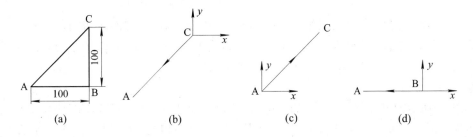

图 3-19　【例 3-1】图

解　图 3-19(a)所示的工件形状可分解为如图 3-19(b)、(c)、(d)所示的三个线段，运用上述知识可写出其 3B 代码，如表 3-4 所示。

表 3 - 4　3B 加 工 代 码

直线	B	x	B	y	B	J	G	Z
CA	B	1	B	1	B	100000	G_y	L_3
AC	B	1	B	1	B	100000	G_y	L_1
BA	B	0	B	0	B	100000	G_x	L_3

注：上述 BA 与 x 轴重合，故 x、y 均作 0 计，也可编程为 B100000 B0 B100000 G_x L_3，不易出错。

【例 3 - 2】　请写出图 3 - 20 所示工件轮廓的 3B 格式代码。

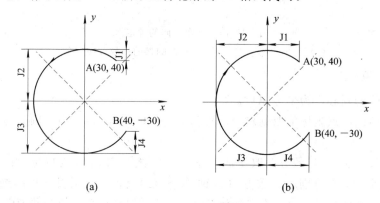

图 3 - 20　【例 3 - 2】图

解　对图 3 - 20(a)，起点为 A，在第一象限，且圆弧走向为逆时针，则加工指令为 NR_1；又终点为 B，在第四象限的 x 轴和 135° 直线之间，则计数方向为 G_y；因此，计数长度计算时将圆弧均向 y 轴投影并求和，则有

$$J = J1 + J2 + J3 + J4 = 10000 + 50000 + 50000 + 20000 = 130000$$

故其 3B 程序为

　　　　　　B30000　　B40000　　B130000　　　G_y　　　NR_1

对图 3 - 20(b)，起点为 B，在第四象限，且圆弧走向为顺时针，则加工指令为 SR_4；又终点为 A，在第一象限的 y 轴和 45° 直线之间，则计数方向为 G_x；因此，计数长度计算时将圆弧均向 x 轴投影并求和，则有

$$J = J1 + J2 + J3 + J4 = 40000 + 50000 + 50000 + 30000 = 170000$$

故其 3B 程序为

　　　　　　B40000　　B30000　　B170000　　　G_x　　　SR_4

【例 3 - 3】　用 3B 格式代码编制加工图 3 - 21(a) 所示的工件的线切割加工程序。已知线切割加工用的电极丝直径为 0.18 mm，单边放电间隙为 0.01 mm，图中 A 点为穿丝孔，加工方向沿 A—B—C—D—E—F—G—H—A 进行。

解　(1) 分析。

对图(a)所示的零件图，在实际加工中由于钼丝半径和放电间隙的影响，钼丝中心运行的轨迹形状如图 3 - 21(b)中虚线所示，即加工轨迹与零件图相差一个补偿量，补偿量的大小为

　　　　　钼丝半径＋单边放电间隙＝0.09 mm＋0.01 mm＝0.1 mm

在加工中需要注意的是 E′F′ 圆弧的编程。圆弧 EF（如图 3 - 21(a)所示）与圆弧 E′F′（如图 3 - 21(b)所示）有较多不同点，它们的特点比较如表 3 - 5 所示。

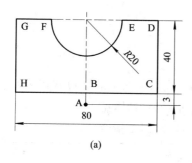
(a)

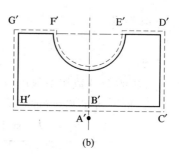
(b)

图 3-21 【例 3-3】图

(a)零件图；(b)钼丝轨迹图

表 3-5 圆弧 EF 和 E'F'的特点比较表

	起点	起点所在象限	圆弧首先进入象限	圆弧经历象限
圆弧 EF	E	x 轴上	第四象限	第三、四象限
圆弧 E'F'	E'	第一象限	第一象限	第一、二、三、四象限

(2)计算并编制圆弧 E'F'的 3B 代码。

在图 3-21(b)中，编程时需注意圆弧 E'F'的编程。

以圆弧 E'F'的圆心为坐标原点，建立直角坐标系，则 E'点的坐标为：

$$y_{E'} = 0.1 \text{ mm}$$

$$x_{E'} = \sqrt{(20 - 0.1)^2 - 0.1^2} = 19.900$$

根据对称原理可得 F'的坐标为(-19.900, 0.1)。

根据上述计算可知圆弧 E'F'的终点坐标的 y 的绝对值小，所以计数方向为 G_y。圆弧 E'F'在第一、二、三、四象限分别向 y 轴投影，得到长度的绝对值分别为 0.1 mm、19.9 mm、19.9 mm、0.1 mm，故 J=40000。

圆弧 E'F'首先在第一象限顺时针切割，故加工指令为 SR_1。

由上可知，圆弧 E'F'的 3B 代码为

E'F'：B19900   B100   B40000 G_y SR_1

(3)经过上述分析计算，可得工件的 3B 程序如表 3-6 所示。

表 3-6 工件的 3B 代码程序单

加工线段	B	x	B	y	B	J	G	Z
A'B'	B	0	B	2900	B	2900	G_y	L_2
B'C'	B	40100	B	0	B	40100	G_x	L_1
C'D'	B	0	B	40200	B	40200	G_y	L_2
D'E'	B	20200	B	0	B	20200	G_x	L_3
E'F'	B	19900	B	100	B	40000	G_y	SR_1
F'G'	B	20200	B	0	B	20200	G_x	L_3
G'H'	B	0	B	40200	B	40200	G_y	L_4
H'B'	B	40100	B	0	B	40100	G_x	L_1
B'A'	B	0	B	2900	B	2900	G_y	L_4

3.3.3　ISO 程序编程

1. ISO 代码简介

和普通数控机床的 ISO 数控编程代码类似，线切割加工的 ISO 代码主要有 G 指令(即准备功能指令)、M 指令和 T 指令(即辅助功能指令)，具体见表 3－7。

表 3－7　常用的线切割加工指令

代码	功　　能	代码	功　　能
G00	快速移动，定位指令	G84	自动取电极垂直
G01	直线插补	G90	绝对坐标指令
G02	顺时针圆弧插补指令	G91	增量坐标指令
G03	逆时针圆弧插补指令	G92	制定坐标原点
G04	暂停指令	M00	暂停指令
G17	XOY 平面选择	M02	程序结束指令
G18	XOZ 平面选择	M05	忽略接触感知
G19	YOZ 平面选择	M98	子程序调用
G20	英制	M99	子程序结束
G21	公制	T82	加工液保持 OFF
G40	取消电极丝补偿	T83	加工液保持 ON
G41	电极丝半径左补	T84	打开喷液指令
G42	电极丝半径右补	T85	关闭喷液指令
G50	取消锥度补偿	T86	送电极丝(阿奇公司)
G51	锥度左倾斜(沿电极丝行进方向，向左倾斜)	T87	停止送丝(阿奇公司)
G52	锥度右倾斜(沿电极丝行进方向，向右倾斜)	T80	送电极丝(沙迪克公司)
G54	选择工作坐标系 1	T81	停止送丝(沙迪克公司)
G55	选择工作坐标系 2	T90	AWT I，剪断电极丝
G56	选择工作坐标系 3	T91	AWT II，使剪断后的电极丝用管子通过下部的导轮送到接线处
G80	移动轴直到接触感知		
G81	移动到机床的极限	T96	送液 ON，向加工槽中加液体
G82	回到当前位置与零点的一半处	T97	送液 OFF，停止向加工槽中加液体
W	下导轮到工作台面高度	H	工件厚度
S	工作台面到上导轮高度		

以上代码中，部分与数控铣床、数控车床的代码相同。

2. ISO 代码程序格式

对线切割加工来说，某一图段(直线或圆弧)的程序格式为

N××××G××X××××××Y××××××I××××××J××××××

其中：

N——为程序段号，××××为 1～4 位数字。位于程序段之首，表示一条程序的序号。

G——表示准备功能，其后的 2 位数××表示各种不同的功能。具体的功能代码的含义见表 3 - 7。当本段程序的功能与上一段程序功能相同时，则该段的 G 代码可以省略不写。

X、Y——表示直线或圆弧的终点坐标值，单位为 μm，最多为 6 位数。主要用来控制电极丝运动到达的坐标位置，可为正值，亦可为负值。

I、J——表示圆弧的圆心对圆弧起点的坐标值，单位为 μm，最多为 6 位数。

M——辅助功能指令，用来指令机床辅助装置的接通或断开。其中，M00 为程序暂停，M01 为选择停止，M02 为程序结束。

3．ISO 代码的终点坐标输入方式

ISO 代码的终点坐标输入方式有两种：绝对坐标方式和增量（相对）坐标方式。

1）绝对坐标方式，代码为 G90

直线：以图形中某一适当点为坐标原点，用±X、±Y 表示终点的绝对坐标值。

圆弧：以图形中某一适当点为坐标原点，用±X、±Y 表示某段圆弧终点的绝对坐标值，用 I、J 表示圆心对圆弧起点的坐标值。

2）增量（相对）坐标方式，代码为 G91

直线：以线起点为坐标原点，用±X、±Y 表示线的终点相对起点的增量坐标值。

圆弧：以圆弧的起点为坐标原点，用±X、±Y 表示圆弧终点相对起点的增量坐标值，用 I、J 表示圆心对圆弧起点的坐标值。

具体编程时，选择哪种坐标方式，与被加工零件的尺寸标注方式有关。

4．ISO 格式编程举例

【例 3 - 4】　如图 3 - 22(a)所示，ABCD 为矩形工件，矩形件中有一直径为 30 mm 的圆孔，现由于某种需要欲将该孔扩大到 35 mm。已知 AB、BC 边为设计、加工基准，电极丝直径为 0.18 mm，单边放电间隙为 0.01 mm，请写出相应操作过程及加工程序。

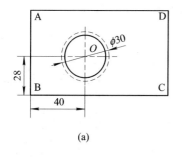
(a)

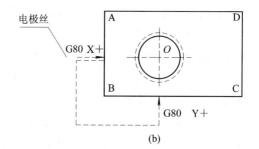
(b)

图 3 - 22　零件加工示意图

(a) 零件图；(b) 电极丝找正轨迹图

解　任务主要分两部分完成，首先将电极丝定位于圆孔的中心，然后写出加工程序。

(1) 将电极丝定位于圆孔的中心。电极丝定位于圆孔的中心有以下两种方法。

方法一：首先电极丝碰 AB 边，X 值清零，再碰 BC 边，Y 值清零，然后解开电极丝，移动到坐标值(40.09, 28.09)后重新穿好电极丝。具体操作过程如下：

① 清理孔内部毛刺，将待加工零件装夹在线切割机床工作台上，利用千分表找正，尽可能使零件的设计基准 AB、BC 基面分别与机床工作台的进给方向 x、y 轴保持平行。

② 用手控盒或操作面板等方法将电极丝移到 AB 边的左边，大致保证电极丝与圆孔中心的 Y 坐标相近(尽量消除工件 ABCD 装夹不佳带来的影响，理想情况下工件的 AB 边应与工作台的 y 轴完全平行，而实际很难做到)。

③ 用 MDI 方式执行指令：

G80 X＋；

G92 X0；

M05 G00 X－2.；

④ 用手控盒或操作面板等方法将电极丝移到 BC 边的下边，大致保证电极丝与圆孔中心的 X 坐标相近。

⑤ 用 MDI 方式执行指令：

G80 Y＋；

G92 Y0；

T90；/仅适用于低速走丝，目的是自动剪丝；对高速走丝机床，则需手动解开电极丝

G00 X40.09 Y28.09；

⑥ 为保证定位准确，往往需要确认。具体方法是：在找到的圆孔中心位置用 MDI 或别的方法执行指令 G55 G92 X0 Y0；然后再在 G54 坐标系(G54 坐标系为机床默认的工作坐标系)中按前面(1)～(4)所示的步骤重新找圆孔中心位置，并观察该位置在 G55 坐标系下的坐标值。若 G55 坐标系的坐标值与(0, 0)相近或刚好是(0, 0)，则说明找正较准确，否则需要重新找正，直到最后两次中心孔与 G55 坐标系中的坐标相近或相同时为止。

方法二：将电极丝在孔内穿好，然后按操作面板上的找中心按钮即可自动找到圆孔的中心。具体过程为：

① 清理孔内部毛刺，将待加工零件装夹在线切割机床工作台上。

② 将电极丝穿入圆孔中。

③ 按下自动找中心按钮找中心，记下该位置坐标值。

④ 再次按下自动找中心按钮找中心，对比当前的坐标和上一步骤得到的坐标值。若数字重合或相差很小，则认为找中心成功。

⑤ 若机床在找到中心后自动将坐标值清零，则需要同第一种方法一样进行如下操作：在第一次自动找到圆孔中心时用 MDI 或别的方法执行指令 G55 G92 X0 Y0；然后再按自动找中心按钮重新找中心，再观察重新找到的圆孔中心位置在 G55 坐标系下的坐标值。若 G55 坐标系的坐标值与(0, 0)相近或刚好是(0, 0)，则说明找正较准确，否则需要重新找正，直到最后两次找正的位置与 G55 坐标系中的坐标值相近或相同时为止。

　　两种方法的比较：利用自动找中心按钮操作简便，速度快，适用于圆度较好的孔或对称形状的孔状零件加工，但若由于磨损等原因（如图 3 - 23 中阴影所示）造成孔不圆，则不宜采用。而利用设计基准找中心不但可以精确找到对称形状的圆孔、方孔等的中心，还可以精确定位于各种复杂孔形零件内的任意位置。所以，虽然第一种方法较复杂，但在用线切割修补塑料模具中仍得到了广泛的应用。

图 3 - 23　孔磨损

　　综上所述，线切割定位有两种方法，这两种方法各有优劣，但其中关键一点是要采用有效的手段进行确认。一般来说，线切割的找正要重复几次，至少保证最后两次找正位置的坐标值相同或相近。通过灵活采用上述方法，能够实现电极丝定位精度在 0.005 mm 以内，从而有效地保证线切割加工的定位精度。

　　（2）加工。根据前文，孔中心已经找正，钼丝已经穿好并位于孔中心。程序如下（加工轨迹如图 3 - 24 所示）：

　　（注：不同公司的 ISO 程序大致相同，但具体格式会有所区别。为便于阅读，删除部分代码）

　　　　N1 T84 T86 G55 G90 G92 X+0Y+0；　　/T84 为打开喷液指令，T86 为送电极丝

　　　　N2 G01 X+17400 Y+0；　　　　　　　　/到起始点

　　　　N3 G03 X−17400 Y+0 I+17400 J+0；/加工圆弧

　　　　N4 G03 X+17400 Y+0 I−17400 J+0；/加工圆弧

　　　　N5 G01 X+0 Y+0；　　　　　　　　　　/返回圆心

　　　　N6 T85 T87 M02；　　　　　　　　　　/T85 为关闭喷液指令，T87 为停止送电

　　　　　　　　　　　　　　　　　　　　　　　极丝，程序终止

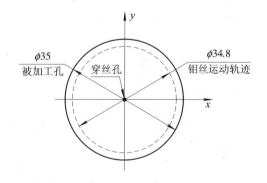

图 3 - 24　孔的加工轨迹

3.3.4　自动编程

　　人工编程通常是根据图样把图形分解成直线段和圆弧段，并把每段的起点、终点，中心线的交点、切点的坐标一一定出，按这些直线的起点、终点，圆弧的圆心、半径、起点、终点坐标进行编程的。当零件的形状比较复杂或具有非圆曲线时，人工编程的工作量变大，容易出错，甚至无法实现。为了简化编程工作，提高工作效率，利用计算机进行自动编程是必然的趋势。

　　计算机自动编程的工作过程是根据加工工件(或零件图)输入工件图样及尺寸,通过计算机自动编程软件处理转换成线切割控制系统所需要的加工代码(如 3B 或 ISO 代码等),工件图形可在计算机屏幕上显示,也可以打印成程序清单和图形,或将代码复制到磁盘,或将程序通过编程计算机用通信的方式传输给线切割控制系统。

　　自动编程使用专用的数控语言及各种应用软件。由于计算机技术的发展和普及,现在很多数控线切割加工机床都配有计算机编程系统。计算机编程系统的类型比较多,按输入方式的不同,大致可以分为:采用语言输入、菜单及语言输入、AuToCAD 方式输入、用鼠标器按图形标注尺寸输入、数字化仪输入、扫描仪输入等。从输出方式看,大部分系统都能输出 3B 或 4B 程序,显示图形,打印程序,打印图形等,有的还能输出 ISO 代码,同时把编出的程序直接传输到线切割控制器中。此外,还有一些系统具有编程兼控制的功能。

　　自动编程中的应用软件(编译程序)是针对数控编程语言开发的。我国研制了多种自动编程软件(包括数控语言和相应的编译程序),如 XY、SKX-1、SXZ-1、SB-2、SKG、XCY-1、SKY、CDL、TPT 等。通常,经过后置处理可按需要显示或打印出 3B(或 4B、5B 扩展型)格式的程序清单。国际上主要采用 APT 数控编程语言,但一般根据线切割加工机床控制的具体要求作了适当简化,输出的程序格式为 ISO 或 EIA。

　　北航海尔软件有限公司的"CAXA 线切割 XP"编程软件就是典型的 CAD 方式输入的编程软件。"CAXA 线切割 XP"可以完成绘图设计、加工代码生成、连机通信等功能,集图样设计和代码编程于一体。"CAXA 线切割 XP"还可直接读取 EXB、DWG、DXF、IGES 等格式文件,完成加工编程。

　　自动编程系统的主要功能如下所述:

　　(1)处理直线、圆弧、非圆曲线和列表曲线所组成的图形。

　　(2)能以相对坐标和绝对坐标编程。

　　(3)能进行图形旋转、平移、镜像、比例缩放、偏移、加线径补偿量、加过渡圆弧和倒角等。

　　(4)具有计算机屏幕显示、打印图表、绘图机作图、直接输入线切割加工机床等多种输出方式。

　　此外,低速走丝线切割加工机床和近年来我国生产的一些高速走丝数控线切割加工机床本身已具有多种自动编程机的功能,可实现控制机与编程机合二为一,在控制加工的同时,还可以"脱机"进行自动编程。

3.4　电火花线切割加工工艺

3.4.1　电火花线切割加工的工艺过程

　　电火花线切割加工是实现工件尺寸加工的一种技术,在一定的设备条件下,合理的制订加工工艺路线是保证工件加工质量的重要环节。电火花线切割加工的一般工艺过程如图3-25 所示。要达到零件的加工要求,应合理地控制线切割加工的各种工艺因素,同时应选择合适的工装。

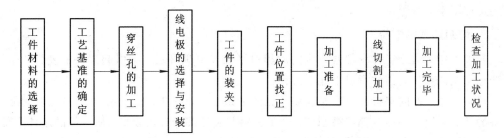

图 3-25　电火花线切割加工的工艺过程

1. 工件加工前的准备

(1) 加工工件必须是可导电材料，否则不能用线切割加工方法。

(2) 工件加工前应进行热处理，消除工件内部的残余应力。另外，工件需要磨削加工时，还应进行去磁处理。

(3) 对工件图纸应进行审核与分析。

① 查看工件图纸的凹角和尖角的尺寸是否符合线切割加工的特点。线切割加工是用电极丝作为工具电极来加工的，因为电极丝有一定的半径 R，加工时又有一加工间隙 δ，使电极丝中心运动轨迹与给定图线相差距离 f，如图 3-26 所示，则 $f=R+\delta$。这样，加工凸模类零件时，电极丝中心轨迹应放大；加工凹模类零件时，电极丝中心轨迹应缩小，如图 3-27 所示。

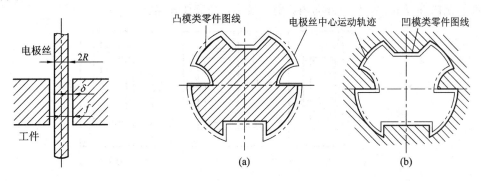

图 3-26　电极丝与工件放电位置关系　　　图 3-27　电极丝中心运动轨迹与给定图线的关系

　　　　　　　　　　　　　　　　　　　　　　　　(a) 加工凸模类零件时；(b) 加工凹模类零件时

② 分析零件图纸的表面粗糙度和加工精度是否能够达到。采用线切割加工时，工件表面粗糙度值的要求可较机械加工法降低半级到一级，同时，表面粗糙度等级提高一级，加工速度将大幅度地下降。另外，大多数线切割机床所能达到的加工精度一般为 6 级左右。所以要根据零件图纸中给定的表面粗糙度和加工精度选择机床。

2. 工艺基准的确定

应根据工件加工的切缝宽窄、工件厚度和拐角尺寸大小的要求，对零件图先进行分析，明确加工要求，确定工艺基准，选择定位方法。在确定工艺基准时，除了遵循基准选择原则外，还应从电火花线切割加工的特点出发，选择某些工艺基准作为电极丝的定位基准，用来将电极丝调整到相对于工件的正确位置。对于以底平面作主要定位基准的工件，当其上具有相互垂直而且又同时垂直于底平面的相邻侧面时，应选择这两个侧面作为电极丝的定位基准。

3. 切割路线的选择

在加工中，由于工件内部残余应力的相对平衡受到破坏后，会引起工件的变形，所以在选择切割路线时，需注意以下几个方面：

（1）应将工件的夹持部分安排在切割路线的末端。如图 3-28 所示，图（a）先切割靠近夹持的部分，使主要连接部位被割离，余下材料与夹持部分连接较少，使工件的刚性下降，易变形而影响加工精度；图（b）的切割路线才是正确的。

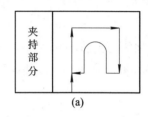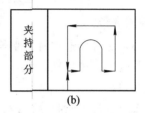

图 3-28　切割路线的选择

（a）错误；（b）正确

（2）切割路线应从坯件预制的穿丝孔开始，由外向内顺序切割。如图 3-29 所示，图（a）采用从工件端面开始由内向外切割的方案，变形最大，不可取。图（b）也是从工件端面开始切割，但路线由外向内，比图（a）方案安排合理些，但仍有变形。图（c）的起割点取在坯件预制的穿丝孔中，且由外向内，变形最小，是最佳方案。

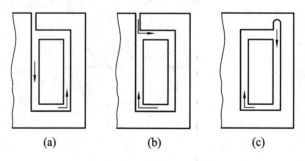

图 3-29　切割起始点和切割路线的安排

（a）错误；（b）可用；（c）最好

（3）二次切割法。切割孔类零件时，为减小变形可采用二次切割法。如图 3-30 所示，第一次粗加工型孔，周边留 0.1～0.5 mm 余量，以补偿材料原来的应力平衡状态受到的破坏；第二次切割为精加工，这样可以达到较满意的效果。

（4）要在一块毛坯上切出两个以上的零件时，不应连续一次切割出来，而应从该毛坯上不同的预制穿丝孔开始加工，如图 3-31 所示。

（5）切割路线距离零件端面（侧面）应大于 5 mm。

4. 加工程序的编制

1）加工补偿的确定

为了获得加工零件正确的几何尺寸，必须考虑电极丝的半径和放电间隙，因此补偿量应稍大于电极丝半径与放电间隙之和。

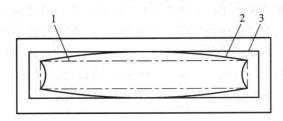

1—第一次切割路线；2—第一次切割后的实际图形；
3—第二次切割后的图形

图 3-30　二次切割法图例

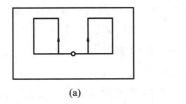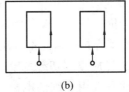

(a)　　　　　　　　　　　　(b)

图 3-31　在一块毛坯上切出两个以上零件的加工路线
（a）错误的方案，从同一个穿丝孔加工；（b）正确的方案，从不同的穿丝孔加工

2）切割方向的确定

对于工件外轮廓的加工，适宜采用顺时针切割方向进行加工，而对于工件上孔的加工，则较适宜采用逆时针切割方向进行加工。

3）过渡圆角半径的确定

对工件的拐角处以及工件线与线、线与圆或圆与圆的过渡处都应考虑用圆角过渡，这样可增加工件的使用寿命。过渡圆角半径的大小应根据工件实际使用情况、工件的形状和材料的厚度来加以选择。过渡圆角半径一般不宜过大，可在 0.1～0.5 mm 范围内。

5. 电极丝初始位置的确定

线切割加工前，应将电极丝调整到切割的起始位置上，可通过校对穿丝孔来实现。穿丝孔位置的确定应遵循以下原则：

（1）当切割凸模需要设置穿丝孔时，其位置可选在加工轨迹的拐角附近，以简化编程。

（2）切割凹模等零件的内表面时，将穿丝孔设置在工件对称中心上，对编程计算和电极丝定位都较方便。对于大型工件，应将穿丝孔设置在靠近加工轨迹的边角处或选在已知坐标点上。

（3）要在一块毛坯上切出两个以上的零件或加工大型工件时，应沿加工轨迹设置多个穿丝孔，以便发生断丝时能就近重新穿丝，切入断丝点。

6. 加工条件的选择

电火花线切割的加工条件随工件材质、板厚、丝电极和加工要求的不同而不同。按照加工要求，使这些条件设定在稳定加工、不产生短路、不断丝的情况下，以获得较高的切割速度。

1）电参数的选择

可改变的电参数主要有脉冲宽度、电流峰值、脉冲间隔、空载电压、放电电流等。要获得较好的表面粗糙度时，所选用电参数要小些；若要求获得较高的切割速度，则电参数要大些，但加工电流的增大受到电极丝截面的限制，过大的电流将引起断丝；加工大厚度工件时，为了顺利排屑和有利于工作液进入加工区，宜选用较高的脉冲电压、较大的脉冲宽度和电流峰值，以增大放电间隙。在容易断丝的场合（如切割初期加工面积小、工作液中电蚀产物浓度过高，或是调换新钼丝时），都应增大脉冲间隔时间，减小加工电流，否则将会导致电极丝的烧断。

2）电极丝选择

电极丝应具有良好的导电性和抗电蚀性，抗拉强度高，材质均匀。高速走丝机床的电极丝主要有钼丝、钨丝和钨钼丝。常用的钼丝规格为 $\phi0.10\sim0.20$ mm 的钼丝。当需要切割较小的圆弧或缝槽时，也选用 $\phi0.06$ 的钼丝。钨丝的优点是耐腐蚀，抗拉强度高；缺点是脆而不耐弯曲，且价格昂贵，仅在特殊情况下使用。低速走丝线切割机床一般使用黄铜丝作电极丝，用一次就弃掉，因此不必用高强度的钼丝。

电极丝直径的选择应根据切缝宽窄、工件厚度和拐角尺寸的大小来选择。若加工带尖角、窄缝的小型零件宜选用较细的电极丝；若加工大厚度的工件或大电流切割时应选较粗的电极丝。

3）工作液的选用

工作液对切割速度、表面粗糙度、加工精度等都有较大的影响。电火花线切割加工所使用的工作液主要有乳化液和去离子水。在低速走丝线切割机床上大多采用去离子水（纯水），只有在特殊情况下才采用绝缘性能较好的煤油。高速走丝线切割机床上常用专用乳化液，需要根据工件的厚度变化来进行合理的配置：工件较厚时，工作液的浓度应降低，这样可增加工作液的流动性；工件较薄时，工作液的浓度应适当提高。

4）工件装夹方式

工件装夹方式对加工精度有直接的影响。电火花线切割加工的工件装夹方式主要有悬臂支撑式、两端支撑式、桥式支撑式、板式支撑式、复式支撑式等，各种装夹方式的特点及应用如表 3-8 所示。

表 3-8　常用工件装夹方式的特点及应用

装夹方式	示　意　图	特点及应用
悬臂支撑		通用性强，装夹方便，但装夹误差较大，用于工件加工要求不高或悬臂较短的情况
两端支撑		装夹方便、稳定，定位精度高，但不适用于装夹较小的零件

装夹方式	示　意　图	特点及应用
桥式支撑	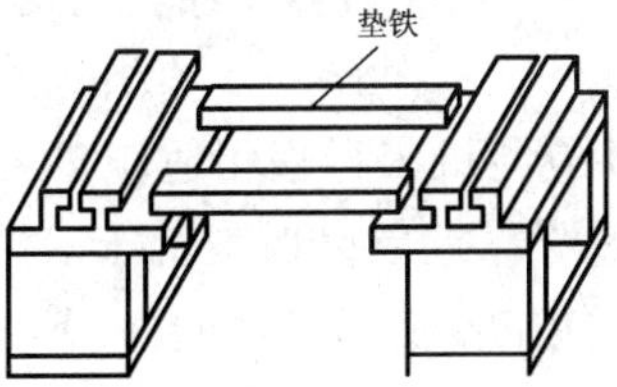 垫铁	这种支撑装夹方式是在双端夹具的下方垫上两个支撑垫铁，通用性强，装夹方便，对大、中、小工件装夹都较方便
板式支撑	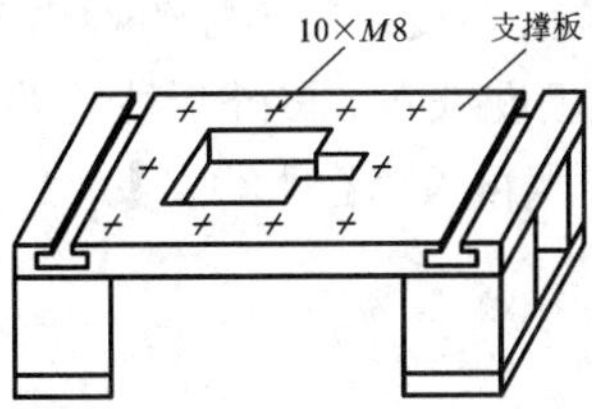 $10 \times M8$　支撑板	这种支撑装夹方式根据常用的工件形状和尺寸采用有通孔的支撑板装夹工件，精度高，但通用性差
复式支撑	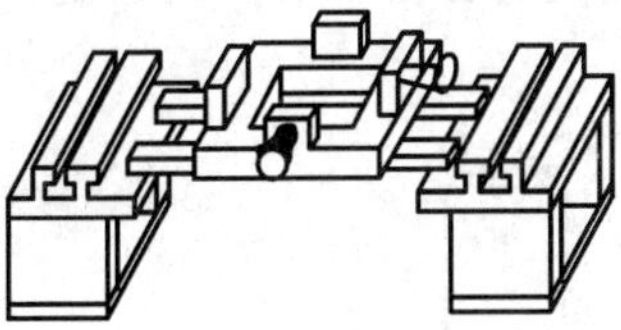	这种支撑装夹方式是在桥式夹具上装上专用的夹具组合而成的，装夹方便，适用于成批零件加工

7. 加工穿丝孔

加工穿丝孔对电火花线切割加工是必要的。为了减小凹模或工件在线切割加工中的变形，也为了切割凹模或带孔的工件，必须先加工穿丝孔来将电极丝穿进去，然后才能加工。

1）穿丝孔的加工

穿丝孔的加工方法取决于现场的设备。在生产中，穿丝孔常常用钻头直接钻出来。对于材料硬度较高或工件较厚的工件，则需要采用高速电火花加工等方法来打孔。

2）穿丝孔位置和直径的选择

穿丝孔的位置与加工零件轮廓的最小距离和工件的厚度有关，工件越厚，最小距离越大，一般不小于 3 mm。在实际中，穿丝孔有可能打歪，若穿丝孔与欲加工零件图形的最小距离过小，则可能导致工件报废；若穿丝孔与欲加工零件图形的位置过大，则会增加切割行程。

穿丝孔的直径不宜过小或过大，否则加工较困难，一般大小选取为 3～10 mm。若由于零件轨迹等方面的原因导致穿丝孔的直径必须很小，则在打穿丝孔时要小心，尽量避免打歪或尽可能减少穿丝孔的深度。

穿丝孔加工完成后，一定要注意清理里面的毛刺，以避免加工中产生短路而导致加工不能正常进行。

8. 工件的装夹和找正

1）工件的装夹

线切割加工属于较精密加工，工件的装夹对加工零件的定位精度有直接影响，特别是在模具制造等加工中，需要认真、仔细地装夹工件。

线切割加工的工件在装夹过程中需要注意如下几点：

（1）确认工件的设计基准或加工基准面，尽可能使设计或加工的基准面与 x、y 轴平行。

（2）工件的基准面应清洁、无毛刺。经过热处理的工件，在穿丝孔内及扩孔的台阶处，要清理热处理残物及氧化皮。

（3）工件装夹的位置应有利于工件找正，并应与机床行程相适应。

（4）工件的装夹应确保加工中电极丝不会过分靠近或误切割机床工作台。

（5）工件的夹紧力大小要适中、均匀，不得使工件变形或翘起。

2）工件的找正

工件的找正精度关系到线切割加工零件的位置精度。在实际生产中，根据加工零件的重要性，往往采用按划线找正、按基准孔或已成型孔找正、按外形找正等方法。其中，按划线找正用于零件要求不严的情况下。具体方法步骤可参考【例 3-4】。

9. 电极丝穿丝、找正

1）电极丝的穿丝

在穿丝孔已加工好，工件装夹并找正后，就进行穿丝操作。高速走丝线切割机床的穿丝过程如图 3-32 所示。

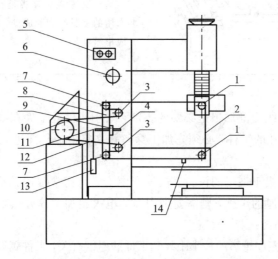

1—主导轮；2—电极丝；3—辅助导轮；4—直线导轨；5—工作液旋钮；
6—上丝盘；7—张紧轮；8—移动板；9—导轨滑块；10—储丝筒；
11—定滑轮；12—绳索；13—重锤；14—导电块

图 3-32　穿丝示意图

（1）拉动电极丝头，按照操作说明书依次绕接各导轮、导电块至储丝筒（如图 3-32 所示）。在操作中要注意手的力度，防止电极丝打折。

（2）穿丝开始时，首先要保证储丝筒上的电极丝与辅助导轮、张紧导轮、主导轮在同一个平面上，否则在运丝过程中，储丝筒上的电极丝会重叠，从而导致断丝。

（3）穿丝中要注意控制左右行程挡杆，使储丝筒左右往返换向时，储丝筒左右两端留有 3～5 mm 的余量。

2）电极丝垂直找正

在进行精密零件加工或切割锥度等情况下，需要重新校正电极丝对工作台平面的垂直度。电极丝垂直度找正的常见方法有两种：一种是利用找正块；一种是利用校正器。

◆ 利用找正块进行火花法找正

找正块是一个六方体或类似六方体（如图 3 - 33(a)所示）。在校正电极丝垂直度时，首先目测电极丝的垂直度，若明显不垂直，则调节 u、v 轴，使电极丝大致垂直工作台；然后将找正块放在工作台上，在弱加工条件下，将电极丝沿 x 方向缓缓移向找正块。

当电极丝快碰到找正块时，电极丝与找正块之间产生火花放电，然后肉眼观察产生的火花：若火花上下均匀（如图 3 - 33(b)所示），则表明在该方向上电极丝垂直度良好；若下面火花多（如图 3 - 33(c)所示），则说明电极丝右倾，故将 u 轴的值调小，直至火花上下均匀；若上面火花多（如图 3 - 33(d)所示），则说明电极丝左倾，故将 u 轴的值调大，直至火花上下均匀。同理，调节 v 轴的值，使电极丝在 v 轴垂直度良好。

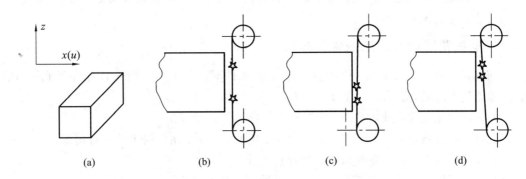

图 3 - 33　用火花法校正电极丝垂直度

(a) 找正块；(b) 垂直度较好；(c) 垂直度较差(右倾)；(d) 垂直度较差(左倾)

◆ 用校正器进行校正

校正器是一个由触点与指示灯构成的光电校正装置，电极丝与触点接触时指示灯亮（如图 3 - 34、图 3 - 35 所示）。它的灵敏度较高，使用方便且直观。底座用耐磨不变形的大理石或花岗岩制成。

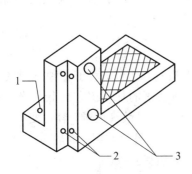

1—导线；2—触点；3—指示灯

图 3 - 34　垂直度校正器

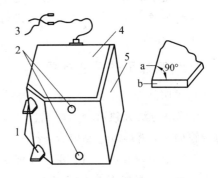

1—上、下测量头(a、b为放大的测量面)；
2—上、下指示灯；3—导线及夹子；4—盖板；5—支座

图 3 - 35　DF55 - J50A 型垂直度校正器

使用校正器校正电极丝垂直度的方法与火花法大致相似。主要区别是：火花法是观察火花上、下是否均匀，而用校正器则是观察指示灯。若在校正过程中，指示灯同时亮，则说

明电极丝垂直度良好，否则需要校正。

在使用校正器校正电极丝的垂直度时，要注意以下几点：

(1) 电极丝停止走丝，不能放电。

(2) 电极丝应张紧，电极丝的表面应干净。

(3) 若加工零件精度高，则电极丝垂直度在校正后需要检查，其方法与火花法类似。

10. 正式切割加工

经过以上各方面的调整准备工作后，就可以正式加工零件了。加工模具时，一般先加工固定板、卸料板，然后加工凸模，最后加工凹模。

11. 检验

一般应检验形状精度、位置精度、表面粗糙度。对于模具，还应在分别检验凸模及凹模的同时，检验其配合精度。

3.4.2　电火花线切割加工的常规步骤

线切割加工前需准备好工件毛坯(切割型腔零件时，毛坯上应预先打好穿丝孔)、压板、夹具等装夹工具，然后按以下步骤操作：

(1) 启动机床电源，进入系统，编制加工程序。

(2) 检查系统各部分是否正常，包括电压、电流、水泵、储丝筒等的运行情况。

(3) 进行储丝筒上丝、穿丝和电极丝找正操作。

(4) 装夹工件，根据工件厚度调整 z 轴至适当位置并锁紧。

(5) 移动 x、y 轴坐标确立切割起始位置。

(6) 开启工作液泵，调节喷嘴流量。

(7) 运行加工程序，即开始加工，调整加工参数。

(8) 监控运行状态，如发现工作液循环系统堵塞，应及时疏通，及时清理电蚀产物，但在整个切割过程中，均不宜变动进给控制按钮。

(9) 每段程序切割完毕后，一般都应检查纵、横拖板的手轮刻度是否与指令规定的坐标相符，以确保高精度零件加工的顺利进行。如出现差错，应及时处理，避免零件报废。

(10) 成品检验。

3.4.3　线切割加工的工艺技巧

电火花线切割加工中经常会遇到各种类型的复杂模具和工件。对于各种不同要求的复杂工件，其解决方法大致可分为两类：一类是电火花线切割的加工工艺比较复杂，不采取必要的措施加工，就难以达到要求，甚至无法加工；另一类是装夹困难，容易变形，有一定批量而且精度要求较高的工件。至于几何形状复杂的模具(包括非圆、齿轮等)，只要把自动编程技术和线切割加工的工艺技术很好地结合，就能顺利完成。

1. 复杂工件的电火花线切割加工工艺方法

1) 要求精度高、表面精度高的工件及窄缝、薄壁工件的加工

对这类工件，电极丝导向机构必须良好，电极丝张力要大，电参数宜采用小的峰值电流和小的脉宽；进给跟踪必须稳定，且要严格控制短路；工作液浓度要大些，喷流方向要包住上、下电极丝进口，流量适中；在一个工件加工过程中，中途不能停机，要注意加工环境的温度，并保持清洁。

2）对大厚度、高生产率及大工件的加工

这类工件的加工，要求进给系统保持稳定，严格控制烧丝，保证良好的电极丝导向机构。同时，电参数宜采用大的峰值电流和大的脉冲宽度，脉冲波形前沿不能太陡，脉冲搭配方案应考虑控制电极丝的损耗。工作液浓度要小些，喷流方向要包住上、下电极丝进丝口，流量应稍大。

2. 切割不易装夹工件的加工方法

1）坯料余量小时的装夹方法

为了节省材料，经常会碰到加工坯料没有夹持余量的情况。由于模具重量大，单端夹持往往会使工件造成低头，使加工后的工件不垂直，致使模具达不到技术要求。如果在坯料边缘处不加工的部位加一块托板，使托板的上平面与工作台面在一个平面上，如图3-36所示，就能使加工工件保持垂直。

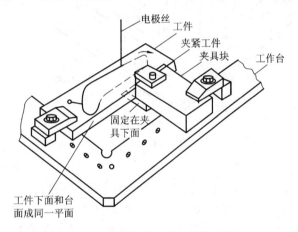

图 3-36　坯料余量小的工件装夹方法

2）切割圆棒工件时的装夹方法

线切割圆棒形坯料时，或加工阶梯式成型冲头或塑料模阶梯嵌件时，可用图3-37所示的装夹方法。圆棒可装夹在六面体的夹具内，夹具上钻一个与基准面平行的孔，用内六角螺钉固定。有时把圆棒坯料先加工成需要的片状，卸下夹子把夹具体转90°再加工成需要的形状。

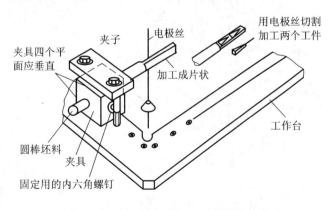

图 3-37　用圆棒切割工件时所用的夹具

3）切割六角形薄壁工件时的装夹方法

装夹六角形薄壁工件用的夹具，主要应考虑工件夹紧后不应变形，可采用图3-38所示的装夹方法。即让六角管的一面接触基准块，靠贴有许多橡胶板的胶夹由一侧加压，夹紧力由夹持弹簧产生。在易变形的工件上可分散设置许多个弹性加压点，这样不仅能达到减小变形的目的，而且工件固定也很可靠。此方法适合批量生产。

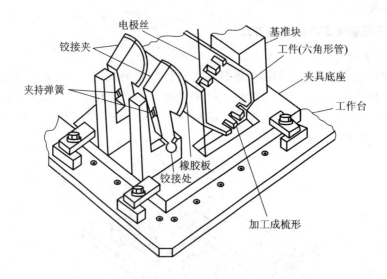

图3-38　加工六角形薄壁零件用的夹具

4）加工多个形状复杂工件的装夹方法

图3-39所示是一个用环状毛坯加工具有菠萝图形工件的夹具，工件加工完后切断成四个。夹具分为上板和下板，两者互相固定，下板的四个突出部支持工件，突出部分避开加工位置，用螺钉通过矩形压板把工件夹固在上板上。这种安装方法也适合批量生产。

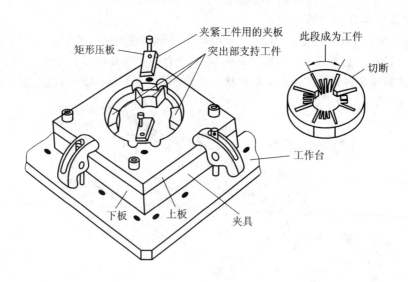

图3-39　加工多个复杂工件的夹具

5）加工无夹持余量的工件装夹的方法

加工无夹持余量的工件时，用基准凸台装夹。图 3 - 40 所示是用基准凸台装夹工件侧面来加工异形孔的夹具。在夹具的 A 部有与工件凹槽密切吻合的突出部，用以确定工件位置。B 部由螺钉固定在 A 部上，而工件用 B 部侧面的夹紧螺钉固定。这种夹具可使完全没有夹持余量的工件靠侧面用基准凸台来定位和夹紧，既保证了精度，也能进行线切割加工。如果夹具的基准凸台由线切割加工，则根据基准凸台的坐标再加工两个异形孔，这样更易于保证工件的精度和垂直度，且可保证批量加工时精度的一致性。

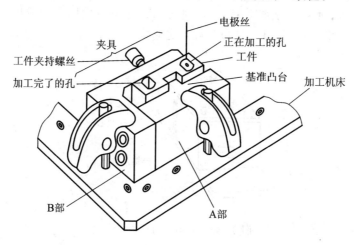

图 3 - 40　加工无夹持余量工件用的基准凸台夹具

3. 切割薄片工件

1）切割不锈钢带

用线切割机床将长 10 m、厚 0.3 mm 的不锈钢带加工成不同的宽度，如图 3 - 41 所示。可将不锈钢带头部折弯，插入转轴的槽中，并利用转轴上两端的孔，穿上小轴，将钢带紧紧地缠绕在转轴上，然后装入套筒里，利用钢带的弹力自动胀紧，这样即可固定在数控线切割机床上进行加工。切割时转轴、套筒、钢带一起切割，保证所需规格的各种宽度尺寸 L、L_1、L_2……

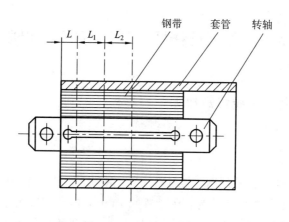

图 3 - 41　切割不锈钢带

必须注意：套筒的外径须在数控线切割机床的加工厚度范围以内，否则无法进行加工。

2) 切割硅钢片

单件小批量生产时，用线切割可加工各种形状的硅钢中电机定、转子铁芯。

第一种方法是把裁好的硅钢片按铁芯所要求的厚度（超过 50 mm 的分几次切割）用 3 mm 厚的钢板夹紧。下面的夹板两侧比铁芯长 30～50 mm，作装夹用。铁芯外径在 150 mm 左右的可在中心用一个螺钉，四角四个螺钉夹紧，如图 3-42 所示。螺钉的位置和个数可根据加工图形而定，要保证既能夹紧又不影响加工。进电可用原来的机床夹具进电，但因硅钢片之间有绝缘层，电阻较大，所以最好从夹紧螺钉处进电。

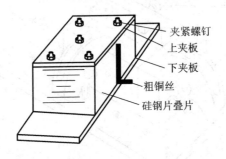

图 3-42　硅钢片的夹紧方法

另一种方法是用胶将裁好的硅钢片粘成一体，这样既保证切割过程中硅钢片不变形，又使加工完的铁芯成为一体，不用再重新叠片。粘接工艺是：先将硅钢片表面的污垢洗净，将片烘干，然后将片两面均匀地涂上一薄层（0.01 mm 左右）420 胶，烘干后按要求的厚度用第一种方法夹紧，放到烘箱加温到 160℃，保持 2 h，自然冷却后即可上机切割。此胶粘接能力较强，不怕乳化液浸泡，一般情况下切割的铁芯仍成一体。使用此方法时，因片间绝缘较好（420 胶不导电），所以进电一定要由夹紧螺钉进入每张硅钢片，并要求螺钉与每张硅钢片孔接触良好（轻轻打入即可）。另外一种进电方法是将叠片的某一侧面打光后用铜导线把每片焊上，从这根铜导线进电效果更好。

3.5　电火花线切割加工的应用实例

3.5.1　六方套的电火花线切割加工

1. 加工内容

六方套的线切割加工。

图 3-43 所示为六方套零件图，其材料为 45 钢，经过热处理 40～45HRC，线切割加工键槽和六方形。该零件主要尺寸为：高度为 110 mm，内孔直径为 $\phi 40^{+0.025}_{0}$ mm；键槽宽度为 $14^{+0.02}_{0}$ mm，深度为 $44.5^{+0.1}_{0}$ mm；正六方形的外接圆的直径为 $\phi 68$ mm，两直边的距离为 $58.89^{0}_{-0.03}$ mm。

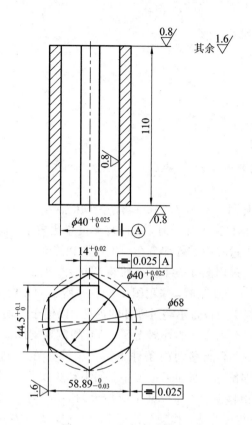

图 3-43　六方套零件图

　　键槽在宽度方向上相对于内孔 $\phi 40^{+0.025}_{0}$ mm 中心线的对称度公差为 0.025 mm。正六方形的直边与内孔 $\phi 40^{+0.025}_{0}$ mm 中心线的对称度公差为 0.025 mm。键槽和外正六方形的表面粗糙度为 1.6 μm，其余各加工表面粗糙度均为 0.8 μm。

2. 需用到的设备

电火花线切割机床及其工装设备、加工工件、游标卡尺等。

3. 电火花线切割加工工艺分析

根据零件形状和尺寸精度可选用以下加工工艺。

1）下料

用 $\phi 72$ mm 圆棒料在锯床上下料。

2）车

车外圆、端面和镗孔，外圆加工至最大尺寸，内孔镗至 $\phi 39.5$ mm，留有 0.5 mm 加工余量，在厚度上单面留有 0.2~0.3 mm 加工余量。

3）热处理

热处理 40~45HRC。

4）磨

磨内孔和上、下平面，保证上、下平面与内孔中心线垂直，为线切割装夹做准备。

5）线切割加工

线切割加工键槽和外六方形。

6）钳

在钳工台抛光。

7）检验

按图纸检验。

4．线切割加工步骤

1）线切割加工工艺处理及计算

◆ 零件装夹与校正

加工六方套所用的坯料直径为 $\phi 72$ mm，经过车床加工，外圆已经变小，直径最大约为 $\phi 70$ mm。这样，在线切割机床上加工时，工件装夹位置比较小，而且又经过热处理，零件内部产生了内应力，加工过程中零件部分会产生变形和移动。

为了保证工件质量，采用图 3-44 所示的装夹方法：两面支撑单面装夹，零件由工作台支撑板 1、2 支撑。刚开始加工时，采用图 3-44(a)所示的装夹方法。支撑板 1 和零件接触面比较大，但是支撑板 1 的位置不超过零件的内孔，以便于线切割加工键槽时钼丝校正。支撑板 2 的支撑面小，应在六方套的外部支撑，防止切割到支撑板 2。用压板组件 3 在支撑板 1 上压紧，在保证工件不能移动的条件下，支撑板 2 在无间隙或间隙比较小（小于 0.015 mm）的情况下能够滑动。在加工过程中，如果产生变形，则由于采用单面压紧，线切割加工的废料可以自由移动，从而保证了所加工的零件不产生移动。当加工到一半时，采用图 3-44(b)所示的装夹方法，移动支撑板 2，使支撑 2 与零件大面积接触，并用压板组件 5 在支撑板 2 上压紧，去掉压板组件 3，移动工作台支撑板 1，移动的距离必须保证支撑板 1 能够支撑到零件而又不能破坏支撑板 1。

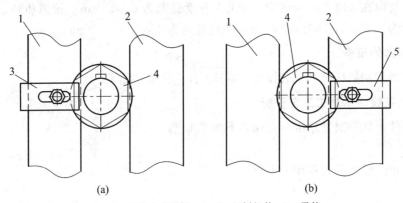

1、2—工作台支撑板；3、5—压板组件；4—零件

图 3-44　零件装夹

◆ 选择钼丝起始位置和切入点

当切割键槽时，钼丝在内孔 $\phi 40$ mm 的圆心切入；当切割外形时，钼丝在坯料外部切入。

◆ 确定切割路线

切割路线参见图 3-45，箭头所指方向为切割路线方向。先切割键槽，后切割外形。在切割外形时，由于需要移动工作台支撑板，为防止由于零件移动造成短路和断丝，可在移动支撑板 2 前，把钼丝停在坯料的外部，同时也把所切的废料去除掉。

◆ 计算平均尺寸

平均尺寸如图 3 - 46 所示。键槽和外形表面粗糙度要求高，工件加工完后需进行抛光处理，线切割加工需留抛光量。

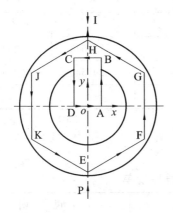

图 3 - 45　切割路线

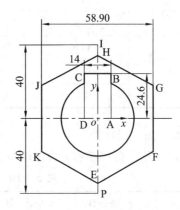

图 3 - 46　平均尺寸与坐标系建立

◆ 确定计算坐标系

为了以后计算点的坐标方便，直接选 $\phi40$ mm 的圆心为坐标系的原点，建立坐标系，如图 3 - 46 所示。

◆ 确定偏移量

选择直径为 $\phi0.18$ mm 的钼丝，单面放电间隙为 0.01 mm，钼丝中心偏移量为

$$f = \frac{0.18}{2} + 0.01 = 0.1 \text{ mm}$$

2）编制加工程序

◆ 计算钼丝中心轨迹及各交点的坐标

钼丝中心轨迹见图 3 - 47 双点划线，相对于零件平均尺寸偏移一个垂直距离。通过几何计算或 CAD 查询可得到各交点的坐标，各交点坐标如表 3 - 9 所示。

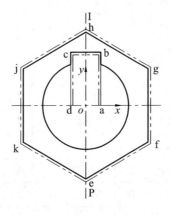

图 3 - 47　钼丝中心轨迹

表 3-9　钼丝中心轨迹各交点坐标

交　点	x	y	交　点	x	y
O	0	0	f	29.545	−17.058
a	6.9	0	g	29.545	17.058
b	6.9	24.5	h	0	34.115
c	−6.9	24.5	I	0	40
d	−6.9	0	J	−29.545	17.058
P	0	−40	k	−29.545	−17.058
e	0	−34.115			

◆ 编写加工程序单

采用 3B 格式代码编程，程序清单见表 3-10。

表 3-10　3B 代码加工程序清单

序号	B	x	B	y	B	J	G	Z	说　　　明
1	B	6900	B	0	B	6900	G_x	L_1	钼丝在 o 点开始加工，加工至 a 点
2	B	0	B	24500	B	24500	G_y	L_2	加工 a→b
3	B	13800	B	0	B	13800	G_x	L_3	加工 b→c
4	B	0	B	24500	B	24500	G_y	L_4	加工 c→d
5	B	6900	B	0	B	6900	G_x	L_1	加工 d→o
6								D	暂停，拆卸钼丝
7	B	0	B	40000	B	40000	G_y	L_4	空走 o→P
8								D	暂停，重新装上钼丝
9	B	0	B	5885	B	5885	G_y	L_2	加工 P→e
10	B	29545	B	17058	B	29545	G_x	L_1	加工 e→f
11	B	0	B	34116	B	34116	G_y	L_2	加工 f→g
12	B	29545	B	17058	B	29545	G_x	L_2	加工 g→h
13	B	0	B	5885	B	5885	G_y	L_2	加工 h→I
14								D	暂停，移动支撑板，重新装夹零件
15	B	0	B	5885	B	5885	G_y	L_4	另工 I→h
16	B	29545	B	17058	B	29545	G_x	L_3	加工 h→j
17	B	0	B	34116	B	34116	G_y	L_4	加工 j→k
18	B	29545	B	17058	B	29545	G_x	L_4	加工 k→e
19	B	0	B	5885	B	5885	G_y	L_4	加工 e→P
20								DD	加工结束

3）加工零件

◆ 钼丝起始点的确定

把调整好垂直度的钼丝摇至 $\phi 40$ mm 的孔内，在所切键槽的位置上火花放电，再次验证钼丝的垂直度，确保无误后，采用线切割自动找中心的功能校正 $\phi 40$ mm 的圆心。为减少误差，可以采用多次找圆心的方法求出钼丝的平均位置。

◆ 选择电参数

电压：75～85 V；脉冲宽度：28～40 μs；脉冲间隔：6～8 μs；电流：2.8～3.5 A。

◆ 工作液的选择

选择 DX - 2 油基型乳化液，与水配比约为 1：15。

◆ 加工零件

钼丝起始位置确定后，开始加工，加工完键槽，拆卸钼丝，空走至切割外形的起始点 P；重新装上钼丝加工，当加工到点 J 时，加工暂停；按照前面所叙述的方法移动工作台支撑板，重新装夹零件，装夹完毕后，重新开始加工，直至结束。

5．检验

加工完后，检验工件是否合格。

3.5.2　少齿数齿轮的电火花线切割加工

1．加工内容

少齿数齿轮的电火花线切割加工。

2．需用到的设备

电火花线切割机床、CAXA 线切割 XP 软件、加工工件等。

3．电火花线切割加工工艺分析

少齿数齿轮一般不能用滚齿机加工，原因是小于 17 个齿的齿轮在滚齿时容易根切。对于这些少齿数齿轮，目前一般均用线切割方法加工。齿轮毛坯面应磨削，无毛刺，事先加工出穿丝孔，并淬火处理。

线切割加工中，齿轮毛坯的厚度是齿轮的齿宽，加之齿轮轮齿为渐开线，应选择电极丝损耗小的电参数，工作液浓度稍低些，工作台进给速度应慢些。

4．CAXA 线切割 XP 软件

此软件用于绘制齿轮图形、生成轨迹和 G 代码(ISO 代码)。

1）用 CAXA 线切割 XP 软件绘制齿轮图形

(1) 进入 CAXA 线切割 XP 软件，建立新文件，文件名为 chilun。

(2) 点击"绘制"菜单，选择"高级曲线"下的"齿轮"选项，屏幕上会弹出齿轮参数表，在表中填写 z＝10，m＝1 后单击"下一步"按钮，屏幕上会弹出"渐开线齿轮齿形预显"对话框，输入有效齿数 10，按"完成"按钮，如图 3 - 48 所示。

(3) 屏幕上出现齿轮的齿形，输入定位点(0，0)后，齿轮图形将被定位在屏幕上。

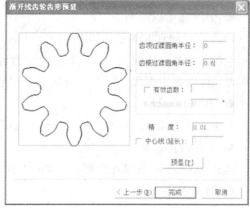

图 3-48　渐开线齿轮参数

2）用 CAXA 线切割 XP 软件完成轨迹生成和 G 代码文件

（1）点击"线切割"菜单栏，选择"轨迹生成"，屏幕上会弹出"线切割轨迹生成参数表"，按表中要求填写参数后，按"确定"按钮，如图 3-49 所示。

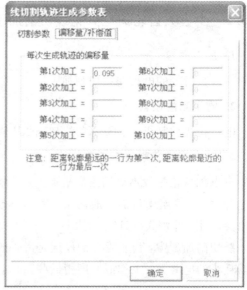

图 3-49　线切割轨迹生成参数表

（2）屏幕底部命令栏提示拾取齿轮轮廓方向，齿轮轮廓线上出现两个相反方向的箭头，分别指示的是顺时针切割方向和逆时针切割方向，用鼠标选择其一。

（3）屏幕底部命令栏提示加工侧边或补偿的方向，也是两个相反方向的箭头，选择齿轮齿形外侧的方向。

（4）屏幕底部命令栏提示确定穿丝点位置，可在齿轮的四周任意位置选择穿丝点，点击鼠标左键确定，软件提示退出点位置（按回车，穿丝点与退出点重合），按"ENTER"键确定，轨迹生成，齿轮轮廓上出现绿色线条，如图 3-50 所示。

　　(5) 点击"线切割"菜单栏,选择"轨迹仿真",屏幕底部命令栏提示拾取轮廓,即可仿真。

　　(6) 点击"线切割"菜单栏,选择"生成 G 代码",软件弹出对话框,要求给出 G 代码文件名(chilun.iso),完成后按"保存"按钮。屏幕下方提示拾取轮廓,拾取后齿轮轮廓出现红色线条,点击鼠标右键,弹出记事本对话框,显示 G 代码文件。(G 代码文件略)

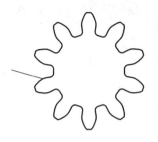

图 3 - 50　齿轮轨迹生成

5. 齿轮的电火花线切割加工

　　1) 齿轮毛坯的装夹与定位

　　将打好穿丝孔的工件装夹到机床的工作台上,并对工件进行校准。

　　2) 钼丝穿丝与垂直校准

　　将钼丝从齿轮毛坯的穿丝孔穿过,再使用钼丝垂直校正器对钼丝进行垂直校准,最后安装储丝筒保护罩、上丝架保护罩和工作台保护罩。

　　3) 齿轮线切割加工

　　(1) 开启机床总电源,机床供电。

　　(2) 在机床的主菜单下,按 F5(人工)键,进入"人工"子菜单,再按 F7(定中心)键,进入"定中心"子菜单,用接触感知方法来确定穿丝孔的中心位置。

　　(3) 在机床的主菜单下,按 F7(运行)键,进入"运行"子菜单,再按 F1(画图)键,将齿轮图形显示在屏幕上。

　　(4) 在"运行"子菜单中,按 F2(空运行)键进入"空运行"子菜单,在屏幕上仿真。

　　(5) 在"电参数"子菜单中,可选择丝速、电流、脉宽、间隔比、分组宽、分组比、速度这 7 个参数。电参数设置完毕后,按 F8(退出)键,返回到"运行"子菜单。也可利用机床提供的缺省参数"E0001"。

　　(6) 按 F7(正向割)键,机床启动,工作液泵开,储丝筒旋转,沿编程的切割方向开始加工。加工过程中,应注意控制好工作液的流量,应以冷却液包裹钼丝为宜。若按 F6(反向割)键,则沿逆编程的切割方向进行加工。

　　(7) 加工完成后,机床会停在穿丝点位置上,并在屏幕上显示加工完成字样。按"ENTER"键予以确认,再按 F8(退出)键返回机床的主菜单。

　　(8) 从工作台上取下切割的齿轮工件,用棉丝擦干工作台面,涂上机油。

　　4) 检验

　　加工完后,检验工件是否合格。

习题与思考题

　　3 - 1　电火花线切割加工的工艺和机理与电火花成型加工有哪些相同点和不同点?

　　3 - 2　电火花线切割加工的工件有何特点?

　　3 - 3　试论述线切割加工的主要工艺指标及其影响因素。

　　3 - 4　用 3B 代码编制加工如图 3 - 51 所示的工件的线切割加工程序。已知电极丝直径为 0.18 mm,单边放电间隙为 0.01 mm,图 3 - 51 中,O 为穿丝孔,拟采用的加工路线为 O—E—D—C—B—A—E—O。

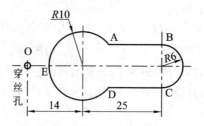

图 3-51　习题 3-4 图

3-5　如图 3-52 所示的某工件图（单位为 mm），AB、AD 为设计基准，圆孔 E 已经加工好，现用线切割加工圆孔 F。假设穿丝孔已经钻好，请说明将电极丝定位于欲加工圆孔中心 F 的方法。

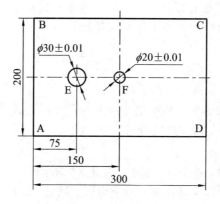

图 3-52　习题 3-5 图

3-6　请分别编制加工如图 3-53 所示工件的线切割加工 3B 代码和 ISO 代码。已知线切割加工用的电极丝直径为 0.18 mm，单边放电间隙为 0.01 mm，O 点为穿丝孔，加工方向为 O—A—B—…—O。

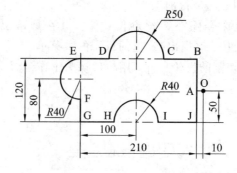

图 3-53　习题 3-6 图

第 4 章 电 化 学 加 工

4.1 电化学加工的原理及分类

电化学加工（Electrochemeical Machining，简称 ECM）是利用电化学反应（或称电化学腐蚀）对金属材料进行加工的方法。它包括从工件上去除金属的电解加工和向工件上沉积金属的电镀、涂覆加工两大类。虽然与电化学加工有关的基本理论在 19 世纪末已经建立，但真正在工业上得到大规模应用，还是 20 世纪 30 年代以后的事。目前，电化学加工已经成为我国民用、国防工业中的一个不可或缺的加工手段。

4.1.1 电化学加工的原理

1. 电化学加工过程

当两金属片接上电源并插入任何导电的溶液中（例如水中加入少许 NaCl），如图 4-1 所示，即形成通路，导线和溶液中均有电流流过。

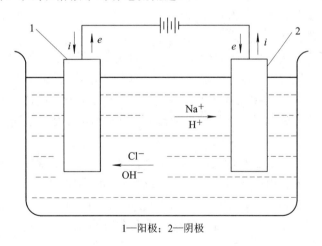

1—阳极；2—阴极

图 4-1 两类导体的导电过程

金属导线和溶液是两类性质不同的导体。

金属导电体是靠自由电子在外电场作用下按一定方向移动而导电的，是电子导体，或称第一类导体。

导电溶液（即电解质溶液）是靠溶液中的正负离子移动而导电的，是离子导体，或称第二类导体。例如，图 4-1 中的 NaCl 溶液即为离子导体，溶液中含有正离子 Na^+ 和负离子

Cl^-，还有少量的 H^+ 和 $(OH)^-$。

当两类导体构成通路时，在金属片(电极)和溶液的界面上，必定有交换电子的反应，即电化学反应。如果所接的是直流电源，则溶液中的离子将作定向移动。正离子移向阴极，在阴极上得到电子而进行还原反应。负离子移向阳极，在阳极表面失掉电子而进行氧化反应(也可能是阳极金属原子失掉电子而成为正离子，从而进入溶液)。溶液中正、负离子的定向移动称为电荷迁移，在阳、阴电极表面发生得失电子的化学反应称为电化学反应，以这种电化学作用为基础对金属进行加工(包括电解和镀覆)的方法即电化学加工。与这一反应过程密切相关的有电解质溶液，电极电位，电极的极化、钝化、活化，阳极和阴极的电极反应等。

2. 电化学反应过程相关问题的讨论

1) 电解质溶液

凡溶于水后能导电的物质叫做电解质，如盐酸(HCL)、硫酸 H_2SO_4、氢氧化钠(NaOH)、氢氧化铵(NH_4OH)、食盐(NaCl)、硝酸钠($NaNO_3$)等酸、碱、盐都是电解质。电解质与水形成的液体为电解质溶液，简称为电解液。电解液中所含电解质的多少即为电解液浓度，一般以质量百分比浓度(符号%)表示，即每 100 g 溶液中所含溶质的克数。还常用物质的量浓度表示，即一升溶液中的电解质的摩尔数。

有些电解质在水中能 100%电离，称为强电解质。强酸、强碱和大多数盐类都是强电解质，在水中都能完全电离。氨、醋酸等弱电解质在水中仅小部分电离成离子，大部分仍以分子状态存在，导电能力弱。

金属是电子导体，导电能力强，电阻很小，随着温度的升高，其导电能力减弱；而电解质溶液是离子导体，其导电能力要比金属导体弱得多，电阻较大，随着温度的升高，其导电能力增强。浓度增加，在一定限度内，导电能力也增强。浓度过高时，由于正、负离子间相互作用力增强，导电能力又将有所下降。

2) 电极电位

因为金属原子都是由金属阳离子和自由电子组成的金属晶体，所以当金属和溶液接触时，常会发生电子得失的反应过程。例如，铁与 $FeCl_2$ 水溶液接触，由于铁离子在晶体中具有的能级比其在溶液中成为水化离子的能级高，且不稳定，所以晶体界面上的铁离子就有与水分子作用生成水化铁离子进入溶液中的倾向，电子则留在金属表面上，即：

$$Fe \rightarrow Fe^{2+} + 2e(溶解、氧化反应)$$

这样，金属上有多余的电子从而带负电，溶液中靠近金属表面很薄的一层有多余的铁离子(Fe^{2+})从而带正电。随着由晶体进入溶液的 Fe^{2+} 数目的增加，金属上负电荷增加，溶液中正电荷增加，由于静电引力作用，铁离子的溶解速度将逐渐减慢，同时，溶液中的 Fe^{2+} 亦有沉积到金属表面上去的趋向，即：

$$Fe^{2+} + 2e \rightarrow Fe(沉淀、还原反应)$$

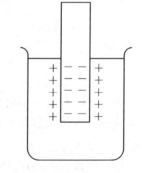

随着金属表面负电荷增多，溶液中 Fe^{2+} 返回金属表面的速度逐渐增加。最后，两种相反的过程达到动态平衡。对化学性能比较活泼的金属(如铁)，其表面带负电，溶液带正电，这就是"双电层"(见图 4 - 2)。金属愈活泼，这种倾向愈大。

图 4 - 2　活泼金属双电层

在给定溶液中建立起来的双电层,除了受静电作用外,由于分子、离子的热运动,其构造并不像电容器那样生成紧密的两个带电层,而是使双电层的离子层获得了分散的构造,如图 4-3 所示。只有在界面上极薄的一层才具有较大的电位差 U。

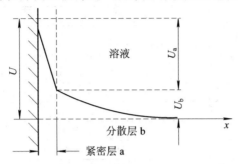

U— 金属与溶液间的双电层电位差;
U_a— 双电层中的紧密层的电位差;
U_b— 双电层中分散层中的电位差

图 4-3　双电层的电位分布

由于双电层的存在,在正、负电层之间,也就是铁和 $FeCl_2$ 溶液之间形成电位差。这种产生在金属和它的盐溶液之间的电位差称为金属的电极电位。因为它是金属在本身盐溶液中的溶解和沉积相平衡时的电位差,所以又称为平衡电极电位。

若金属离子在金属上的能级比在溶液中的低,即金属离子存在于金属晶体中比在溶液中更稳定,则也形成双电层。例如,把铜(Cu)放在 $CuSO_4$ 溶液中,则铜表面带正电,靠近金属铜表面的溶液薄层带负电(见图 4-4)。金属愈不活泼,此种倾向愈大。

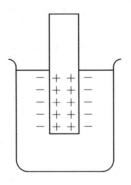

图 4-4　不活泼金属的双电层

至今为止,还没有足够可靠的方法来测定单个电极的电位,只能以一种电极作标准再与其它电极比较得出相对值。通常采用氢电极作标准。表 4-1 为某些电极 25℃ 时在水溶液中的标准电极电位。

表 4-1 反映了物质得失电子的能力,即氧化还原的能力。根据标准电极电位可以判别哪些金属容易发生阳极溶解,哪些物质容易析出,对研究电化学加工工艺有益。例如,表中的铁电极、锌电极比铜电极的标准电极电位值要小得多,由此可判断铁比铜容易溶解,铜则比锌容易析出。此外,要使金属发生的电化学反应继续下去,应在两极施加工作电压,外加的工作电压必须大于两极电位之和。

表 4-1　25℃时某些电极在水溶液中的标准电位

元素氧化态/还原态	电极反应	电极电位
Li^+/Li	$Li^+ + e \Longleftrightarrow Li$	-3.01
Rb^+/Rb	$Rb^+ + e \Longleftrightarrow Rb$	-2.98
K^+/K	$K^+ + e \Longleftrightarrow K$	-2.925
Ba^{2+}/Ba	$Ba^{2+} + 2e \Longleftrightarrow Ba$	-2.92
Ca^{2+}/Ca	$Ca^{2+} + 2e \Longleftrightarrow Ca$	-2.84
Na^+/Na	$Na^+ + e \Longleftrightarrow Na$	-2.713
Mg^{2+}/Mg	$Mg^{2+} + 2e \Longleftrightarrow Mg$	-2.38
Ti^{2+}/Ti	$Ti^{2+} + 2e \Longleftrightarrow Ti$	-1.75
Al^{3+}/Al	$Al^{3+} + 3e \Longleftrightarrow Al$	-1.66
V^{3+}/V	$V^{3+} + 3e \Longleftrightarrow V$	-1.5
Mn^{2+}/Mn	$Mn^{2+} + 2e \Longleftrightarrow Mn$	-1.05
Zn^{2+}/Zn	$Zn^{2+} + 2e \Longleftrightarrow Zn$	-0.763
Cr^{3+}/Cr	$Cr^{3+} + 3e \Longleftrightarrow Cr$	-0.71
Fe^{2+}/Fe	$Fe^{2+} + 2e \Longleftrightarrow Fe$	-0.44
Cd^{2+}/Cd	$Cd^{2+} + 2e \Longleftrightarrow Cd$	-0.402
Co^{2+}/Co	$Co^{2+} + 2e \Longleftrightarrow Co$	-0.27
Ni^{2+}/Ni	$Ni^{2+} + 2e \Longleftrightarrow Ni$	-0.23
Mo^{3+}/Mo	$Mo^{3+} + 3e \Longleftrightarrow Mo$	-0.20
Sn^{2+}/Sn	$Sn^{2+} + 2e \Longleftrightarrow Sn$	-0.140
Pb^{2+}/Pb	$Pb^{2+} + 2e \Longleftrightarrow Pb$	-0.126
Fe^{3+}/Fe	$Fe^{3+} + 3e \Longleftrightarrow Fe$	-0.036
H^+/H	$2H^+ + 2e \Longleftrightarrow H_2$	0
S/S^{2-}	$S + 2H^+ + 2e \Longleftrightarrow H_2S$	$+0.141$
Cu^{2+}/Cu	$Cu^{2+} + 2e \Longleftrightarrow Cu$	$+0.34$
O_2/OH^-	$H_2O + \frac{1}{2}O_2 + 2e \Longleftrightarrow 2OH^-$	$+0.401$
Cu^+/Cu	$Cu^+ + e \Longleftrightarrow Cu$	$+0.522$
I_2/I^-	$I_2 + 2e \Longleftrightarrow 2I^-$	$+0.535$
Fe^{3+}/Fe^{2+}	$Fe^{3+} + e \Longleftrightarrow Fe^{2+}$	$+0.771$
Hg^{2+}/Hg	$Hg^{2+} + 2e \Longleftrightarrow Hg$	$+0.7961$
Ag^+/Ag	$Ag^+ + e \Longleftrightarrow Ag$	$+0.7996$
Br_2/Br^-	$Br_2 + 2e \Longleftrightarrow 2Br^-$	$+1.065$
Mn^{4+}/Mn^{2+}	$MnO_2 + 4H^+ + 2e \Longleftrightarrow Mn^{2+} + 2H_2O$	$+1.208$
Cr^{6+}/Cr^{3+}	$Cr_2O_7^{2-} + 14H^+ + 6e \Longleftrightarrow 2Cr^{3+} + 7H_2O$	$+1.33$
Cl_2/Cl^-	$Cl_2 + 2e \Longleftrightarrow 2Cl^-$	$+1.3583$
Mn^{7+}/Mn^{2+}	$MnO_4^- + 8H^+ + 5e \Longleftrightarrow Mn^{2+} + 4H_2O$	$+1.491$
S^{7+}/S^{6+}	$SrO_8^{-2} + 2e \Longleftrightarrow 2SO_4^{2-}$	$+2.01$
F_2/F^-	$F_2 + 2e \Longleftrightarrow 2F^-$	$+2.87$

3）电极的极化

上述平衡电极电位是没有电流通过电极时的情况，当有电流通过时，电极的平衡状态

遭到破坏，使阳极电位向正移（代数值增大）、阴极
电位向负移（代数值减小），这种现象称为电极极化
（如图 4-5 所示）。极化后的电极电位与平衡电位的
差值称为超电位。随着电流密度的增加，超电位也
增加。根据极化产生的原因不同，可将电极极化分
为浓差极化、电化学极化和钝化极化。

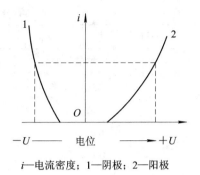

i—电流密度；1—阴极；2—阳极

图 4-5　电极极化曲线

◆ 浓差极化

在极化过程中，金属不断溶解的条件之一是生
成的金属离子需要越过双电层，再向外迁移并扩
散，从而与溶液中的离子起作用，最后离开反应系
统。然而扩散与迁移的速度是有一定限度的，在外电场的作用下，如果极化过程中，电化
学反应过程进行很快，而电极表面液层中金属离子的扩散与迁移速度较慢，来不及扩散到
溶液中去，使阳极表面造成金属离子堆积，引起了电位值增大，这就是浓差极化的本质。
在阴极上，由于水化氢离子的移动速度很快，因此一般情况下，氢的浓差极化是很小的。

由此可知，凡能加速电极表面离子的扩散与迁移速度的措施，都能使浓差极化减小，
如提高电解液流速以增强其搅拌作用，升高电解液温度等。

◆ 电化学极化

化学极化也叫活化极化，它是由电化学反应中某一步骤反应比其他步骤缓慢而引起
的。也就是说，由于某步骤反应进行最缓慢，电极反应过程就会受到它的制约。阳极溶解
过程主要包括电化学反应和离子扩散与迁移。因此，前者过程中某些反应缓慢，会引起整
个阳极溶解过程缓慢（电化学极化）；后者过程中的缓慢，将引起扩散过程缓慢（浓差
极化）。

由于电化学极化取决于电化学反应，因此，它与电极材料和电解液成份紧密相关。此
外，还与电极表面状态、电解液温度、电流密度有关。温度升高，反应速度加快，电化学极
化减小；电流密度愈高，电化学极化也愈严重。

◆ 钝化极化

钝化极化是由于电化学反应过程中，阳极表面生成一层钝化性氧化物膜或其他物质的
覆盖层，使电流通过困难，因而引起阳极电位正移。由于钝化极化主要是产生在阳极表面
上，因此在利用阳极溶解原理的电化学加工中，若阳极溶解过程缓慢，则会影响生产率。
使金属钝化膜破坏的过程称为活化。影响活化的因素很多，例如将电解液加热，通入还原
性气体或某些活性离子，采用机械办法破坏钝化膜等。

4.1.2　电化学加工的分类及特点

电化学加工有三种不同的类型。第 I 类是利用电化学反应过程中的阳极溶解来进行加
工，主要有电解加工和电化学抛光等；第 II 类是利用电化学反应过程中的阴极沉积来进行
加工，主要有电镀、电铸等；第 III 类是利用电化学加工与其他加工方法相结合的电化学复
合加工工艺进行加工，目前主要有电解磨削、电化学阳极机械加工（其中还含有电火花放
电作用）。电化学加工的类别如表 4-2 所示。

表 4 - 2　电化学加工分类

类别	加工原理	加工方法	应 用 范 围
Ⅰ	阳极溶解	1. 电解加工	用于形状、尺寸加工，如涡轮发动机叶片、三维锻模加工等
		2. 电解抛光	用于表面光整加工、去毛刺等
Ⅱ	阴极沉积	1. 电镀	用于表面加工、装饰及保护
		2. 电刷镀	用于表面局部快速修复及强化
		3. 复合电镀	用于表面强化、磨具制造
		4. 电铸	用于复杂形状电极及精密花纹模制造
Ⅲ	复合加工	1. 电解磨削	用于形状、尺寸加工及超精、光整、镜面加工等
		2. 电解电火花复合加工	用于形状、尺寸加工
		3. 电解电火花研磨加工	用于形状、尺寸加工及难加工材料加工
		4. 超声电解加工等	用于难加工材料的深小孔及表面光整加工

电化学加工的适用范围因电解和电镀两大类工艺的不同而不同。

电解加工可以加工复杂成型模具和零件，例如汽车、拖拉机连杆等各种型腔锻模，航空、航天发动机的扭曲叶片，汽轮机定子、转子的扭曲叶片，炮筒内管的螺旋"腔线"（来复线），齿轮、液压件内孔的电解去毛刺及扩孔、抛光等。电镀、电铸可以复制复杂、精细的表面。

电化学加工与传统加工相比，有如下主要特点：

（1）可对任何金属材料进行形状、尺寸和表面的加工。加工高温合金、钛合金、淬硬钢、硬质合金等难加工金属材料时，优点更加突出。

（2）加工中无机械切削力和切削热的作用，故加工后表面无冷硬层、残余应力，加工后也无毛刺或棱角。

（3）加工可以在大面积上同时进行，也无需划分粗、精加工，故一般都具有较高的生产率。

（4）电化学作用的产物（气体或废液）对环境有污染，对设备也有腐蚀作用，而且"三废"处理比较困难。

4.2　电解加工及电解磨削

4.2.1　电解加工

电解加工是利用金属在电解液中产生阳极溶解的原理来去除工件材料的制造技术。电解加工自 20 世纪 50 年代开始研究并投入应用以来，至今已成为电化学加工中发展较快、应用较广泛的加工方法之一。

1. 电解加工的基本原理

电解加工是在电解抛光的基础上发展起来的。电解抛光时，工件和工具电极之间的距离较大(100 mm 以上),电解液静止不动,故通过的电流密度很小(一般为 0.01~5 A/cm²),金属蚀除率很低,只能对工件表面进行抛光,而不能改变工件的原有形状、尺寸。而电解加工则不同。图 4-6 所示为电解加工原理示意图。加工时,工件接直流电源(10~20 V)的正极,工具电极接电源的负极。工具电极向工件缓慢进给,并使两极之间保持较小的间隙(0.1~1 mm),让具有一定压力(0.1~2 MPa)的氯化钠电解液从间隙中流过,这时电流密度可达 20~1500 A/cm²,阳极工件的金属被逐渐电解蚀除,电解产物被高速(5~50 m/s)电解液冲带走。

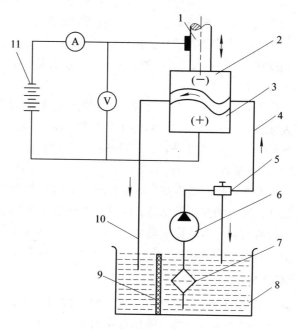

1—进给轴;2—阴极;3—阳极;4—电解液输送管道;
5—调压阀;6—电解液泵;7—过滤器;8—电解液;
9—过滤网;10—电解液回收管道;11—直流电源

图 4-6 电解加工原理示意图

若工件待加工面的原始形状与工具阴极型面不同,如图 4-7(a)所示,则工件上各加工点距离工具表面的距离就不相同,各点电流密度也不一样。距离较近的地方,通过的电流密度就大,阳极溶解的速度就快;而距离较远的地方,电流密度就小,阳极溶解就慢。这样,当工具不断进给时,工件表面上各点就以不同的溶解速度进行溶解,工件的型面就逐步接近工具阴极的型面,直到把工具的型面复印在工件上,得到所需要的型面(如图 4-7(b)所示)为止,即工件形状、尺寸达到设计图纸要求。

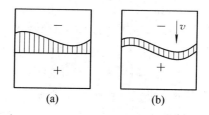

图 4-7 电解加工成型原理

2. 电解加工的主要特点

1）电解加工的主要优点

（1）加工范围广，可加工高硬度、高强度、高韧性等难于切削加工材料，如硬质合金、淬火钢、不锈钢、耐热合金、钛合金等，并可加工叶片、花键孔、炮管膛线、锻模等各种复杂的三维型面以及薄壁、异形零件等。

（2）加工生产率高，可以一次进给、直接成型，进给速度可达 $0.3\sim1.5$ mm/min。其生产率为电火花加工的 $5\sim10$ 倍。在某些情况下，比切削加工的生产率还高，且加工生产率不直接受加工质量的限制，故一般适宜于大批量零件的加工。

（3）表面质量好，加工表面无残余应力层和毛刺飞边，对材料的强度和硬度亦无影响。可以达到较好的表面粗糙度（$1.25\sim0.2$ μm）和 ±0.1 mm 左右的平均加工精度。电解微细加工钢材的精度可达 $\pm10\sim70$ μm。

（4）加工过程中，工具阴极在理论上不会耗损，可长期使用。因为工具阴极材料本身不参与电极反应，其表面仅产生析氢反应，同时工具材料又是抗腐蚀性良好的不锈钢或黄铜等，所以除产生火花短路等特殊情况外，工具阴极基本上没有损耗。

2）电解加工的缺点及局限性

（1）电解加工影响因素多，技术难度高，不易实现稳定加工和保证较高的加工精度。

（2）工具电极的设计、制造和修正较麻烦，因而很难适用于单件生产。

（3）电解加工设备投资较高，占地面积较大。

（4）电解液对设备、工装有腐蚀作用，电解产物处理不好易造成环境污染。

3. 电解加工的电极反应

电解加工的电极反应较为复杂，其原因在于：一般工件材料不是纯金属，而是多种金属元素的合金，其金相组织也不完全一致；所用的电解液往往不是该金属的盐溶液，而且还可能含有多种成份；电解液的浓度、温度、压力、流速等对电极过程也有影响。下面以在 NaCl 水溶液中电解加工铁基合金为例分析电极反应。

1）钢在 NaCl 水溶液中电解的电极反应

电解加工钢件时，常用的电解液是质量分数为 $14\%\sim18\%$ 的水溶液。在电解液中存在着 H^+、OH^-、Na^+、Cl^- 四种离子，因此在阳极上可能参与电极反应的物质就有 Cl^-、OH^- 和 Fe，在阴极上可能参与的物质就有 H^+、Na^+。

◆ 阳极反应

就反应发生的可能性而言，分别列出其反应方程，并按能斯特公式计算出电极电位 U，作为分析时的参考。

$$Fe - 2e \rightarrow Fe^{2+} \quad U = -0.5 \text{ V}$$
$$Fe - 3e \rightarrow Fe^{3+} \quad U = -0.323 \text{ V}$$
$$4OH^- - 4e \rightarrow O_2 \uparrow + 2H_2O \quad U = 0.867 \text{ V}$$
$$2Cl^- - 2e \rightarrow Cl_2 \uparrow \quad U = 1.344 \text{ V}$$

根据电极反应过程的基本原理，电极电位最负的物质将首先在阳极反应。因此，在阳极，首先是铁丢掉电子，成为二价铁离子 Fe^{2+} 而溶解，不大可能以三价铁离子 Fe^{3+} 的形式溶解，更不可能析出氧气和氯气。溶入电解液中的 Fe^{2+} 又与 OH^- 离子化合，生成

$Fe(OH)_2$ 沉淀而离开反应系统。

$$Fe^{2+} + 2OH^- \rightarrow Fe(OH)_2 \uparrow$$

$Fe(OH)_2$ 沉淀为墨绿色的絮状物，随着电解液的流动而被带走。$Fe(OH)_2$ 又逐渐被电解液中及空气中的氧气氧化为 $Fe(OH)_3$。

$$4Fe(OH)_2 + 2H_2O + O_2 \rightarrow 4Fe(OH)_3 \uparrow \quad （黄褐色沉淀）$$

◆ 阴极反应

按可能性为

$$2H^+ + 2e \rightarrow H_2 \uparrow \quad U = -0.42 \text{ V}$$
$$Na^+ + e \rightarrow Na \downarrow \quad U = -2.69 \text{ V}$$

按照电极反应的基本原理，电极电位最正的粒子将首先在阴极反应。因此，在阴极上只会析出氢气，而不可能沉淀出钠。

由此可见，电解加工过程中，由于水的分解消耗，电解液的浓度逐渐变大，而电解液中的 Cl^- 和 Na^+ 仅起导电作用，本身并不消耗，因此对于 NaCl 电解液，只要过滤干净，适当添加水分，就可长期使用。

值得注意的是，用电解法加工合金钢时，若钢中各种金属元素的平衡电极电位相差较大，则电解加工后的表面粗糙度值将变大。就碳钢而言，随着含碳量的增加，电解加工表面粗糙度值将变大。这是由于钢中存在的 Fe_3C 相，其电极电位接近石墨的平衡电位（$U = +0.37$ V）而很难电解。所以，高碳钢、铸铁或经表面渗碳的零件均不适宜采用电解加工。

2）电解加工过程中的电能利用

电解加工时，加工电压 U 是使阳极不断溶解的总能源，如图 4-8 所示。

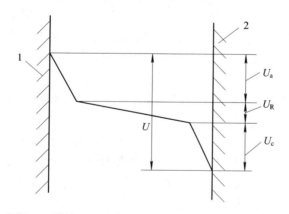

1—阳极；2—阴极；U_a—阳极压降；U_c—阴极压降；U_R—欧姆压降

图 4-8　电解加工间隙内的电压分布图

欲在两极间形成一定加工电流使阳极达到较高的溶解速度，则要求加工电压大于或等于两部分电势之和，即

$$U \geqslant U_R + (U_a + U_c)$$

式中：

U_R——电解液电阻形成的欧姆压降。

U_a——阳极压降，由阳极电极电位和极化产生的各种超电位组成。

U_c——阴极压降，由阴极电极电位和极化产生的各种超电位组成。

电解加工时的浓差极化一般不大，所以 U_a、U_c 主要取决于电化学极化和钝化极化。这两种现象形成的超电位又与电解液、被加工材料和电流密度有关。当用氯化钠电解液加工以下几种材料时，相应的电极反应电压数值如下：

铁基合金　　 $0\sim 1\text{ V}$

镍基合金　　 $0\sim 1\text{ V}$

钛合金　　　 $4\sim 6\text{ V}$

若采用钝化性能强的电解液，如用硝酸钠和氯酸钠电解液加工上述材料，则电极反应所需的电压将要更高一些。

采用氯化钠电解液和较高的电解加工电压（如 20 V）时，加工电压的 5%～30% 将用来抵消极化产生的反电势，余下的 70%～95% 的电压用以克服间隙电解液的电阻。但是，通过间隙的电流能否全部用于阳极溶解，还取决于阳极极化的程度。若阳极极化比较严重，以致电极电位与溶液中的某些阴离子的电极电位相差不多时，电流除用于阳极溶解以外，还消耗于一些副反应，电流效率将低于 100%。一般来说，当用氯化钠电解液加工铁基合金时，电流效率 $\eta = 95\%\sim 100\%$。加工镍基合金和钛合金的电流效率 $\eta = 70\%\sim 85\%$。而当采用 $NaNO_3$、$NaClO_3$ 等电解液加工时，电流效率将随电流密度、电解液浓度和温度而剧烈变化。

4. 电解液

在电解加工过程中，电解液的主要作用是：

（1）作为导电介质传递电流。

（2）在电场作用下进行电化学反应，使阳极溶解能顺利而有控制地进行。

（3）将加工间隙内产生的电解产物及热量及时带走，起到更新和冷却作用。

因此，正确选用电解液对保证电解加工的正常进行具有重要作用。

1）对电解液的基本要求

（1）具有足够的蚀除速度，即生产率要高。这就要求电解质在溶液中有较高的溶解度和离解度，具有很高的电导率。

（2）具有较高的加工精度和表面质量。电解液中的金属阳离子不应在阴极上产生放电反应而沉积到阴极工具上，以免改变工具的形状和尺寸。因此，电解液中所含金属阳离子必须具有较负的标准电极电位（$U_0 < -2\text{ V}$），如 Na^+、K^+ 等。当加工精度和表面质量要求较高时，应选择杂散腐蚀小的钝性电解液。

（3）阳极反应的最终产物应是不溶性化合物。这主要是便于处理，且不会使阳极溶解下来的金属阳离子在阴极上沉积。但在特殊情况下，如电解加工小孔、窄缝等时，为避免不溶性的阳极产物堵塞加工间隙，则要求阳极产物溶于电解液。

（4）要求电解液具有良好的综合性能，如加工范围广、性能稳定、安全性好及价格便宜等。

2）三种常用电解液

电解液可分为中性盐溶液、酸性溶液和碱性溶液三大类。酸性电解液除用于高精度、小间隙、细长孔以及锗、钼、铌等难溶金属加工外，一般很少选用。碱性电解液对人身体也有损害，且会生成难溶性阳极薄膜，因此仅用于加工钨、钼等金属材料。由于中性盐溶液腐蚀性小，使用时较安全，故应用最普遍。最常用的有 NaCl、NaNO₃、NaClO₃ 三种电解液，现分别进行介绍。

◆ NaCl 电解液

NaCl 电解液中含有活性 Cl^- 离子，阳极工件表面不易生成钝化膜，所以具有较大的蚀除速度，而且没有或很少有析氧等副反应，电流效率高，加工表面粗糙度值也小。NaCl 是强电解质，导电能力强，而且适用范围广，价格便宜，所以是应用最广泛的一种电解液。

NaCl 电解液的蚀除速度高，但其杂散腐蚀也严重，故复制精度较差。NaCl 电解液的质量分数常在 20% 以内，一般为 14%～18%，当要求较高的复制精度时，可采用较低的质量分数(5%～10%)，以减少杂散腐蚀。常用的电解液温度为 25～35℃，但加工钛合金时，必须在 40℃ 以上。

◆ NaNO₃ 电解液

NaNO₃ 电解液是一种钝化型电解液，其阳极极化曲线如图 4-9 所示。在曲线 AB 段，电流密度随阳极电位升高而增大，符合正常的阳极溶解规律。至 BC 段，由于钝化膜的形成，使电流密度 i 急剧减小，至 C 点时，金属表面进入钝化状态。在 CD 段，阳极表面处于钝态，阳极溶解速度极小。至 D 点后，钝化膜开始破坏，电流密度又随电位的升高而迅速增大，金属表面进入超钝化状态。

如果在电解加工时，工件的加工区处于超钝化状态，非加工区由于其阳极电位较低处于钝化状态而受到钝化膜的保护，就可以减少杂散腐蚀，提高加工精度。图 4-10(a)、(b) 所示即为分别采用 NaCl 电解液与 NaNO₃ 或 NaClO₃ 电解液加工时，成型精度的对比情况。

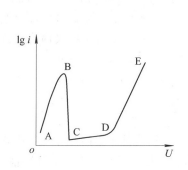

图 4-9　铜在 NaNO₃ 电解液中的极化曲线

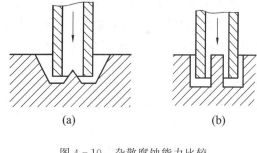

(a)　　　　　　　　　(b)

图 4-10　杂散腐蚀能力比较
(a) 采用 NaCl 电解液；
(b) 采用 NaNO₃ 或 NaClO₃ 电解液

图 4-11 所示是质量分数为 5% 的 NaNO₃ 电解液加工内孔所用阴极及加工结果。阴极工作圈高度为 1.2 mm，其凸起为 0.58 mm，加工的孔没有锥度，当侧面间隙达 0.78 mm 时，侧面即被保护起来，此临界间隙称为"切断间隙"，以 Δa 表示。此时的电流密度 i_a 称为"切断电流密度"。

NaNO₃ 和 NaClO₃ 电解液为什么具有"切断间隙"的特性？这是由于它们是钝化性电解液的缘故。当阳极表面形成钝化膜后，虽有电流通过，但阳极并不溶解，此时电流效率 $\eta=0$。只有当加工间隙小于"切断间隙"时，也即电流密度大于"切断电流密度"时，钝化膜才被破坏，从而工件被蚀除。图 4-12 所示为三种常用电解液 η 与 i 的关系曲线。从图中可以看出，NaCl 电解液电流效率接近于 100%，故又称为活性电解液或线性电解液；NaNO₃ 或

$NaClO_3$ 电解液的 η 与 i 的关系是曲线,当电流密度小于 i_a 时,电解作用停止,故又称为钝性或非线性电解液。

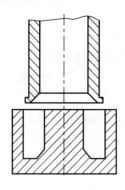

图 4-11　电解液的成型精度

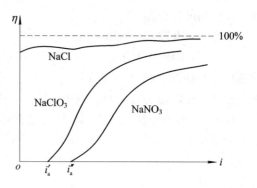

图 4-12　三种电解液的 η—i 曲线

$NaNO_3$ 电解液在质量分数为 30% 以下时,有比较好的非线性性能,成型精度高,而且对设备腐蚀性小,使用安全,价格也不高(为 $NaCl$ 的一倍)。它的主要缺点是电流效率低,生产率也低。另外,加工时在阴极上有氨气析出,所以 $NaNO_3$ 会有所消耗。

◆ $NaClO_3$ 电解液

$NaClO_3$ 电解液散蚀力小,加工精度高。据有关资料介绍,当加工间隙达 1.25 mm 以上时,阳极溶解几乎完全停止,且有较小的表面粗糙度值。$NaClO_3$ 电解液在 20℃ 时溶解度达 49%(此时 $NaCl$ 为 26.5%),因而导电能力强,可达到与 $NaCl$ 电解液相近的生产率。另外,它对设备的腐蚀作用很小。但不足的是其价格较贵(为 $NaCl$ 的 5 倍),而且由于它是一种强氧化剂,使用时要注意防火安全。同时在加工过程中,要注意 Cl^- 离子浓度的变化。

几种常用电解液都有一定的局限性。为此,可在电解液中使用添加剂来改善电解液的性能。如为了减小 $NaCl$ 电解液的散蚀能力,可加入少量磷酸盐,使阳极表面产生钝化性抑制膜,以提高成型精度;为提高 $NaNO_3$ 电解液的生产率,可添加少量 $NaCl$ 和 Na_2SO_4;为改善加工表面质量,可添加络合剂、光亮剂等,如添加少量 NaF,可改善表面粗糙度;为减轻电解液的腐蚀性,可以采用缓蚀添加剂等。

3) 电解液参数对加工过程的影响

电解液的参数除成份外,还有浓度、温度、PH 值及粘度等,它们对加工过程均有显著影响。在一定范围内,电解液的浓度越大,温度愈高,则其电导率也愈高,蚀除能力更强。表 4-3 所示为不同浓度、温度时三种常用电解液的电导率。

表 4-3　常用电解液的电导率 $(1/\Omega \cdot cm)$

电导率　　名称　　质量分数	NaCl				NaNO₃				NaClO₃			
温度/℃	30	40	50	60	30	40	50	60	30	40	50	60
5%	0.083	0.099	0.115	0.132	0.054	0.064	0.074	0.085	0.042	0.050	0.058	0.056
10%	0.151	0.178	0.207	0.237	0.095	0.115	0.134	0.152	0.076	0.092	0.106	0.122
15%	0.207	0.245	0.285	0.328	0.130	0.152	0.176	0.203	0.108	0.128	0.151	0.174
20%	0.247	0.295	0.343	0.393	0.162	0.192	0.222	0.252	0.133	0.158	0.184	0.212

　　电解液温度不宜超过 60℃，一般在 30～40℃ 范围内较为有利。NaCl 电解液的质量分数常为 10%～15%，一般不超过 20%，当加工精度要求较高时，常小于 10%。NaNO₃ 电解液的质量分数一般在 20% 左右，而 NaClO₃ 电解液的质量分数常为 15%～35%。表4－4所示为常见金属材料所用电解液配方及电参数。

表 4 - 4　电解液配方及电参数

加 工 材 料	电解液配方（质量分数）	电压/V	电流密度/(A·cm⁻²)
各种碳钢、合金钢、耐热钢、不锈钢等	(1) NaCl 10%～15%	5～15	10～200
	(2) NaCl 10%＋NaNO₃ 25%	10～15	10～150
	(3) NaCl 10%＋NaNO₃ 30%		
硬质合金	NaCl 15%＋NaOH 15%＋酒石酸 20%	15～25	50～100
铜、黄铜、铜合金、铝合金等	NH₄Cl 18% 或 NaNO₃ 12%	15～25	10～100

　　加工过程中，电解液浓度和温度的变化将直接影响到加工精度的稳定性。因此在要求达到较高加工精度时，应注意检查和控制电解液的浓度与温度，保持其稳定性。同时，还应适当控制电解液的 PH 值和粘度。

　　4) 电解液的流动对加工过程的影响

　　加工过程中，电解液必须具有足够的流速，以便及时将氢气、金属氢氧化物等电解产物和加工区的大量热量带走。电解液的流速一般为 10 m/s 左右，电流密度增大时，流速要相应增加。改变流速可通过调节电解液泵的出水压力来实现。

　　电解液的流向有三种形式，即正向流动、反向流动和横向流动，如图 4-13 所示。三种形式各有特点，选择时应根据工件具体几何形状和加工要求来确定。从流动均匀性、加工稳定性、表面粗糙度及加工间隙考虑，反向流动与横向流动形式要优于正向流动。一般较复杂的型孔、型腔型面可采用反向流动法；长方形浅型腔、流线型加工面可采用横向流动法。

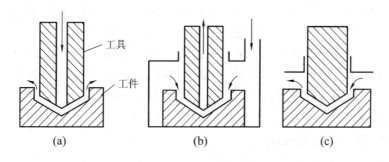

图 4-13　电解液的流向
(a) 反向流动；(b) 正向流动；(c) 横向流动

　　电解液流场的均匀性对电解加工也有较大影响。所谓流场均匀性，是指加工表面各处流量充足、均匀，不发生流线相交和其他流场缺陷，如空穴现象、分离现象等。加工间隙内能否获得均匀的流场，与阴极出水口的布局有密切关系。

如图 4-14 所示，图 4-14(a)会出现流线分布不到的死水区(图中以＋号表示)，该处没有或很少有电解液流过，工件相应部位溶解速度将低于其他部位，加工时就容易产生火花或短路。如按图 4-14(b)所示对出液槽做适当修改，就可纠正这一缺点，从而当电解液作反向流动时，不易产生缺乏流体的死水区。

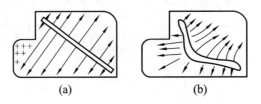

(a)　　　　　　　　　(b)

图 4-14　出水口布局对流场的影响

无论是正向还是反向流动，流线在端面间隙内相交而夹角等于或小于 90° 时，则正向流动接近出液槽处的流体或反向流动接近端面边缘的流体将受到抑制，使流速下降或不流动，而该区域的温度和氢气将因此上升，使溶解速度下降，如图 4-15(a)、(c)所示。严重时会明显降低阴极端面复印精度。若改变出液槽的形状或增加一条回流槽就可消除这种死水区，如图 4-15(b)、(d)所示。

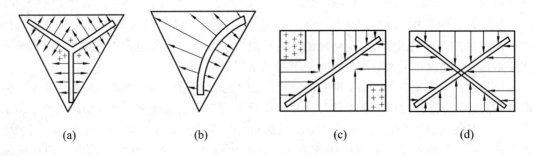

(a)　　　　　(b)　　　　　(c)　　　　　(d)

图 4-15　流线夹角小于 90° 时形成死水区
(a)、(b) 反向流动；(c)、(d) 正向流动

出水口的形状一般为窄槽和孔两类，其布局应根据所加工型腔的结构来考虑，应尽可能使流场均匀，避免产生死水区。目前，型腔加工主要采用窄槽供液方式，而电解液供应不足的加工区，则采用增液孔的方式来增补其供液不足。对筒形零件，如圆孔、花键、膛线等电解加工，仍采用喷液孔供液。另外，控制流场的方法还有面积控制法(使进液面积略大于排液面积)、外压控制法(即背压法，在排液端增加出口压力)以及分区供液法(即对于复杂型腔，可划分成几个独立液流区域，并在相邻区域之间开设排液槽)等。

5. 电解加工的基本工艺规律

1) 生产率及其影响因素

电解加工的生产率是以单位时间内被电解蚀除的金属量来衡量的，用 mm^3/min 或 g/min 表示。影响生产率的因素有工件材料的电化学当量、电流密度、电解液及电极间隙等。

◆ 金属的电化学当量和生产率的关系

由生产实践和科学实验得知，电解时电极上溶解或析出物质的量(质量 m 或体积 V)，

与电解电流 I 和电解时间 t 成正比，亦即与电荷量（$Q=It$）成正比，其比例系数称为电化学当量。这一规律即法拉第电解定律，用下式表示：

$$\begin{cases} m = KIt \\ V = \omega It \end{cases}$$

式中：

m——电极上溶解或析出物质的质量，单位为 g。

V——电极上溶解或析出物质的体积，单位为 mm^3。

K——被电解物质的质量电化学当量，单位为 $g/(A \cdot h)$。

ω——被电解物质的体积电化学当量，单位为 $mm^3/(A \cdot h)$。

I——电解电流，单位为 A。

t——电解时间，单位为 h。

K 与 ω 的关系为

$$K = \omega\rho$$

式中：

ρ——被电解物质的密度，单位为 g/mm^3。

当铁以 Fe^{2+} 溶解时，其电化学当量为

$$K = 1.042 \text{ g}/(A \cdot h)$$

或

$$\omega = 133 \text{ mm}^3/(A \cdot h)$$

亦即每安培电流每小时可电解掉 1.042 g 或 133 mm^3 的铁（铁的密度 $\rho = 7.8 \text{ g/cm}^3$）。各种常见金属的电化学当量如表 4-5 所示。对多元素合金，可以按元素含量的比例折算出电化学当量，或由实验确定。

表 4-5 一些常见金属的电化学当量表

金属名称	密度 /(g·cm⁻²)	电化学当量 K		
		/(g·(A·h)⁻¹)	/(mm³·(A·h)⁻¹)	/(mm³·(A·min)⁻¹)
铁	7.86	1.042(二价)	133	2.22
		0.696(三价)	89	1.48
镍	8.80	1.095	124	2.02
铜	8.93	1.188(二价)	133	2.22
钴	8.73	1.099	126	2.10
铬	6.9	0.648(三价)	94	1.56
		0.324(六价)	47	0.78
铝	2.69	0.335	124	2.07

法拉第电解定律可用来根据电荷量计算任何被电解金属或非金属的蚀除量，并在理论上不受电解液浓度、温度、压力、电极材料及形状等因素的影响。但在实际电解加工时，某些情况下，在阳极上还可能出现其他反应，如氧气或氯气的析出，或有部分金属以高价离

子溶解,从而额外地多消耗一些电荷量,所以被电解掉的金属会小于所计算的理论值。为此,引入电流效率 η:

$$\eta = \frac{\text{实际金属蚀除量}}{\text{理论计算蚀除量}} \times 100\%$$

实际蚀除量为

$$m = \eta K I t$$
$$V = \eta \omega I t$$

正常电解时,对于 NaCl 电解液,阳极上析出气体的可能性不大,所以 η 常接近于 100%。但有时 η 却会大于 100%,这是由于被电解的金属材料中含有碳、Fe_3C 等难电解的微粒或产生了晶间腐蚀,在合金晶粒边缘先电解,高速流动的电解液把这些微粒成块冲刷脱落下来,从而节省了一部分电解电荷量。

◆ 电流密度和生产率的关系

$$I = iA$$

式中:

I——加工电流。

i——电流密度。

A——加工面积。

$$V = \omega i A t \eta$$

生产中常用垂直于表面方向的蚀除速度来衡量生产率。由图 4-16 可知:

$$V = Ah$$

故阳极金属的蚀除速度为

$$v_a = \frac{h}{t} = \eta \omega i \qquad\qquad (4-1)$$

式中:

v_a——金属阳极的蚀除速度。

i——电流密度(A/cm^2)。

由上式可知,蚀除速度与该处的电流密度成正比。电解加工的平均电流密度约为 $10 \sim 100\ A/cm^2$,当电解液压力和流速较高时,可以选用较高的电流密度。但电流密度过高,将会出现火花放电,析出氯、氧等气体,并使电解液温度过高,甚至在间隙内会造成沸腾汽化而引起局部短路。

◆ 电极间隙大小和蚀除速度的关系

从实际加工中可知,电极间隙愈小,电解液的电阻也愈小,电流密度就愈大,因此蚀除速度就愈高。图 4-16 中,设电极间隙为 Δ,电极面积为 A,电导率为 σ,则电流 I 为

$$I = \frac{U_R}{R} = \frac{U_R \sigma A}{\Delta} \qquad (4-2)$$

$$i = \frac{I}{A} = \frac{U_R \sigma}{\Delta} \qquad (4-3)$$

将(4-3)式代入(4-1)式中,得

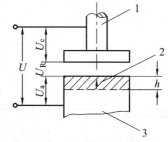

1—阴极工具;2—蚀除速度 v_a;3—工件

图 4-16　蚀除过程示意图

$$v_a = \eta \omega \sigma \frac{U_R}{\Delta} \qquad\qquad (4-4)$$

式中：

σ——电导率，单位为 $1/(\Omega \cdot mm)$。

U_R——电解液的欧姆电压，单位为 V。

Δ——加工间隙，单位为 mm。

外接电源电压 U 为电解液的欧姆电压 U_R、阳极电压 U_a 与阴极电压 U_c 之和，即

$$U = U_R + U_c + U_a$$

所以

$$U_R = U - (U_a + U_c)$$

由于阳极电压(即阳极电极电位与超电位之和)及阴极电压(即阴极电极电位与超电位之和)的数值一般约为 $2 \sim 3$ V(加工钛合金时还要大些)，因此为简化计算，可按

$$U_R = U - 2$$

或

$$U_R \approx U$$

计算。

式(4-4)说明蚀除速度与 η、ω、σ、U_R 成正比，而与 Δ 成反比，即电极间隙愈小，工件被蚀除的速度愈大。但间隙过小将引起火花放电或电解产物，特别是氢气排泄不畅，反而降低蚀除速度或易被脏物堵死而引起短路。当电解液参数、工件材料、电压等均保持不变时，即 $\eta\omega\sigma U_R = C$(常数)时，则

$$v_a = \frac{C}{\Delta} \qquad\qquad (4-5)$$

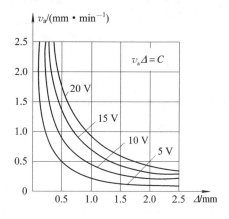

v_a 与 Δ 的双曲线关系是分析间隙大小和蚀除速度关系规律的基础。图 4-17 所示为不同电压时 v_a 与 Δ 间的双曲线关系图。

当用固定式阴极电解扩孔或抛光时，可通过对式(4-4)的积分推导，求出电解时间 t 和加工间隙 Δ 的关系：

$$\Delta = \sqrt{2\eta\omega\sigma U_R t + \Delta_0^2} \qquad (4-6)$$

图 4-17　v_a 与 Δ 间的双曲线关系

式中：Δ_0——起始间隙。

2) 电解加工的成型规律及加工精度

加工精度是指零件加工后的几何参数(尺寸、几何形状及相互位置)与理想零件几何参数相符合的程度。它们之间的差异即为加工误差。影响电解加工精度的误差有电解加工机床误差、工件装夹误差、调整误差、测量误差和电解加工过程误差等。这里着重分析与电解加工过程本身有关的加工精度问题。电解加工精度主要取决于阴极的型面精度、复制精度以及重复精度。阴极的型面精度包括设计精度和制造精度，通常阴极设计、制造误差均应小于工件公差的 1/4。复制精度是指加工出的形状和尺寸与阴极形状和尺寸相符合的程度。研究复制精度实质上是研究工件与阴极工具之间间隙分布的规律。各处加工间隙的大

小和均匀程度直接影响电解加工的复制精度。重复精度是指用同一个工具阴极加工一批工件的形状和尺寸的一致性。加工间隙(一般是指最终间隙)的稳定性直接影响电解加工的重复精度。

因此,加工间隙的状态直接影响电解加工精度。电解加工时,按测量方向可将加工间隙分为端面间隙、法向间隙和侧面间隙。加工时,工具阴极的进给速度往往影响到加工间隙大小,即影响着工件尺寸和成型精度,有必要作进一步的分析。

◆ 端面平衡间隙

如图 4-18 所示,设加工起始间隙为 Δ_0,如果阴极固定不动,加工间隙 Δ 将按(4-5)式的规律逐渐增大,蚀除速度将按(4-5)式的规律逐渐减小。如果阴极以恒定速度 v_c 向工件进给,则加工间隙逐渐减小,而蚀除速度将按(4-5)式的双曲线关系相应增大。当工件的蚀除速度 v_a 与阴极的进给速度 v_c 相等时,两者将达到动态平衡。此时的加工间隙将稳定不变,称之为端面平衡间隙 Δ_b,由(4-5)式可直接导出 Δ_b 的计算公式,即当 $v_a = v_c$ 时,$\Delta = \Delta_b$ 代入(4-5)式得端面平衡间隙 Δ_b 为

$$\Delta_b = \eta \omega \sigma \frac{U_R}{v_c}$$

可见,当阴极进给速度 v_c 较大时,达到平衡时,间隙 Δ_b 较小,在一定范围内它们成双曲线反比关系,能互相平衡补偿。当然,v_c 不能无限增加,因为当 v_c 过大时,Δ_b 过小,将引起局部堵塞,造成火花放电或短路。端面平衡间隙一般为 $0.12 \sim 0.8$ mm,比较合适的为 $0.25 \sim 0.3$ mm。实际上的端面平衡间隙主要决定于选用的电压和进给速度。由于平衡间隙的变化,最终导致重复精度的下降,因此现代电解加工机床均具有直接控制各项主要参数恒定的自动控制系统。

端面平衡间隙 Δ_b 是指当加工过程达到稳定时的加工间隙。在此以前,加工间隙处于由起始间隙 Δ_0 向 Δ_b 过渡的状态,如图 4-19 所示。Δ_0 与 Δ_b 差别愈大,v_c 愈大,此过渡时间就愈长。然而,实际加工时间决定于加工深度及进给速度,不能拖延很长,因此,加工结束时的加工间隙 Δ 和端面平衡间隙 Δ_b 不一定相同,往往是 Δ 大于 Δ_b。

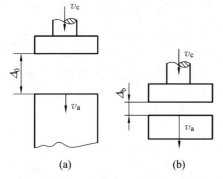

v_a—阳极工件蚀除速度;v_c—阴极工具进给速度;
Δ_0—起始间隙;Δ_b—平衡间隙

图 4-18　加工间隙变化过程

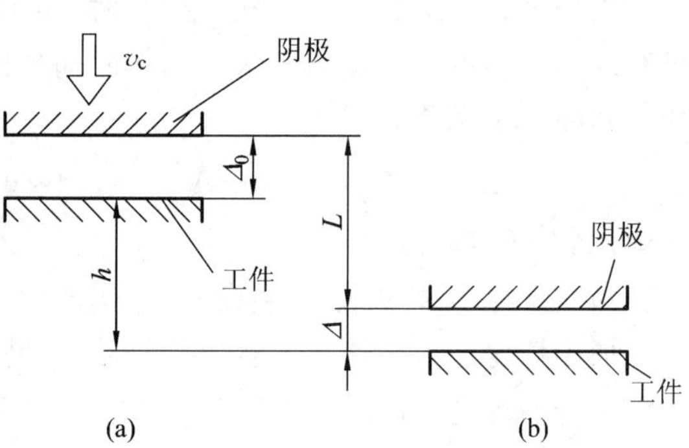

图 4-19　加工间隙的变化
(a) 起始状态;(b) 经过 t 时间后

◆ 法向平衡间隙

上述端面平衡间隙 Δ_b 是垂直于进给方向的阴极端面与工件间的间隙。若工具的端面

不与进给方向垂直而成一斜角 θ，如图 4 - 20 所示，则倾斜部分各点的法向进给分速度 v_n 为

$$v_n = v_c \cos\theta$$

将上式代入(4 - 15)式即得法向平衡间隙：

$$\Delta_n = \eta\omega\sigma \frac{U_R}{v_c \cdot \cos\theta} = \frac{\Delta_b}{\cos\theta}$$

由此可见，法向平衡间隙 Δ_n 比 Δ_b 大 $1/\cos\theta$。

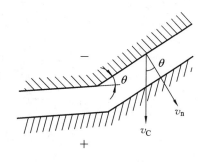

图 4 - 20　法向进给进度及法向间隙

实际上，倾斜底面在进给方向的加工间隙往往并未达到平衡间隙 Δ_b 值，底面愈倾斜，即 θ 角越大，计算出的 Δ_n 值与实际值的偏差也愈大，因此，只有当 $\theta \leqslant 45°$ 且精度要求不高时，方可采用此式。当底面较倾斜，即 $\theta > 45°$ 时，应按侧面间隙计算，并作适当修正。

◆ 侧面间隙

当电解加工型孔时，决定尺寸和精度的是侧面间隙 Δ_s。若电解液为 NaCl，阴极侧面不绝缘，则工件型孔侧壁始终处在被电解状态，势必形成"喇叭口"。在图 4 - 21(a)中，设相应于某进给深度 $h = vt$ 处的 $\Delta_s = x$，由式(4 - 4)可知，该处在 x 方向的蚀除速度为 $\eta\omega\sigma U_R/x$，经时间 dt 后，该处间隙 x 将产生一个增量 dx：

$$dx = \frac{\eta\omega\sigma U_R}{x} dt$$

将上式积分得

$$\int x\, dx = \int \eta\omega\sigma U_R\, dt$$

即

$$\frac{x^2}{2} = \eta\omega\sigma U_R t + C$$

当 $t \to 0$ 时(即 $h = vt \to 0$ 时)，$x = x_0$（x_0 为底侧面起始间隙），则 $C = \dfrac{x_0^2}{2}$，所以

$$\frac{x^2}{2} = \eta\omega\sigma U_R t + \frac{x_0^2}{2}$$

因为 $h = v_0 t$，所以 $t = \dfrac{h}{v_0}$，将之代入上式得

$$\Delta_s = x = \sqrt{\frac{2\eta\omega\sigma U_R}{v_c}h + x_0^2} = \sqrt{2\Delta_b h + x_0^2} \tag{4 - 7}$$

当工具底侧面处的圆角半径很小时，$x_0 = \Delta_b$，故(4 - 7)式可以写为

$$\Delta_s = \sqrt{2\Delta_b h + \Delta_b^2} = \Delta_b \sqrt{\frac{2h}{\Delta_b} + 1} \tag{4 - 8}$$

上两式说明，当阴极工具侧面不绝缘时，侧面任一点的间隙将随工具进给深度 $h = v_c t$ 而变化，且为一抛物线关系，因此，加工好的侧面为一抛物线状的喇叭口。如果阴极侧面改为如图 4 - 21(b)所示那样进行绝缘，只留一高度为 b 的工作圈，则在工作圈以上的侧面不再被电解，而成一直口，此时侧面间隙与工具进给量无关，仅为

$$\Delta_s = \Delta_b \sqrt{1 + \frac{2b}{\Delta_b}}$$

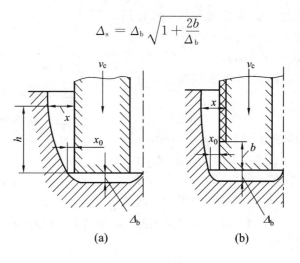

图 4 - 21　侧面间隙

◆ 平衡间隙理论的应用

以上一些初步的平衡间隙理论可以在 NaCl 电解液加工时应用:

(1) 计算加工过程中各种电极间隙,从而推算加工后工件的形状和尺寸。

(2) 根据工件的形状尺寸要求,设计工具阴极尺寸及修正量。

(3) 分析加工误差产生的主要原因。

(4) 选择合理的加工参数,如电极间隙、电源电压、进给速度等。

平衡间隙理论的最重要的应用就是设计阴极尺寸。通常,在已知工件截形的情况下,工具阴极的侧面尺寸、端面尺寸及法向尺寸均可根据端面、侧面及法向平衡理论计算出来。对于工件上的一段曲线截形,则可根据法向平衡间隙的计算公式,利用作图法将对应的工具阴极形状设计出来。这种作图设计阴极的方法称为 $\cos\theta$ 法。图 4 - 22 给出了 $\cos\theta$ 法作图的示意图。图中:

$$\overline{A_1C_1} = \Delta_b$$

$$\overline{A_1B_1} = \frac{\Delta_b}{\cos\theta_1}$$

$$\overline{A_2C_2} = \Delta_b$$

$$A_2B_2 = \frac{\Delta_b}{\cos\theta_2}$$

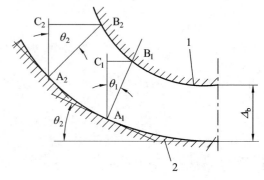

1—阴极工具; 2—工件

图 4 - 22　$\cos\theta$ 作图法设计阴极

当然,实际电解加工间隙状态比较复杂,要涉及到电化学、电场、流场等多种因素的交互影响,因而使得过程的监测与控制非常困难。不均匀的间隙分布也使得工具的正确设计变得较困难,在实际工具制造中往往要对阴极进行多次修整。为了提高工具阴极的设计精度,缩短设计、制造周期,目前已开始将阳极理论设计与实际经验相结合,研究建立阴极设计数据库和有效的阴极计算机辅助设计方法。据了解,基于数值方法的阴极 CAD 在英、美已开始得到实际应用。

◆ 影响加工间隙的其他因素

平衡间隙理论是分析各种加工间隙的基础。由平衡间隙公式可知，除阴极间隙外，尚有其他因素影响平衡间隙。

首先，电流效率 η 在电解加工过程中有可能变化。例如，工件材料成分及组织状态的不一致，电极表面的钝化和活化状况等，都会使 η 值发生变化。电解液的温度、浓度的变化不但影响到 η 值，而且将对电导率值 σ 有较大影响（见电解液一节）。

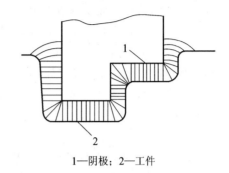

1—阴极；2—工件

图 4 - 23 尖角变圆角现象

加工间隙内工具形状，电场强度的分布状态等将影响到电流密度的均匀性，如图 4 - 23 所示。在工件的尖角处，电力线比较集中，电流密度较高，蚀除较快；而在凹角处，电力线较稀疏，电流密度较低，蚀除速度则较低，所以电解加工较难获得尖棱尖角的工件外形。另外，在设计阴极时，要考虑电场的分布状态。

电解液的流动方向对加工精度及表面粗糙度有很大影响，如图 4 - 24 所示，入口处为新鲜电解液，有较高的蚀除能力，愈近出口处则电解产物（氢气泡和氢氧化亚铁）的含量愈多，而且随着电解液压力的降低，气泡的体积越来越大，电解液的导电率和蚀除能力也越低。因而一般规律是，入口处的蚀除速度及间隙尺寸比出口处 Δ_2 大，其加工精度和表面质量也较好。

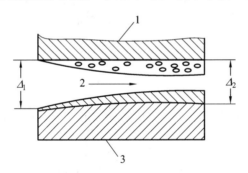

1—阴极工具；2—电解液；3—工件

图 4 - 24 电解产物对加工精度的影响

加工电压的变化直接影响到加工间隙的大小。在实际生产中，当其他参数不变时，端面平衡间隙随加工电压升高而略有增大。因此，在加工过程中，控制加工电压和稳压是很重要的事。

3）表面质量

电解加工的表面质量包括表面粗糙度和表面层的物理机械性能。正常电解加工的表面粗糙度能达到 $1.25 \sim 0.16 \ \mu m$，由于靠电化学阳极溶解去除金属，因此没有切削力和切削热的影响，不会在加工表面发生塑性变形，不存在残余应力、冷作硬化或表面烧伤等缺陷。影响表面质量的因素主要有：

（1）工件材料的合金成分、金相组织及热处理状态对表面粗糙度的影响很大。合金成分多，杂质多，金相组织不均匀，结构较疏松，结晶粗大，晶粒不一致，这些都会造成溶解速度的差别，从而影响表面粗糙度。例如，铸铁、高碳钢的表面粗糙度就较差。可采用适当的热处理，如高温均匀化退火、球化退火，使组织均匀及晶粒细化等。

（2）工艺参数对表面质量也有很大影响。一般来说，电流密度较高（>30 A/cm^2）、加工间隙较小有利于阳极的均匀溶解。电解液的流速过低时，由于电解产物排出不及时，氢气泡的分布不均，或由于加工间隙内电解液的局部沸腾化等，易造成表面缺陷。电解液流速过高，有可能引起流场不均，局部形成真空而影响表面质量。电解液的温度过高，会引起阳极表面的局部剥落而造成表面缺陷；温度过低时，钝化较严重，也会引起阳极表面不均匀溶解或形成黑膜。加工钛合金或纯钛时，电解液温度需 $40°$ 以上，平均电流密度需 20 A/cm^2 以上。

（3）阴极表面条纹、刻痕等都会相应地复印到工件表面，所以应注意保证阴极表面的粗糙度要求。阴极上喷液口的设计和布局也是极为重要的，如果设计不合理，流场不均匀，就可能使局部电解液供应不足而引起短路，有时还会引起流纹等弊病。阴极进给不均时，会引起横向条纹。

此外，为保证表面质量，工件表面必须除油去锈，电解液必须沉淀过滤，不含固体颗粒杂质。

6. 提高电解加工精度的途径

1）脉冲电流电解加工

采用脉冲电流电解加工是近年来发展起来的新方法，可以明显地提高加工精度、表面质量和稳定性，在生产中已实际应用并正日益得到推广。脉冲电解加工系统示意图如图 4-25 所示。

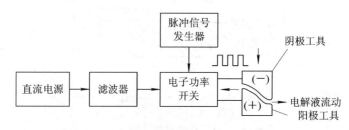

图 4-25　脉冲电解加工系统示意框图

采用脉冲电流电解加工能够提高加工精度的原因是：

（1）它能消除加工间隙内电解液电导率的不均匀化。加工区内阳极溶解速度不均匀是产生加工误差的根源。由于阴极析氢的结果，在阴极附近将产生一层含有氢气气泡的电解液层，由于电解液的流动，氢气气泡在电解液内的分布是不均匀的。在电解液入口处的阴极附近，几乎没有氢气气泡，而远离电解液入口处的阴极附近，电解液中所含氢气气泡非常多。这种结果将对电解液流动的速度、压力、温度和密度的特性有很大影响。这些特性的变化又集中反映在电解液电导率的变化上，造成工件各处电化学阳极溶解速度不均匀，从而形成加工误差。采用脉冲电流电解加工就可以在两个脉冲间隔时间内，通过电解液的流动与冲刷，使间隙内电解液的电导率分布基本均匀。

(2) 脉冲电流电解加工使阴极在电化学反应中析出的氢气是断续的，呈脉冲状，从而可以对电解液起搅拌作用，有利于电解产物的去除，提高电解加工精度。

为了充分发挥脉冲电流电解加工的优点，有人采用脉冲电流同步振动进给电解加工。其原理是在阴极上，与脉冲电流同步施加一个机械振动，即当两电极间隙最近时进行电解，当两电极距离增大时停止电解而进行冲液，从而改善了流场特性，使脉冲电流电解加工更日臻完善。还有人研究采用高频窄脉冲电流电解加工技术，加工间隙可缩小到 0.5 mm 以内，加工精度可提高到 0.05 mm 以内，棱边圆弧半径 r 可小于 0.10 mm，较好地满足了中、小件精密加工的需要。

2) 小间隙加工

由 (4−5) 式可知，工件材料的蚀除速度 v_a 与加工间隙 Δ 成反比，C 为常数（此时工件材料、电解液参数、电压均保持稳定）。

实际加工中，由于余量分布不均以及加工前零件表面微观不平度等的影响，各处的加工间隙是不均匀的。以图 4−26 中用平面阴极加工平面为例来分析。设工件最大的平直度为 δ；则凸出部位的加工间隙为 Δ；设其蚀除速度为 v_a；低凹部位的加工间隙为 $\Delta+\delta$；设其蚀除速度为 v_a'。按 (4−5) 式，有

$$v_a = \frac{C}{\Delta}$$

$$v_a' = \frac{C}{\Delta+\delta}$$

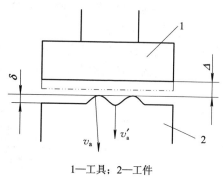

1—工具；2—工件

图 4−26 余量不均匀时电解加工示意图

两处蚀除速度之比为

$$\frac{v_a}{v_a'} = \frac{\dfrac{C}{\Delta}}{\dfrac{C}{\Delta+\delta}} = \frac{\Delta+\delta}{\Delta} = 1 + \frac{\delta}{\Delta}$$

如果加工间隙 Δ 小，则 $\dfrac{\delta}{\Delta}$ 的比值增大，凸出部位的去除速度将大大高于低凹处，提高了整平效果。由此可见，加工间隙愈小，愈能提高加工精度。对侧面间隙的分析也可得出相同结论。由 (4−8) 式得

$$\Delta_s = \sqrt{2h\Delta_b + 2\Delta_b^2}$$

可知，侧面间隙 Δ_s 随加工深度 h 的变化而变化，间隙 Δ_b 愈小，侧面间隙 Δ_s 的变化也愈小，孔的成型精度也愈高。

可见，采用小间隙加工对提高加工精度和生产率都是有利的。但间隙愈小，对液流的阻力愈大，电流密度大，间隙内电解液温升快，温度高，电解液的压力需很高，因此间隙过小容易引起短路。所以，小间隙电解加工的应用受到机床刚度、传动精度、电解液系统所能提供的压力、流速以及过滤情况的限制。

3) 改进电解液

除了前面已提到的采用钝化性电解液，如 $NaNO_3$、$NaClO_3$ 等外，正在进一步研究采用复合电解液，主要是在氯化钠电解液中添加其他成分，既保持 NaCl 电解液的高效率，又提高加工精度。例如，在 NaCl 电解液中添加少量 Na_2MoO_4、$NaWO_4$，两者都添加或单独

添加，质量分数共为 $0.2\%\sim3\%$，加工铁基合金具有较好的效果。采用 NaCl $15\%\sim$ $20\%+CoCl_2\ 0.1\%\sim2\%+H_2O$ 的电解液（指质量分数），可在相对于阴极的非加工表面形成钝化层或绝缘层，从而避免杂散腐蚀。

采用低浓度电解液，加工精度可显著提高。例如，对于 $NaNO_3$ 电解液形成的钝化层或绝缘层，可避免杂散腐蚀。过去常用的电解液质量分数为 $20\%\sim30\%$。如果采用 $NaNO_3$ 4% 的低质量分数电解液加工压铸模时加工表面质量良好，间隙均匀，复制精度高，棱角很清，侧壁基本垂直，垂直面加工后的斜度小于 $1°$；加工球面凹坑时，可直接采用球面阴极，加工间隙均匀，因而可以大大简化阴极设计。采用低质量分数电解液的缺点是效率较低，加工速度不能很快。

4）混气电解加工

混气电解加工是指在电解液中均匀混入一定量的气体，供所形成的气泡提高加工稳定性和精度的电解加工。经生产应用，混气电解加工可适应较高精度工件的成型加工及简化工具电极的设计制造。

◆ 混气电解加工的基本原理

混气电解加工是将一定压力的气体（一般是压缩空气，也可采用二氧化碳或氮气等），经气道进入气液混合腔（又叫雾化器）内，与电解液混合（如图 4-27 所示），使电解液成为含有无数气泡的气液混合物，并进入加工间隙进行电解加工。

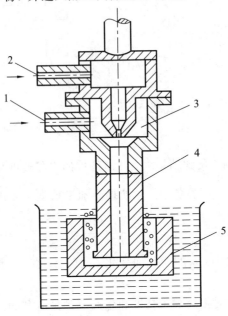

1—电解液；2—压缩空气（氮气或二氧化碳）；
3—气液混合腔；4—工件阳极；5—工具阴极

图 4-27　混气电解加工示意图

◆ 混气电解加工的特点

（1）电解液中混入气体的作用。电解液中混入气体后，增加了电解液的电阻率，减少了杂散腐蚀，使电解液向非线性方向转化。间隙内的电阻率随着压力的变化而变化，一般间隙小处压力高，气泡体积小，电阻率较低，电解作用强；间隙大处刚好相反，电解作用弱。图 4-28 所示为带有抛光圈的阴极电解加工孔时的情况，间隙 Δ_s' 内的电阻比 Δ_s 内的电阻大得多，电流密度迅速下降。当间隙 Δ_s' 增大到一定数值时，就可能停止侧壁处的电解作用，所以混气电解加工存在着切断间隙。加工孔时的切断间隙约为 0.85～1.3 mm。同时，混气电解加工减小了电解液的密度和粘度，增加了流速，消除了死水区，使流场均匀；高速流动的微细气泡起搅拌作用，有效减轻浓差极化，保证加工间隙内电流密度分布趋于均匀。

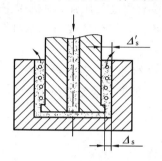

图 4-28　混气电解加工型孔

（2）气液混合比。气液混合比是指混入电解液的空气流量与电解液流量之比。由于气体体积随压力而变化，因此在不同压力下，气液混合比不同。常用标准状态时（一个大气压，20℃）的气液混合比用下式来计算：

$$Z = \frac{q_g}{q_1}$$

式中：

q_g——气体流量（指标准状态），单位为 m^3/h。

q_1——电解液流量，单位为 m^3/h。

一般气液混合比愈高，电解加工"非线性"性能就会愈好。但气液混合比过高，其"非线性"性能改善极微，而含气量过大，间隙电阻过大，电解作用太弱还会产生短路火花。

气压范围一般为工厂实际提供的 0.4～0.45 MPa，且要保持压力稳定。液压则根据混合腔的结构以稍低于气压 0.05 MPa 为宜，以免汽水倒灌。

（3）混气电解加工的工艺特性。与普通电解加工相比，采用混气电解加工的加工精度高，重复精度达 ±0.05～±0.15 mm，杂散腐蚀小，表面粗糙度值小，加工圆角半径小。采用 $NaNO_3$ 电解液和复合电解液进行混气电解加工时，则加工精度更高。

混气电解加工生产率较不混气时降低 1/3～1/2，且需专门的供气系统。

由于混气电解加工的加工间隙小而均匀，因此工具阴极的外形尺寸可按工件的相应尺寸作大致均匀的缩小，不必进行复杂的计算和修整。对于批量较大的工件，如叶片或锻模，可直接利用"反拷"法制造工具阴极，从而大大简化了工具阴极的设计和制造。

7. 电解加工的基本设备

电解加工的基本设备主要包括直流电源、机床、电解液系统和自动控制系统等。

1）直流电源

常用的直流电源为硅整流电源及晶闸管整流电源。硅整流电源中先用变压器把 380 V 的交流电变为低电压的交流电，而后再用大功率硅二极管将交流电整成直流。在脉冲电流电解加工时，需采用晶闸管脉冲电源。

电源输出电压一般为 8～24 V，无级可调，加工电流达几千安培至几万安培，并设有火花和短路过载保护线路。

2）机床

电解加工机床是用来安装夹具、工件(阳极)与工具(阴极)，实现其相对运动，并接通直流电源和电解液系统的。对电解加工机床有如下要求：

(1) 具有足够的刚性。电解液有很高的压强，对机床主轴、工作台有很大的作用力，一般可达 20～40 kN。若机床刚性不足，就会造成机床部件的过大变形，改变工具阴极和工件的相对位置，甚至造成短路烧伤。

(2) 工具电极应具有稳定的进给速度。若进给速度不稳定，轻则影响加工精度，重则影响加工的顺利进行。一般进给速度变化量要求小于 5%，爬行量＜0.03 mm。

(3) 具有良好的精度。

(4) 防腐绝缘性能好。

(5) 采取必要的安全保护措施。

电解加工过程中将产生大量氢气，若不能迅速排除，就有可能因火花短路等而引起氢气爆炸，必须采取相应的排氢防爆措施。如果采用混气加工，则有大量雾气逸出，必须设置排气装置，以免污染工作环境。

另外，在电解加工机床设计方面，目前大多采用伺服电机或直流电机无级调速进给系统，容易实现自动控制；广泛采用滚珠丝杠传动，用滚动导轨代替滑动导轨，以防止低速时发生爬行现象，易腐蚀部分采用不锈钢台面、花岗石、耐蚀水泥导轨或采用牺牲阳极的阴极保护法等。

3）电解液系统

电解液系统主要由泵、电解液槽、过滤装置、管道和各种阀组成，如图 4-29 所示。

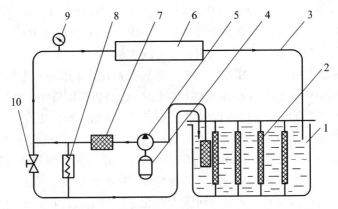

1—电解液槽；2—过滤网；3—管道；4—泵用电机；5—离心泵；
6—加工区；7—过滤器；8—安全阀；9—压力表；10—阀门

图 4-29　电解液系统示意图

目前，电解液泵大多采用密封和防腐性能较好的多级离心泵。电解液的净化方法可采用自然沉淀法、离心过滤法和介质过滤法等，参见表 4-6。

表 4-6 三种电解液过滤方法的对比

过滤方法	过滤原理	特 点
自然沉淀法	电解液在大容量的水池中自然沉淀、定期清理	简单、投资小、维护方便,但占地面积大,清理时电解液损耗大、过滤时间长
离心过滤法	采用高速旋转离心机,分离电解产物	净化效果好、速度快、电解液损耗小,但设备复杂、维护不便
介质过滤法	电解液在压力下通过微孔管或滤布等介质,使电解产物分离	净化效果好、电解液损耗小,但易堵塞、装置较复杂、维护不便

4) 自动控制系统

电解加工设备的自动控制系统由 CNC 控制、单参数恒定控制及多参数自适应控制、保护连锁控制三部分组成。

5) 其他方面

夹具和工具应具有足够的刚度,正确和可靠的定位装夹方式以及良好、可靠的耐腐、绝缘措施等。

8. 电解加工的应用

我国自 1958 年在膛线加工方面成功地采用了电解加工工艺并正式投产以来,电解加工工艺的应用有了很大发展,逐渐在各种膛线、花键孔、深孔、内齿轮、链轮、叶片、异形零件及模具等方面获得了广泛的应用。

1) 深孔扩孔加工

深孔扩孔加工按阴极的运动形式可分为固定式和移动式两种。

固定式即工件和阴极间没有相对运动,如图 4-30 所示。固定式深孔扩孔加工的优点:一是设备简单,只需一夹具来保持阴极与工件的同心及起导电和引进电解液的作用;二是由于整个加工面同时电解,因此生产率高;三是操作简单。缺点是阴极要比工件长一些,所需电源的功率较大;电解液在进、出口处的温度及电解产物含量等都不相同,容易引起加工表面粗糙度和尺寸不均匀现象;当加工表面过长时,阴极刚度不足。

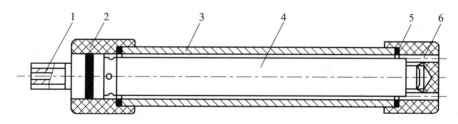

1—电解液入口;2—绝缘定位套;3—工件;4—工具阴极;5—密封垫;6—电解液出口

图 4-30 固定式阴极深孔扩孔原理图

移动式加工通常是将零件固定在机床上,阴极在零件内孔做轴向运动,多采用卧式。移动式阴极较短,精度要求较低,制造容易,可加工任意长度的工件而不受电源功率的限制。但它需要有效长度大于工件长度的机床,同时工件两端由于加工面积不断变化而引起电流密度变化,故出现收口和喇叭口,需采用自动控制。

　　阴极设计应结合工件的具体情况，尽量使加工间隙内各处的流速均匀一致，避免产生涡流及死水区。扩孔时如果设计成圆柱形阴极，则由于实际加工间隙沿阴极长度方向变化，结果越靠近后段流速越小。如设计成圆锥阴极，则加工间隙基本上是均匀的，因而流场也均匀，效果较好，如图 4-31 所示。为使流场均匀，在液体进入加工区以前以及离开加工区以后，设置导流段，避免流场在这些地方发生突变而造成涡流。

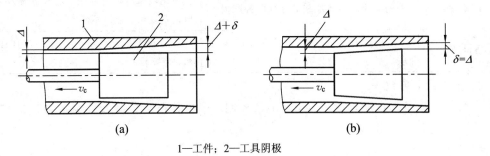

1—工件；2—工具阴极

图 4-31　移动式阴极深孔扩孔示意图

　　实际深孔扩孔用的阴极如图 4-32 示，阴极锥体 2 用黄铜或不锈钢等导电材料制成；非工作面用有机玻璃或环氧树脂等绝缘材料遮盖起来；前引导 4 和后引导 1 起绝缘及定位作用；电解液从接头 6 引进，从出水孔 3 喷出，经过一段导流，进入加工区。

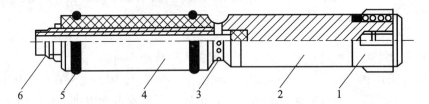

1—后引导；2—阴极锥体；3—出水孔；4—前引导；5—密封圈；6—接头及入水孔

图 4-32　深孔扩孔用的移动式阴极

　　加工花键孔及内孔膛线的原理与此类似。

　　2) 叶片加工

　　叶片是喷气发动机、汽轮机中的重要零件，叶身型面形状比较复杂，精度要求较高，加工批量大，在发动机和汽轮机制造中占有相当大的的劳动量。叶片采用机械加工困难较大，生产率低，加工周期长，而采用电解加工，则不受叶片材料硬度和韧性的限制，在一次行程中就可加工出复杂的叶身型面，生产率高，表面粗糙度值小。

　　叶片加工的方式有单面加工和双面加工两种。机床也有立式和卧式两种，立式大多用于单面加工，卧式大多用于双面加工。叶片加工大多采用侧流法供液，加工是在工作箱中进行的。我国目前对叶片加工多数采用氯化钠电解液的混气电解加工法，也有采用加工间隙易于控制（有切断间隙）的氯酸钠电解液的，由于这两种工艺方法的成型精度较高，因此阴极可采用反拷法制造。

　　电解加工整体叶轮在我国已得到普遍应用，如图 4-33 所示。叶轮上的叶片是逐个加工的，采用套料法加工，加工完一个叶片，退出阴极，分度后再加工下一个叶片。在采用电解加工以前，叶片是经精密铸造、机械加工、抛光后镶到叶轮轮缘的槽中，再焊接而成的，其加工量大、周期长，而且质量不易保证。电解加工整体叶轮时，只要把叶轮坯加工好后，直接在轮坯上加工叶片即可，其加工周期大大缩短，叶轮强度高、质量好。

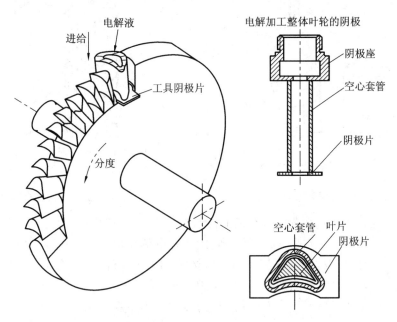

图 4-33 电解加工整体叶轮

4.2.2 电解磨削

1. 电解磨削的基本原理和特点

电解磨削属于电化学机械加工的范畴。电解加工具有较高的生产率，但加工精度不易控制。电解磨削是由电解腐蚀作用和机械磨削作用相结合进行加工的，比电解加工有较好的加工精度和表面粗糙度，比机械磨削有较高的生产率。与电解磨削相近似的还有电解珩磨和电解研磨。

图 4-34 所示是电解磨削原理图。导电砂轮 1 与直流电源的阴极相联，被加工工件 2（硬质分金车刀）接阳极，它在一定压力下与导电砂轮相接触。在加工区域中注入电解液 3，在电解和机械磨削的双重作用下，车刀的后刀面很快就被磨光。

图 4-35 所示为电解磨削加工过程原理图。电流从工件 3，通过电解液 5 而流向磨轮，形成通路，于是工件（阳极）表面的金属在电流和电解液的作用下发生电解作用（电化学腐蚀），被氧化成为一层极薄的氧化物，即氢氧化物薄膜 4，一般称它为阳极薄膜。但刚形成的阳极薄膜迅速被导电砂轮中的磨料刮除，在阳极工件上又露出新的金属表面，并被继续电解。这样，由电解作用和刮除薄膜的磨削作用交替进行，使工件连续地被加工，直至达到一定的尺寸精度和表面粗糙度。

电解磨削过程中，金属主要靠电化学作用腐蚀下来，砂轮起磨去电解产物阳极钝化膜和整平工件表面的作用。

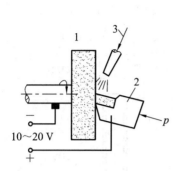

1—导电砂轮；2—工件；3—电解液

图 4 - 34　电解磨削原理图

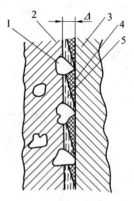

1—磨粒；2—结合剂；3—工件；
4—阳极薄膜；5—电极间隙及电解液

图 4 - 35　电解磨削加工过程原理图

电解磨削与机械磨削比较，具有以下特点：

（1）加工范围广，加工效率高。由于它主要是电解作用，因此只要选择合适的电解液就可以用来加工任何高硬度与高韧性的金属材料。例如，磨削硬质合金时，与普通的金刚石砂轮磨削相比较，电解磨削的加工效率要高 3～5 倍。

（2）可以提高加工精度和表面质量。因为砂轮并不主要磨削金属，磨削力和磨削热都很小，不会产生磨削毛刺、裂纹、烧伤现象，一般表面粗糙度可优于 0.16 μm。

（3）砂轮的磨损量小。例如，磨削硬质合金或进行普通刃磨时，碳化硅砂轮的磨损量为切除硬质合金重量的 400%～600%；电解磨削时，砂轮的磨损量不超过硬质合金切除量的 50%～100%，与普通金刚石砂轮磨削相比较，电解磨削用的金刚石砂轮的消耗速度仅为它们的 1/5～1/10，可显著降低成本。

与机械磨削相比，电解磨削的不足之处是：加工刀具等的刃口不易磨得非常锋利；机床、夹具等需采取防蚀防锈措施；需增加吸气、排气装置以及直流电源、电解液过滤、循环装置等附属设备。

电解磨削时，电化学阳极溶解的机理和电解加工相似。不同之处是电解加工时阳极表面形成的钝化膜是靠活性离子进行活化，或靠很高的电流密度去破坏（活化）而使阳极表面的金属不断溶解去除的，加工电流很大，溶解速度很快，电解产物的排除靠高速流动的电解液的冲刷作用；电解磨削时阳极表面形成的钝化膜是靠砂轮的磨削作用，即机械的刮削来进行活化的。因此，电解加工时必须采用压力较高、流量较大的泵，如涡旋泵、多级离心泵等，而电解磨削一般可采用冷却润滑液用的小型离心泵。从此意义上来说，为区别电解磨削，有把电解加工称为"电解液压加工"的。另外，电解磨削是用砂轮磨料来刮除具有一定硬度和粘度的阳极钝化膜的，其形状和尺寸精度主要是由砂轮相对工件的成型运动来控制的，因此，电解液中不能含有活化能力很强的活性离子，而采用腐蚀能力较弱的钝化性电解液，以提高电解成型精度，有利于机床的防锈防蚀。

2. 影响加工精度的因素

1）电解液

电解液的成分直接影响到阳极表面钝化膜的性质。如果所生成的钝化膜的结构疏松，则对工件表面的保护能力就差，加工精度就低。要获得高精度的零件，在加工过程中，工件表面应生成一层结构紧密、均匀的、保护性能良好的低价氧化物。钝性电解液形成的阳极钝化膜不易受到破坏。硼酸盐、磷酸盐等弱电解质的含氧酸盐的水溶液都是较好的钝性电解掖。

加工硬质合金时，要适当控制电解液的 PH 值，因为硬质合金的氧化物易溶于碱性溶液中。要得到较厚的阳极钝化膜，不应采用高 PH 值的电解液，一般以 PH＝7～9 为宜。

2）阴极导电面积和磨粒轨迹

电解磨削平面时，常常采用碗状砂轮以增大阴极面积，但工件往复移动时，阴、阳极上各点的相对运动速度和轨迹的重复程度并不相等，砂轮边缘线速度高，进给方向两侧轨迹的重复程度较大，磨削用量较多，磨出的工件往往成中间凸起的"鱼背"形状。

工件在往复运动磨削过程中，由于两极之间的接触面积逐渐减少或逐渐增加，引起电密度相应的变化，造成表面电解不均匀，也会影响加工成型精度。此外，杂散腐蚀尖端放电常引起棱边塌角或使侧表面局部变毛糙。

3）被加工材料的性质

对合金成分复杂的材料，由于不同金属元素的电极电位不同，阳极溶解速度也不同，特别是电解磨削硬质合金和钢料的组合件时，问题更严重。因此要研究适合多种金属同时均匀溶解的电解液配方，这是解决多金属材料电解磨削的主要途径。

4）机械因素

电解磨削过程中，阳极表面的活化主要靠机械磨削作用，因此机床的成型运动精度、夹具精度、磨轮精度对加工精度的影响是不可忽视的。其中，电解磨轮占有重要地位，它不但直接影响到加工精度，而且影响到加工间隙的稳定，如图 4 - 35 所示。电解磨削时的加工间隙是由电解磨轮保证的，为此，除了精确修整砂轮外，砂轮的磨料也应选择较硬的、耐磨损的。

3. 影响表面粗糙度的因素

1）电参数

工作电压是影响表面粗糙度的主要因素。工作电压低，则工件表面溶解速度慢，钝化膜不易被穿透，因而溶解作用只在表面凸处进行，有利于提高精度。精加工时应选用较低的工作电压，但不能低于合金元素中的最高分解电压。例如，加工 WC - Co 系硬质合金时，工作电压不低于 1.7 V（因 Co 的分解电压为 1.2 V，WC 的分解电压为 1.7 V）。加工 TiC - Co 系硬质合金时，工作电压不低于 3 V（因 TiC 的分解电压为 3 V）。工作电压过低，会使电解作用减弱，生产率降低，表面质量变坏；工作电压过高则表面不易整平，甚至会引起火花放电和电弧放电，使表面粗糙度恶化。电解磨削较合理的工作电压一般为 5～12 V。此外，工作电压还应与砂轮切深相配合。

电解密度过高，电解作用过强，则表面粗糙度不好；电流密度过低，机械作用过强，也会使表面粗糙度变坏，因此，电解磨削时电流密度的选择应使电解作用和机械作用配合恰当。

2）电解液

电解液的成份和浓度是影响阳极钝化膜性质和厚度的主要因素，因此为了改善表面粗糙度，常常选用钝性或半钝性电解液。为了使电解正常进行，间隙中应充满电解液，因此电解液的流量必须充足，而且应过滤以保持电解液的清洁度。

3）工件材料性质

其影响原因如前面所述。

4）机械因素

磨料粒度愈细，愈能均匀地去除凸起部分的钝化膜，另一方面，也能使加工间隙减小，这两种作用都加快了整平速度，有利于改善表面粗糙度。但如果磨料过细，加工间隙过小，则容易引起火花而降低表面质量。一般粒度在 40～100 目内选取。

由于去除的是比较软的钝化膜，因此，磨料的硬度对表面粗糙度的影响不大。

磨削压力太小，将难以去除钝化膜；磨削压力过大，则机械切削作用强，磨料磨损加快，使表面粗糙度恶化。实践表明，电解磨削结束时，切断电源进行短时间（1～3 min）的机械修磨，可改善表面的粗糙度和光亮度。

4. 电解磨削的应用

电解磨削由于集中了电解加工和机械磨削的优点，因此在生产中已用来磨削一些高硬度的零件，如各种硬质合金刀具、量具、挤压拉丝模、轧辊等。对于普通磨削很难加工的小孔、深孔、薄壁孔、细长杆零件等，电解磨削也能显示出其优越性。对于复杂型面的零件，也可采用电解研磨和电解珩磨，因此电解磨削应用范围正在日益扩大。

1）硬质合金刀具的电解磨削

用氧化铝电解砂轮磨削硬质合金车刀和铣刀，表面粗糙度可达 0.2～0.1 μm，刀口半径小于 0.02 mm，平直度也较普通砂轮磨出的好。

采用金刚石导电砂轮磨削加工精密丝杠的硬质合金成型车刀，表面粗糙度可小于 0.016 μm，刀口非常锋利，完全达到精车精密丝杠的要求。所用电解液为亚硝酸钠 9.6%、硝酸钠 0.3%、磷酸氢二钠 0.3% 的水溶液，加入少量的丙三醇（甘油），可以改善表面粗糙度。电压为 6～8 V，加工时的压强为 0.1 MPa。实践表明，采用电解磨削工艺不仅比单纯用金刚石砂轮磨削效率提高 2～3 倍，而且大大节省了金刚石砂轮。一个金刚石导电砂轮可用 5～6 年。

用电解磨削磨制的轧制钻头用硬质合金轧辊，生产率和质量都比普通砂轮磨削时高，而砂轮消耗和成本大为降低。

2）硬质合金轧辊的电解磨削

硬质合金轧辊如图 4-36 所示。采用金刚石导电砂轮进行电解成型磨削，轧辊的型槽精度为 ±0.02 mm，型槽位置精度为 ±0.01 mm，表面粗糙度为 0.2 μm，工件表面不会产生微裂纹，无残余应力，加工效率高，并大大提高了金刚石砂轮的使用寿命，其磨削比为 138（磨削量 cm³/磨轮损耗量 cm³）。

所采用的导电磨轮为金属（铜粉）结合剂的人造金刚石磨轮，磨料粒度为 60～1000 目，外圆磨轮直径为 ϕ300 mm，磨削型槽的成型磨轮直径为 ϕ260 mm。

电解液成份为亚硝酸钠 9.6%、硝酸钠 0.3%、磷酸氢二钠 0.3%、酒石酸钾钠 0.1%，其余为水。粗磨的加工参数：电压为

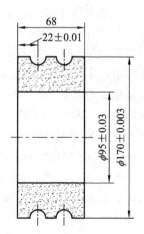

图 4-36　合金轧辊

12 V，电流密度为 15～25 A/cm²，磨轮转速为 0.025 r/min，一次进刀深度为 2.5 mm。精加工的加工参数：电压为 10 V，工件转速为 16 r/min，工作台移动速度为 0.6 mm/min。

　　3）电解珩磨

　　对于小孔、深孔、薄壁筒等零件，可以采用电解研磨、电解珩磨，图 4-37 所示为电解珩磨加工深孔示意图。

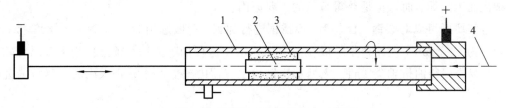

1—工件；2—珩磨头；3—磨条；4—电解液

图 4-37　电解珩磨示意图

　　普通的珩磨机床及珩磨头稍加改装，很容易实现电解珩磨。电解珩磨的电参数可以在很大范围内变化，电压为 3～30 V，电流密度为 0.2～1 A/cm²。电解珩磨的生产率比普通珩磨的高，表面粗糙度也得到改善。

　　齿轮的电解珩磨已在生产中得到应用，它的生产率比机械珩磨高，珩轮的磨损量也少。电解珩轮是由金属齿片和珩轮齿片相间而组成的，如图 4-38 所示，金属齿形略小于珩磨轮齿片的齿形，从而保持一定的加工间隙。

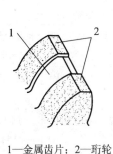

1—金属齿片；2—珩轮

图 4-38　电解珩齿用电解珩轮

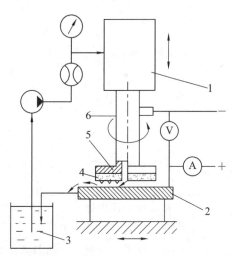

1—回转装置；2—工件；3—电解液
4—研磨材料；5—工具电极；6—主轴

图 4-39　电解研磨加工（固定磨料方式）

　　4）电解研磨

　　把电解加工与机械研磨结合在一起，就构成了一种新的加工方法——电解研磨，如图 4-39 所示。电解研磨加工采用了钝化型电解液，利用机械研磨能去除微观不平度各高点的钝化膜，使其露出基体金属并再次形成新的钝化摸，实现表面镜面加工。

　　电解研磨按磨料是否粘接在弹性合成无纺布上可分为固定磨料加工和流动磨料加工两种。固定磨料加工是将磨料粘在无纺布上之后包覆在工具阴极上，无纺布的厚度即为电解间隙。当工具阴极与工件表面充满电解液并有相对运动时，工件表面将依次被电解，形成钝化膜，同时受到磨粒的研磨作用，实现复合加工。流动磨料电解研磨加工时，工具阴极只包覆弹性合成无纺布，极细的磨料则悬浮在电解液中，因此磨料研磨时的研磨轨迹就更加杂乱而无规律，而这正是获得镜面的主要原因。

　　电解研磨可以对碳钢、合金钢、不锈钢进行加工。一般选用 $20\%NaNO_3$ 作电解液，电解间隙为 $1\sim2$ mm，电流密度一般在 $1\sim2$ A/cm^2。这种加工方法目前已应用于金属冷轧轧辊、大型船用柴油机轴类零件、大型不锈钢化工容器内壁以及不锈钢太阳能电基板的镜面加工。

4.3　电铸加工、电镀加工及电刷镀加工

　　电铸、电镀、电刷镀和复合镀在原理和本质上都是属于电镀工艺的范畴，都是和电解原理相反，利用电镀液的金属正离子在电场作用下，镀覆沉积到工件阴极上去的过程，因而均属于堆积加工。但它们之间也有明显的区别，见表 4-7。

表 4-7　电镀、电铸、电刷镀和复合镀的主要区别

	电　镀	电　铸	电刷镀	复合镀
工艺目的	表面装饰、防锈蚀	复制、成型加工	增大尺寸，改善表面性能	1. 电镀耐磨镀层； 2. 制造超硬砂轮或磨具，电镀带有硬质磨料的特殊复合层表面
镀层厚度	$0.001\sim0.05$ mm	$0.05\sim5$ mm 或以上	$0.001\sim0.5$ mm 或以上	$0.05\sim1$ mm 以上
精度要求	只要求表面光亮、光滑	有尺寸及形状精度要求	有尺寸及形状精度要求	有尺寸及形状精度要求
镀层牢度	要求与工件牢固粘接	要求与原模能分离	要求与工件牢固粘接	要求与基体牢固粘接
阳极材料	用与镀层金属同一材料	用与镀层金属同一材料	用石墨、铂等钝性材料	用与镀层金属同一材料
镀液	用自配的电镀液	用自配的电渡液	按被镀金属层选用现成供应的涂镀液	用自配的电镀液
工作方式	需要镀槽，工件浸泡在镀液中，与阳极无相对运动	需用镀槽，工件与阳极可相对运动或静止不动	不需镀槽，镀液浇注或含吸在相对运动着的工件和阳极之间	可采用镀槽或其他方式，如电镀、电铸、电刷镀等

4.3.1 电铸加工

1. 电铸加工的基本原理

电铸加工的基本原理如图 4 - 40 所示，用导电的原模作阴极，电铸的金属做阳极，金属盐溶液作电铸溶液，即阳极金属材料与金属盐溶液中的金属离子的种类相同。在直流电源的作用下，电铸溶液中的金属离子在阴极还原成金属，沉积于原模表面，而阳极金属则源源不断地变成离子溶解到电铸液中进行补充，使溶液中金属离子的浓度保持不变；当阴极原模电铸层逐渐加厚达到要求的厚度时，与原模分离，即获得与原模型面相反的电铸件。

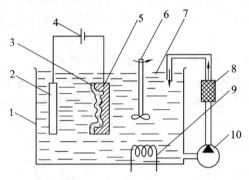

1—电铸槽；2—阳极；3—电铸层；4—直流电源；
5—原模(阴极)；6—搅拌器；7—电铸液；
8—过滤器；9—加热器；10—泵

图 4 - 40   电铸原理示意图

电铸加工的特点是能够实现精确复制，使用同一永久性原模时的重复精度高，在各项加工参数得到良好控制时，同一原模的铸件尺寸误差可控制在微米数量级，而且电铸件具有良好的表面状况。电铸加工的缺点是时间长、效率低，原模制造困难，有时脱模不便。电铸加工常用来制取具有复杂曲面轮廓或精细形貌的工件，在航空、仪表及塑料行业中，已成为制造精密、异形产品的重要手段之一。

2. 电铸加工的工艺过程

电铸加工的主要工艺过程为：原模表面处理→电铸至规定厚度→衬背处理→脱模→清洗干燥→成品。

1) 原模表面处理

制造原模的材料有金属材料和非金属材料两种。金属材料原模一般在电铸前要进行表面钝化处理，以形成不太牢固的钝化膜，以便电铸加工后脱模；对于非金属材料原模，需对表面进行导电化处理，否则不导电将无法电铸。导电化处理的常用方法有涂敷导电液薄层或镀覆金、银、铜或镍的薄层。

2) 电铸加工工艺(电铸过程)

电铸过程中，要严格控制电铸液的成份、质量分数、酸碱度、温度、电流密度等。如果电流密度过大，易使沉积金属的结晶粗大，强度变低。因此，一般电铸的电流密度不会太大，生产率也较低。要避免电铸过程中停电，否则会出现分层，使铸件内应力过大而导致变形。为了使铸层的厚薄均匀，凸出部分有时要加屏蔽，凹入部分要加装辅助阳极。

电铸过程中，为降低浓差极化，加大电流密度，提高电铸质量，需对电铸液进行搅拌。搅拌的方法有循环过滤法、压缩空气法、超声振动法和机械法。最简单的机械法是用浆叶搅拌。循环过滤系统不仅对溶液进行搅拌，而且在溶液反复流动的同时对溶液进行过滤，以除去溶液中的固体杂质微粒，常用玻璃棉、丙纶丝、泡沫塑料或滤纸芯筒等过滤材料，过滤速度以每小时能循环更换 2～4 次镀液为宜。

此外，由于电铸加工的时间较长，为保持电铸液温度的恒定，需采取加热和冷却措施。常用的加热方法为蒸汽加热和电加热，常用的冷却方法为用吹风或自来水冷却。

3）衬背和脱模

有些电铸件，如塑料模具和翻制印刷电路板等，电铸成型之后需要进行衬背处理，以便于机械加工。塑料模具电铸件的衬背方法常用浇铸铝或铅锡低熔点合金；印刷电路板则常用热固性塑料等。

脱模是指将电铸件与原模分离。不同的原模，其脱模方法亦不同。永久性的原模可反复使用，其脱模方法有敲击锤打分离、加热或冷却胀缩分离、用压机或螺旋缓慢推拉分离、用薄刀刃撕剥分离等；消耗性原模属于一次性使用，可采取加热融化、化学溶解、原模破碎等方法脱模。

3. 电铸加工的特点和应用范围

电铸加工的主要特点：

（1）能将传统加工较困难的零件内表面转化为原模外表面，并将难成型的金属转化为易成型的原模材料（如石蜡、树脂等），因而可制造用其他方法不能或很难制造的特殊形状的零件。

（2）能准确地复制表面轮廓和微细纹路。

（3）改变电铸液成份和工作条件，使用添加剂，可使电铸层的性能在宽广的范围内变化，以适应不同加工的需要。

（4）能够获得尺寸精度高、表面粗糙度为 0.125 μm 以下的产品；同一原模生产的电铸件一致性好。

（5）可以获得高纯度的金属制品。

（6）可以制造多层结构的构件，并能将多种金属、非金属拼铸成一个整体。

（7）电铸也有诸如生产周期长、尖角或凹槽部分铸层不均匀、铸层存在一定的内应力、原模上的伤痕会带到产品上、电铸加工时间少等缺点。

电铸加工的应用范围：

（1）形状复杂，精度高的空心零件，如波导管等。

（2）注塑用的模具及厚度仅几十微米的薄壁零件。

（3）复制精细的表面轮廓，如唱片模、艺术品、纸币、证券、邮票的印刷版等。

（4）表面粗糙度标准样块、反光镜、表盘、喷嘴和电加工电极等特殊零件。

4. 电铸加工的应用

电铸具有极高的复制精度和重复精度，已在航空、仪器仪表、精密机械、模具制造等方面发挥日益重要的作用。

图 4-41 所示是精密微细喷嘴内孔制造过程的示意图。由于喷嘴内孔为微细孔(孔径为 0.2～0.5 mm)，且内孔要求镀铬，因此采用传统加工方法比较困难。由图可知，首先精密车削黄铜型芯，用硬质铬酸进行电沉积，再电铸一层金属镍，最后将电铸件浸入硝酸类溶液中，溶去黄铜型芯，且不浸蚀镀铬层，因而可得到具有光洁内孔表面硬铬层的精密喷嘴。

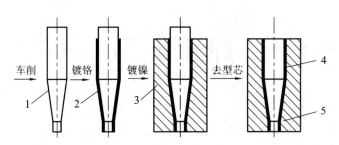

1—型芯；2—镀铬层；3—镀镍层；4—内孔镀铬层；5—精密喷嘴

图 4-41　精密喷嘴内孔镀铬工艺过程

4.3.2　电镀加工

电镀又称槽镀，它在工件表面沉积一层极薄的金属镀层(0.01～0.05 mm)，起装饰、防腐、提高耐磨性等作用。电镀也可用来修复零件、作热处理的局部保护等。常用的镀层金属有银、镍、铬、铜等。

镀银常用于家庭用具及各种工艺品的表面装饰，在电子工业、仪器、仪表及化学工业中也有着广泛的应用。

镀镍层结晶细小，容易抛光，在镀液中加入适当添加剂，可直接镀出镜面光亮的镀层，从而广泛地应用于汽车、自行车、各种机械、仪器、仪表等的装饰和保护层。

镀铬用于仪器及量具，起到美观和防蚀作用。镀铬层的硬度可达 55HRC 以上，所以能提高零件的耐磨性，有时甚至可用镀铬层代替表面淬火处理，也可用作刀、量具及精密耦合件的修复。

镀铜层的化学稳定性较差，一般不用作表面镀层，而是作为中间层使用，以提高表面镀层与基体的结合力，也常用作渗碳处理时非渗碳部位的保护层。

4.3.3　电刷镀加工

电刷镀技术(Brush Plating)是电镀技术的新发展，是我国"六五"到"九五"计划期间，连续列为国家级重点推广的新技术项目之一，是再制造工程领域的重要加工技术之一。

1. 电刷镀加工的基本原理

电刷镀又称涂镀、刷镀或无槽电镀，是在金属工件表面局部快速电化学沉积金属的新技术。图 4-42 所示为电刷镀的原理图。工件接直流电源的负极，镀笔接电源正极，镀笔端部的不溶性石墨电极用外包尼龙布的脱脂棉套包住，并饱蘸镀液(也有加工时直接浇注镀液的)，多余的镀液流回容器。刷镀时使浸满镀液的镀笔以一定的相对运动速度在工件表面上移动，并保持适当的压力。在镀笔与工件接触的部位，镀液中的金属离子在电场力的作用下扩散到工件表面，并在工件表面获得电子，从而被还原成金属原子，结晶成镀层，其厚度可达 0.001～0.5 mm。

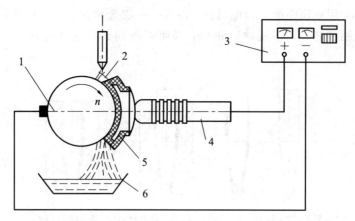

1—工件；2—镀液；3—电源；4—镀笔；5—棉套；6—容器

图 4-42　电刷镀加工原理图

2. 电刷镀加工的特点和应用范围

电刷镀技术的基本原理与槽镀相同，但它却有着区别于槽镀的许多特点，概括起来主要有：无需镀槽、设备轻便、工艺灵活、沉积速度快、镀层种类多、组织致密、结合强度高、适用范围广、镀液稳定、对环境污染小、经济效益高等。电刷镀技术是机械零件修复和强化的有效手段，尤其适用于大型机械零件的不解体现场修理或野外抢修。但电刷镀一般需要人工操作，劳动强度较大。

电刷镀技术的应用范围：

（1）修复零件磨损表面、实施超差产品补救。

（2）填补零件表面上的划伤、凹坑、斑蚀等缺陷。

（3）大型、复杂、单个小批工件的表面局部镀镍、铜、锌、钨、金、银等防腐层，改善表面性能。

3. 电刷镀加工技术的应用与发展

1）机械零部件损伤的修复

机械零部件的损伤主要有：磨损、划伤、锈蚀、凹坑等形式。例如，长 5.7 m、重 1.6 t 的主轴磨损；长 12 m、直径 2 m、重 120 t 的水轮机发电机主轴的超差；T612A 镗床侧壁导轨被划伤长 1470 mm、深 0.3 mm 等均采用了电刷镀技术进行修复，效果良好，取得了较好的技术经济效益。作为零件的尺寸修复，常选用高速碱铜镀层、致密快速镍镀层等。

2）机械零件表面粗糙度及物理化学性能的改善

例如，在普通碳钢制造的聚氯烯塑料模具表面上刷镀 3～10 μm 的镍，经过抛光后可使表面粗糙度值由原来的 1.5 μm 减小到 0.1 μm，模具表面呈镜面光泽，提高了制品的质量，减小了注塑时的摩擦和磨损。而且由于镀镍层对高温注塑时分解出的腐蚀性气体具有良好的抗腐蚀性能，从而大大提高了模具的寿命。目前已有光亮镀层，如镜面镍等。

又如在大型船舶和潜艇的重载齿轮表面刷镀 4～8 μm 的的铟镀层，可大幅度降低摩擦损耗，提高齿面抗咬合性能，延缓维修周期，经济效益明显。

　　3）电刷镀技术的发展

　　电刷镀技术是近年来发展起来的新技术。有关电刷镀技术的研究和应用正日益深入和扩大。例如，近来研制的 Co-Ni-P 系列电刷镀非晶态镀层在常温和较高温度下具有较高的硬度和良好的耐磨性；电刷镀复合镀层具有良好的综合性能和发展前景；采用摩擦电喷镀技术获得的镀层具有组织致密、晶粒细化、力学性能良好的优点；电刷镀与其他表面技术的复合可获得一些特殊功能的镀层等。

4.4　电化学加工的应用实例

　　在干式电流互感器的制造过程中，一次载流体的制造是关键工序。为提高导电性，在一次载流体的铜管和铜棒末端需要镀锡，两端镀锡长度均在 130 mm 左右。

　　镀锡工艺流程一般安排在一次载流体折弯前，由于该零件较长（铜管或铜棒，一般长度为 5～8 m），所以，槽镀（普通电镀）时对于电镀生产厂房的空间要求较高。如果竖起来电镀，则厂房高度至少要大于 8 m，这对中小电镀企业来说有难度。如果横放电镀，则只能将整根零件全部电镀，浪费材料较多，其镀槽长度也至少要大于 8 m，具体操作起来也较为困难。

　　相对来说，用电刷镀方法对该零件电镀，易操作，且效率高、成本低。其工艺流程如下：

　　（1）除油（即前处理）。可用有机溶剂（丙酮、酒精）或其他清洁剂去掉待镀表面的油污。

　　（2）刷镀锡。工作电压为 4～8 V，用镀笔阳极蘸镀锡溶液来回擦拭，至所需厚度为止。

　　（3）冲洗。可用自来水冲洗。

　　（4）干燥。电吹风吹干或烘干。

　　（5）抛光（即后处理）。可用 1200 目金相砂纸轻擦一遍，然后用丙酮或酒精擦洗。

　　电刷镀锡技术应用在干式电流互感器一次载流体制造中的镀锡工艺如表 4-8 所示。电刷镀锡工作示意图如图 4-43 所示。

表 4-8　干式电流互感器一次载流体的电刷镀锡工艺

项　目	内　容
镀锡工艺路线	备料—丙酮清洗除油除污—电刷镀锡—自来水冲洗—干燥—砂纸抛光—检验
设备	可测厚型刷镀电源，一次载流体刷镀工装，电源线若干米，220 V/10 A 插板一个
工艺参数	电源输出 DC5V，镀层厚度 12 μm
辅具、辅料	平板型电极、月牙型电极各一块；涤棉绒包布一块（0.1 m²）
电镀溶液	A、B 型刷镀锡溶液各 5 升，1∶1 配比，充分混合
备注	每班刷镀工人 1 名，每班计件 40 根

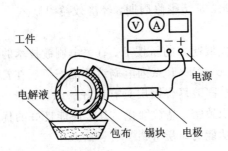

图 4-43　电刷镀锡工作示意图

习题与思考题

4-1　什么是电化学加工？电化学加工分为哪几类？

4-2　简述电解加工的原理。

4-3　电解加工有何特点？

4-4　电解加工设备主要由哪些部分组成？各有哪些功能？

4-5　影响电解加工生产率的因素有哪些？有什么影响？

4-6　提高电解加工精度的途径有哪些？

4-7　影响电解加工表面质量的因素有哪些？有什么影响？

4-8　简述电铸加工的原理、特点及应用。

4-9　简述电刷镀加工的原理、特点及应用。

第 5 章　激 光 加 工

5.1　激光加工的原理及特点

5.1.1　激光加工的原理

　　激光技术是 20 世纪 60 年代初发展起来的一门新兴学科。所谓激光，是一种强度高、方向性好、单色性好的相干光。由于激光的发散角小，且单色性好，理论上可以聚焦到尺寸与光的波长相近的(微米甚至亚微米)小斑点上，加上它本身强度高，因此可以使其焦点处的功率密度达到 $10^7 \sim 10^{11}$ W/cm^2，温度可达 10 000℃以上。在这样的高温下，任何材料都将瞬时急剧熔化和汽化，并爆炸性地高速喷射出来，同时产生方向性很强的冲击。

　　激光加工(Laser Beam Machining，LBM)就是利用激光的能量经过透镜聚焦后在焦点上达到很高的能量密度，从而产生光热效应来加工各种材料的。激光加工过程是工件在光热效应下产生高温熔融和受冲击波抛出的综合过程，如图 5-1 所示。

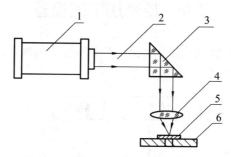

1—激光器；2—激光束；3—全反射棱镜；
4—聚焦物镜；5—工件；6—工作台

图 5-1　激光加工示意图

　　由于激光加工不需要加工工具，而且加工速度快，表面变形小，因此可以加工各种材料(如对各种硬、脆、软、韧、难熔的金属和非金属进行切割和微小孔加工)，已经在生产实践中愈来愈多地显示出了它的优越性，所以很受人们的重视。激光加工不仅可以用于打孔、切割，而且可用于电子器件的微调、焊接、热处理以及激光存储等各个方面。

5.1.2　激光加工的特点

　　激光加工具有如下特点：

　　(1) 激光经过聚焦后，功率密度高达 $10^7 \sim 10^{11}$ W/cm^2，光能转化为热能后，几乎可以加工任何材料，如高硬材料、耐热合金、陶瓷、石英、金刚石等硬脆材料和工程塑料等非金属材料。

（2）激光光斑大小可以聚焦到微米级，输出功率可以调节，因此可以用于精密微细加工。

（3）激光加工所用工具是激光束，是非接触加工，所以没有明显的机械力，没有工具损耗问题；加工速度快、热影响区小，容易实现加工过程自动化。激光加工还能通过透明体进行，如对真空管内部进行焊接加工等。

（4）和电子束加工等比较起来，激光加工装置比较简单，不要求复杂的抽真空装置。

（5）激光加工是一种瞬时、局部熔化、汽化的热加工，影响因素很多，因此，精微加工时，精度，尤其是重复精度和表面粗糙度不易保证，必须进行反复试验，寻找合理的参数，才能达到一定的加工要求。由于光的反射作用，对于表面光泽或透明材料的加工，必须预先进行色化或打毛处理，使更多的光能被吸收后转化为热能，从而用于加工。

（6）加工速度快、效率高。一般激光打孔只需 0.01 s；激光切割可比常规方法提高效率 8～20 倍；激光焊接可提高效率约 30 倍；激光微调薄膜电阻可提高工效 1000 倍，提高精度 1～2 个数量级。

（7）通过选择适当的加工条件，可用同一台装置对工件进行切割、打孔、焊接和表面处理等多种加工，节省了工时，降低了成本。

（8）节能和节省材料。激光束的能量利用率为常规热加工工艺的 10～1000 倍，激光切割可节省材料 15％～30％。

（9）加工中会产生金属气体及火星等飞溅物，要注意通风抽走，操作者应穿戴防护服、防护眼镜等。

5.2　激光加工的设备

激光加工的基本设备包括激光器、电源、光学系统及机械系统等四大部分。图 5-2 所示为激光加工装置结构方框图。

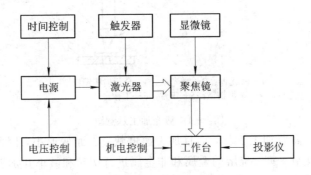

图 5-2　激光加工装置结构方框图

1. 激光器

激光器是激光加工的重要设备，它把电能转变成光能，产生激光束。

激光器按工作物质的种类可分为固体激光器、气体激光器、液体激光器和半导体激光器四大类。表 5-1 列出了激光加工中常用激光器的主要性能特点。

表 5 - 1   常用激光器的性能、特点及用途

激光器类型	激活粒子	激光波长 /μm	输出方式	输出能量或功率	特点及应用
红宝石激光器	Cr^{3+}	0.69	脉冲	数焦耳至十焦耳	早期使用较多，现大多已被钕玻璃激光器和掺钕钇铝石榴石激光器所代替
钕玻璃激光器	Nd^{3+}	1.06	脉冲	数焦耳至几十焦耳	打孔、焊接
掺钕钇铝石榴石激光器（YAG）	Nd^{3+}	1.06	脉冲	数焦耳至几十焦耳	价格比钕玻璃贵，性能优越，广泛用于打孔、切割、焊接、微调
			连续	100～1000 W	
CO_2 激光器	CO_2	10.63	脉冲	数焦耳	切割、焊接、热处理、微调
			连续	数千瓦至几十千瓦	

由于 He - Ne(氦-氖)气体激光器所产生的激光不仅容易控制，而且方向性、单色性及相干性都比较好，因而在机械制造的精密测量中被广泛采用。在激光加工中要求输出功率与能量大，因而目前多采用二氧化碳气体激光器及红宝石、钕玻璃、YAG(掺钕钇铝石榴石激光器)等固体激光器。

2. 激光器电源

激光器电源为激光器提供所需要的能量及控制功能。

3. 光学系统

光学系统包括激光聚焦系统和观察瞄准系统，前者用于激光束聚焦，后者能观察和调整激光束的焦点位置，并将加工位置在投影仪上显示。

4. 机械系统

机械系统主要包括床身、能在三坐标范围内移动的工作台及机电控制系统等。目前，许多激光加工机已采用计算机来控制工作台的移动，实现激光加工的数控操作。

激光加工机的种类也越来越多，完善程度不同，结构形式也不单一。图 5 - 3 所示为某固体激光加工机的外形示意图。

图 5 - 3   激光打孔机

5.3   激光加工的应用

5.3.1   常用的激光加工工艺

1. 激光打孔

随着近代工业技术的发展，硬度大、熔点高的材料的应用越来越多，并且常常要求在这些材料上打出又小又深的孔。例如，钟表或仪表的宝石轴承，钻石拉丝模具，化学纤维的喷丝头以及火箭或柴油发动机中的燃料喷嘴等。对于这类加工任务，常规的机械加工方法实现很困难，有的甚至是不可能实现的，而用激光打孔则能比较好地完成任务。激光打孔可分为五个阶段：表面加热、表面熔化、汽化、气态物质喷射和液态物质喷射，如图5-4所示。

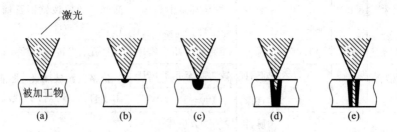

图 5-4 激光打孔过程示意图

(a) 表面加热；(b) 表面熔化；(c) 汽化；(d) 气态物质喷射；(e) 液态物质喷射

激光打孔的特点是速度快、效率高，现在最快每秒可以打孔100个；打孔的孔径可以从几微米到任意孔径；可以实现在任何材料上打孔，如宝石、金刚石、陶瓷、金属、半导体、聚合物和纸等；不需要工具，也就不存在工具磨损和更换工具问题，因此特别适合自动化打孔。另外，激光还可以打斜孔，如航空发动机上大量的斜孔加工。与其他高能束打孔相比，激光打孔不需要抽真空，能够在大气中进行打孔。

激光打孔的质量主要与激光器输出功率和照射时间、焦距与发散角、焦点位置、光斑内能量分布、照射次数及工件材料等因素有关。在实际加工中，应合理选择这些工艺参数。

2. 激光切割

激光切割(如图5-5所示)的原理与激光打孔相似，但工件与激光束要相对移动。在实际加工中，采用工作台数控技术可以实现激光数控切割。

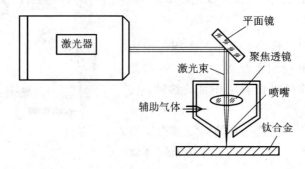

图 5-5 CO_2 气体激光器切割钛合金示意图

激光切割大多采用大功率的 CO_2 激光器，对于精细切割，也可采用 YAG 激光器。

激光可以切割金属，也可以切割非金属。在激光切割过程中，由于激光对被切割材料不产生机械冲击和压力，再加上激光切割切缝小，便于自动控制，因此在实际中常用来加工玻璃、陶瓷、各种精密细小的零部件。

激光切割过程中，影响激光切割的主要因素有激光功率、吹气压力、材料厚度等。

3. 激光打标

激光打标是指利用高能量的激光束照射在工件表面，光能瞬时变成热能，使工件表面迅速产生蒸发，从而在工件表面刻出任意所需要的文字和图形，以作为永久防伪标志。图 5-6 所示为激光打标原理图。

激光打标的特点是非接触加工，可在任何异型表面标刻，工件不会变形和产生内应力，适于金属、塑料、玻璃、陶瓷、木材、皮革等各种材料；标记清晰、永久、美观，并能有效防伪；标刻速度快，运行成本低，无污染，可显著提高被标刻产品的档次。

激光打标广泛应用于电子元器件、汽(摩托)车配件、医疗器械、通信器材、计算机外围设备、钟表等产品和烟酒食品防伪等行业。

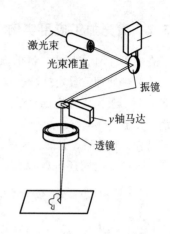

图 5-6　振镜式激光打标原理图

4. 激光焊接

当激光的功率密度为 $10^5 \sim 10^7$ W/cm^2，照射时间约为 1/100 s 时，可进行激光焊接。激光焊接一般无需焊料和焊剂，只需将工件的加工区域"热熔"在一起即可，如图 5-7 所示。

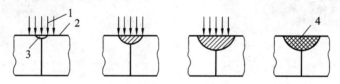

1—激光；2—被焊接零件；3—被熔化金属；4—已冷却的熔池

图 5-7　激光焊接过程示意图

激光焊接速度快，热影响区小，焊接质量高，既可焊接同种材料，也可焊接异种材料，还可透过玻璃进行焊接。

5. 激光表面处理

当激光的功率密度约为 $10^3 \sim 10^5$ W/cm^2 时，便可实现对铸铁、中碳钢，甚至低碳钢等材料进行激光表面淬火。淬火层深度一般为 0.7~1.1 mm，淬火层深度比常规淬火约高 20%。激光淬火变形小，还能解决低碳钢的表面淬火强化问题。图 5-8 所示为激光表面淬火处理应用实例。

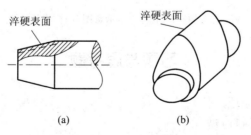

图 5-8　激光表面强化处理应用实例
（a）圆锥表面；（b）铸铁凸轮轴表面

5.3.2　激光加工应用实例

在实际工业应用中，目前激光已广泛应用到激光焊接、激光切割、激光打孔、激光淬火、激光热处理、激光打标、玻璃内雕、激光微调、激光光刻、激光制膜、激光薄膜加工、激光封装、激光修复电路、激光布线技术、激光清洗等激光加工，广泛应用于电子、珠宝、眼镜、五金、汽车、通信产品、塑料按键、集成电路IC、医疗器械、模具、通信、钟表、标牌、包装、工艺品、皮革、木材、纺织、装饰等行业。图5-9所示为激光加工应用的产品示意图。通过互联网还可以找到更多的应用实例图片，读者可自行搜索寻找。

激光打标

激光焊接

激光切割

激光雕刻

图5-9　激光加工应用的产品示意图(图样来源于互联网)

习题与思考题

5-1　激光加工的原理是什么？

5-2　激光加工有何特点？

5-3　目前，激光加工都有哪些应用？试举例说明。

第 6 章　超 声 波 加 工

超声波加工(Ultrasonic Machining，简称 USM)有时也称超声加工。电火花加工和电化学加工都只能加工金属导电材料，不易加工不导电的非金属材料，而超声波加工不仅能加工硬质合金、淬火钢等脆硬金属材料，而且更适合于加工玻璃、陶瓷、半导体锗和硅片等不导电的非金属脆硬材料，同时还可以用于清洗、焊接和探伤等，在工业、农业、国防、医疗等方面的用途十分广泛。

6.1　超声波加工的原理及特点

6.1.1　超声波简介

声波是人耳能感受到的一种纵波，它的频率在 $16 \sim 16\ 000$ Hz 范围内。当频率超过 $16\ 000$ Hz 就称为超声波。超声波和声波一样，可以在气体、液体和固体等介质中传播。由于超声波频率高、波长短、能量大，因此传播时反射、折射、共振及损耗等现象显著。超声波主要具有下列性质：

(1) 超声波能传递很强的能量。超声波的作用主要是对其传播方向上的障碍物施加压力(声压)，因此，可用这个压力的大小来表示超声波的强度。传播的波动能量越强，则压力也越大。在液体或固体中传播超声波时，由于介质密度和振动频率都比空气中传播声波时高许多倍，因此为同一振幅时，液体、固体中的超声波强度、功率、能量密度要比空气中的超声波高千万倍。

(2) 当超声波经过液体介质传播时，将以极高的频率压迫液体质点振动，在液体介质中连续地形成压缩和稀疏区域，而由于液体基本上不可压缩，因此产生压力正、负交变的液压冲击和空化现象。这一过程时间极短，液体空腔闭合压力可达几十个大气压，并可产生巨大的水压冲击。这一交变的脉冲压力作用在邻近的零件表面上会使其破坏，引起固体物质分散、破碎等效应。

(3) 超声波通过不同介质时，能在界面上发生波速突变，产生波的反射和折射现象。能量反射的大小决定于两种介质的波阻抗(密度与波速的乘积称为波阻抗)。两种介质的波阻抗相差愈大，超声波通过界面时能量的反射率愈高。当超声波从液体或固体过渡到空气时(或者相反的情况下)，反射率接近 100%。此外，由于空气有可压缩性，因此阻碍了超声波的传播。为了改善超声波在相邻介质中的传递条件，往往在超声振动系统的各连接面间加入机油、凡士林作为传递介质。

(4) 超声波在一定条件下，会产生波的干涉和共振现象。当超声波在弹性杆中从杆的一端向另一端传播时，会在杆的端部发生波的反射。在有限的弹性体中，实际存在着同周期、同振幅、传播方向相反的两个波，这两个完全相同的波从相反的方向会合，就会产生波的干涉。当杆长符合某一规律时，杆上有些点在波动过程中位置始终不变，其振幅为零（为波节），而另一些点振幅最大，其振幅为原振幅的两倍（为波腹）。当然，要将超声波应用于加工领域，就要充分利用其大振幅共振特性。因此，为了使弹性杆处于大振幅共振状态，应将弹性杆设计成半波长的整数倍，固定弹性杆的支持点应该选在振动过程中的波节处，这一点不振动。

6.1.2　超声波加工的原理

超声波加工是利用工具端面作超声频振动，通过磨料悬浮液加工脆硬材料的一种成型方法，加工原理如图 6-1 所示。加工时，在工具 1 和工件 2 之间加入液体（水或煤油等）和磨料混合的悬浮液 3，并使工具以很小的力 F 轻轻压在工件上。超声换能器 6 产生 16 000 Hz 以上的超声频纵向振动，并借助于变幅杆把振幅放大到 0.05～0.1 mm 左右，驱动工具端面作超声振动，迫使工作液中悬浮的磨粒以很大的速度和加速度不断地撞击、抛磨被加工表面，把被加工表面的材料粉碎成很细的微粒，从工件上被打击下来。虽然每次打击下来的材料很少，但由于每秒钟打击的次数多达 16 000 次以上，因此仍有一定的加工速度。循环流动的悬浮液带走脱落下来的微粒，并使磨料不断更新。与此同时，工作液受工具端面超声频振动作用而产生的高频，正、负交变的液压冲击波和"空化"作用，促使工作液钻入被加工材料的微裂缝处，进一步加剧了机械破坏作用。随着加工的不断进行，最终把工具的形状"复印"在工件上，并达到要求的尺寸。

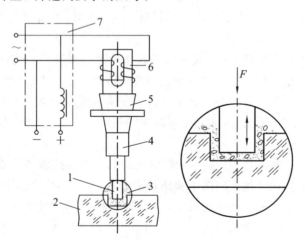

1—工具；2—工件；3—磨料悬浮液；4、5—变幅杆；
6—换能器；7—超声波发生器

图 6-1　超声波加工原理

所谓空化作用，是指当工具端面以很大的加速度离开工件表面时，加工间隙内形成负压和局部真空，在工作液体内形成很多微空腔；当工具端面以很大的加速度接近工件表面时，空泡闭合，引起极强的液压冲击波，可以强化加工过程。此外，正、负交变的液压冲击也使悬浮工作液在加工间隙中强迫循环，使变钝了的磨粒及时得到更新。

综上所述，超声波加工是磨粒在超声振动作用下的机械撞击和抛磨作用以及超声空化作用的综合结果，其中磨粒的撞击作用是主要的。

既然超声波加工中磨粒的撞击作用是主要的作用力，因此就不难理解，越是脆硬的材料，受撞击作用遭受的破坏愈大，愈易加工。相反，脆性和硬度不大的韧性材料，由于它的缓冲作用而难以加工。根据这个道理，人们可以合理选择工具材料，使之既能撞击磨粒，又不致使自身受到很大破坏。例如，用 45 钢制作工具即可满足上述要求。

6.1.3　超声波加工的特点

超声波加工具有如下特点：

(1) 适合于加工各种硬脆材料，特别是不导电的非金属材料，例如玻璃、陶瓷(氧化铝、氮化硅等)、石英、锗、硅、石墨、玛瑙、宝石、金刚石等。对于导电的硬质金属材料，如淬火钢、硬质合金等，也能进行加工，但加工生产率较低。

(2) 由于工具可用较软的材料，做成较复杂的形状，因此不需要使工具和工件作比较复杂的相对运动，也因此超声波加工机床的结构比较简单，操作、维修方便。

(3) 加工精度高，加工表面质量好。由于去除加工材料靠的是极小磨料瞬时局部的撞击作用，因此加工精度可达 0.01～0.02 mm，表面粗糙度也较好，可达 0.63～0.08 μm。

(4) 工件表面的宏观切削力很小，切削应力、切削热很小，不会引起变形及烧伤，因此可以加工薄壁、窄缝、低刚度零件。

(5) 与电火花加工、电解加工相比，采用超声波加工硬质金属材料的效率较低。

6.2　超声波加工的设备及其组成部分

超声波加工设备又称超声加工装置，它们的功率大小和结构形状虽有所不同，但其组成部分基本相同，一般包括超声发生器、超声振动系统、机床本体、磨料工作液循环系统等。超声加工机床的主要组成如图 6-2 所示。

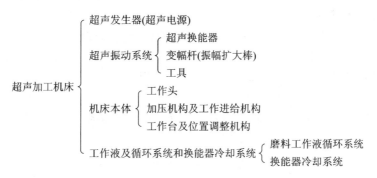

图 6-2　超声加工机床的主要组成图

6.2.1　超声发生器

超声发生器也称超声波或超声频发生器，其作用是将工频交流电转变为有一定功率输出的超声频振荡，以提供工具端面往复振动和去除被加工材料的能量。

超声发生器的组成方框图类似于图 6-3，分为振荡级、电压放大级、功率放大级及电源等四部分。

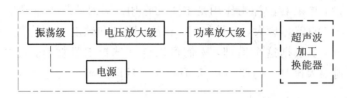

图 6-3　超声发生器的组成框图

超声发生器的作用原理是：振荡级由电子管或三极管接成电感反馈振荡电路，调节电容量可改变振荡频率，即可调节输出的超声频率；振荡级的输出经耦合至电压放大级进行放大后，利用变压器倒相输送到末级功率放大管；功率放大管有时用多管并联推挽输出，经输出变压器输至换能器。

一般要求超声发生器应满足如下条件：

(1) 输出阻抗与相应的超声振动系统输入阻抗匹配。

(2) 频率调节范围应与超声振动系统频率变化范围相适应，并连续可调。

(3) 输出功率尽可能具有较大的连续可调范围，以适应不同工件的加工。

(4) 结构简单、工作可靠、效率高，便于操作和维修。

6.2.2　超声振动系统

超声振动系统的作用是把高频电能转变为机械能，使工具端面作高频率小振幅的振动，以进行加工。它是超声加工机床中很重要的部件。超声振动系统由超声换能器、振幅扩大棒及工具组成。

1. 超声换能器

超声换能器的作用是将高频电能（16 000 Hz 以上的交流电）转变为高频率的机械振荡（超声波）。目前，可利用压电效应和磁致伸缩效应两种方法实现这一目的。

　1）压电效应超声换能器

石英晶体、钛酸钡以及锆铁酸铅等物质在受到机械压缩或拉伸变形时，在它们两对面的介面上将产生一定的电荷，形成一定的电势；反之，在它们的两对面上加以一定的电压，则将产生一定的机械变形，如图 6-4 所示，这一现象称为“压电效应”。如果两面加上16 000 Hz 以上的交变电压，则该物质产生高频的伸缩变形，使周围的介质作超声振动。为了获得最大的超声波强度，应使晶体处于共振状态，故晶体片厚度应为超声波半个波长的整数倍。

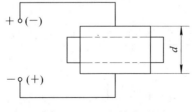

图 6-4　压电效应

应当注意，石英晶体的伸缩量太小，3000 V 电压才能产生 0.01 μm 以下的变形。钛酸钡的压电效应比石英晶体大 20～30 倍，但效率和机械强度不如石英晶体。锆钛酸铅具有二者的优点，一般可用作超声波清洗、探测和小功率的超声波加工的换能器，常制成圆形薄片，两面镀银，先加高压直流电进行极化，一面为正极，另一面为负极。使用时，常将两片叠在一起，正极在中间，负极在两侧，经上下端块用螺钉夹紧，如图 6 - 5 所示装夹在机床主轴头的振幅扩大棒（变幅杆）的上端。正极必须与机床主轴绝缘。为了电极引线方便，常用一镍片夹在两压电陶瓷片正极之间作为接线端片。压电陶瓷片的自振频率与其厚薄、上下端块质量及夹紧力等成反比。

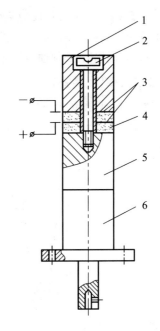

1—上端块；2—压紧螺钉；3—导电镍片；
4—压电陶瓷；5—下端块；6—变幅杆

图 6 - 5　压电陶瓷换能器

2）磁致伸缩效应超声换能器

钛、钴、镍及其合金的长度能随着所处的磁场强度的变化而伸缩的现象称为磁致伸缩效应。其中，镍在磁场中的最大缩短量为其长度的 0.004%；钛和钴则在磁场中伸长，当磁场消失后又恢复原有尺寸。这种材料制成的棒杆在交变磁场中，其长度将交变伸缩，端面将产生振动。

为了减少高频涡流损耗，超声波加工中常用纯镍片叠成封闭磁路的镍棒换能器，如图 6 - 6 所示。在两芯柱上同向绕以线圈，通入高频电流使之伸缩，它比压电式换能器有较高的机械强度和较大的输出功率，常用于中功率和大功率的超声波加工。其缺点是镍片的涡流发热损失较大，能量转换效率较低，故加工过程中需用风或水冷却，否则随着温度升高，磁致伸缩效应将变小甚至消失，也可能把线圈绕组的绝缘材料烧坏。

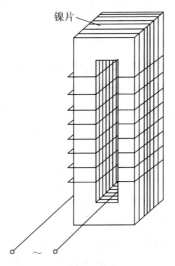

镍片

～

图 6 - 6　磁致伸缩效应换能器

为了扩大振幅，镍棒的长度应等于超声波半波长的整数倍，使之处于共振状态。但即使在共振条件下，振幅一般也不超过 0.005~0.01 mm，不能直接用于加工(超声波加工需 0.01~0.1 mm 的振幅)，必须通过一个上粗下细的变幅杆(振幅扩大棒)将振幅放大 5~20 倍。

2. 振幅扩大棒(变幅杆)

为了扩大压电或磁致伸缩超声换能器的变形量，必须通过一个上粗下细的棒杆将振幅加以扩大，此杆即称为振幅扩大棒或变幅杆，如图 6-7 所示。

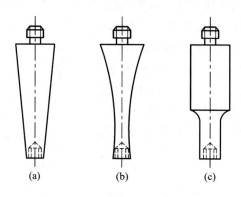

图 6-7　三种基本形式的变幅杆
(a) 圆锥形；(b) 指数形；(c) 阶梯形

图 6-7(a)为圆锥形的变幅杆，其振幅扩大比为 5~10 倍，制造方便；图 6-7(b)为指数形的变幅杆，其振幅扩大比为 10~20 倍，工作稳定但制造较困难；图 6-7(c)为阶梯形的变幅杆，其振幅扩大比为 20 倍以上，易于制造，但当它受负载阻力时振幅衰减严重，而且在其台阶处容易因应力集中而产生疲劳断裂，为此须加过渡圆弧。

变幅杆之所以能扩大振幅，是由于通过它的每一截面的振动能量是不变的(略去传播损耗)，截面小的地方能量密度较大，振幅也就越大。

为了获得较大的振幅，应使变幅杆的固有振动频率和外激振动频率相等，处于共振状态。为此，在设计、制造变幅杆时，应使其长度 L 等于超声波振动的半波长或其整倍数。实际生产中，加工小孔、深孔常用指数形变幅杆；阶梯形的因设计、制造容易，一般也常采用。

必须注意，超声波加工时并不是整个变幅杆和工具都在作上下高频振动，它和低频或工频振动的概念完全不一样。超声波在金属棒杆内主要以纵波形式传播，引起杆内各点沿波的前进方向按正弦规律在原地作往复振动，并以声速传导到工具端面，使工具端面作超声振动。

3. 工具

超声波的机械振动经振幅扩大棒(变幅杆)放大后传递给工具，使磨粒和工作液以一定的能量冲击工件，并加工出一定尺寸和形状的工件。

工具的形状和尺寸决定于被加工表面的形状和尺寸，它们相差一个"加工间隙"(稍大于平均的磨粒直径)。当加工表面积较小或批量较少时，工具和扩大棒做成一个整体，否则可将工具用焊接或螺纹连接等方法固定在扩大棒下端。当工具不大时，可以忽略工具对振动的影响；当工具较重时，会减低声学头的共振频率；工具较长时，应对扩大棒进行修正，使其满足半个波长的共振条件。

整个声学头(包括换能器、振幅扩大棒、工具)的连接部分应接触紧密,否则超声波传递过程中将损失很多能量。在螺纹连接处应涂以凡士林油,绝不可存在空气间隙,因为超声波通过空气时将很快衰减。换能器、扩大棒或整个声学头应选择在振幅为零的"驻波节点",夹固支承在机床上。

6.2.3 机床本体

超声加工机床一般比较简单,包括支撑超声振动系统的机架及工作台面,使工具以一定压力作用在工件上的进给机构以及床体等部分。图 6 - 8 所示是国产 CSJ - 2 型超声加工机床简图。如图所示,4、5、6 为超声振动系统,安装在一根能上下移动的导轨上,导轨由上、下两组滚动导轮定位,使导轨能灵活精密地上下移动。工具的向下进给及对工件施加压力靠的是超声振动系统的自重,为了能调节压力大小,在机床后部有可加压的平衡重锤 2。也有采用弹簧或其他办法加压的。

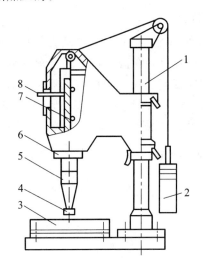

1—支架;2—平衡重锤;3—工作台;4—工具;
5—振幅扩大棒;6—换能器;7—导轨;8—标尺

图 6 - 8 CSJ - 2 型超声加工机床

6.2.4 磨料工作液及其冷却循环系统

小型超声加工机床的磨粒工作液更换及输送一般都是用手工完成的。若用泵供给,则能使磨粒工作液在加工区良好循环。若工具及振幅扩大棒较大,可以在工具与扩大棒中间开孔,从孔中输送工作液,以提高加工质量。对于较深的加工表面,应经常将工具定时抬起,以利于磨料的更换和补充。

作为工作液,效果较好而又最常用的是水。为了提高表面质量,有时也用煤油或机油做工作液。磨粒一般采用碳化硅、氧化铝,但是在加工硬质合金时用碳化硼,加工金刚石时则用金刚石粉。磨粒的粒度大小是根据加工生产率和精度要求选定的,粒度大的生产率高,但加工精度及表面粗糙度则较差。

冷却系统用于冷却换能器。一般常用流量为 $0.5\sim2.5$ L/min 的冷却水,通过环状喷头向换能器周围喷水降温。

6.3　超声波加工的工艺参数及其影响因素

超声波加工的工艺参数主要是指加工速度、加工精度、表面质量、工具磨损等。

6.3.1　加工速度及其影响因素

加工速度是指单位时间内去除材料的多少,单位通常以 g/min 或 mm^3/min 表示。加工玻璃的最高速度可达 $2000\sim4000$ mm^3/min。

影响加工速度的主要因素有:工具振动频率、振幅,工具和工件间的静压力,磨料的种类和精度,磨料工作液的浓度、供给及循环方式,工具与工件材料,加工面积,加工深度等。

1. 工具的振幅和频率的影响

加工速度随工具振动振幅增加而线性增加。振动频率提高时,在一定范围内亦可以提高加工速度,但随频率及振幅的提高,变幅杆和工具会承受较大的交变应力,从而会使它们的寿命缩短;振幅及频率同时提高会使变幅杆与工具及变幅杆与换能器间的能量损耗加大,故在超声波加工中,一般振幅为 $0.01\sim0.1$ mm,频率为 16 000 $\sim$ 25 000 Hz,如图 6-9 所示。实际加工中,应将频率调至共振频率,以获得最大的振幅。

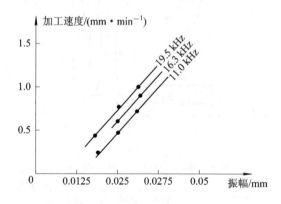

图 6-9　超声加工速度与振幅、频率的关系曲线
（工具截面：$\phi6.35$ mm；被加工材料：玻璃）

2. 进给压力的影响

加工时工具对工件应有一个合适的进给压力。若压力过小,则工具端面与工件加工面间隙加大,令磨粒对工件撞击力及打击深度降低,加工速度变小;压力过大,则工具末端与工件加工面间隙变小,磨料及工作液不能顺利更新,加工速度也变慢,如图 6-10 所示。

一般而言,加工面积小时,单位面积最佳静压力可较大。例如,采用圆形实心工具在玻璃上加工孔,加工面积在 $5\sim13$ mm^2 范围内时,其最佳静压力约为 4000 kPa;当加工面积在 20 mm^2 时,最佳静压力约为 $2000\sim3000$ kPa。

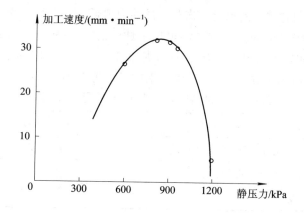

图 6-10 加工速度与进给压力的关系

3. 磨料的种类和粒度的影响

磨料硬度愈高，加工速度愈快，但要考虑价格成本。加工金刚石和宝石等超硬材料时，必须用金刚石磨料；加工硬质合金、淬火钢等高硬脆性材料时，宜采用硬度较高的碳化硼磨料；加工硬度不太高的脆硬材料时，可采用碳化硅；加工玻璃、石英、半导体等材料时，用刚玉类，如氧化铝（Al_2O_3）作磨料即可，如表 6-1 所示。

另外，磨料粒度愈粗，加工速度愈快，但精度和表面粗糙度则变差。

表 6-1　磨料选用

工　　件	磨　　料	工　作　液
硬质合金、淬火钢	碳化硼、碳化硅	水、煤油、汽油、酒精、机油、甘油等，磨料对水的质量比一般为 0.8～1
金刚石、宝石	金刚石磨料	
玻璃、石英、半导体材料	电刚玉（Al_2O_3）	

4. 磨料工作液浓度的影响

磨料工作液浓度低，则加工间隙内磨粒少，特别是在加工面积和深度较大时，可能造成加工区局部无磨料的现象，使加工速度大大下降。随着工作液中磨料浓度的增加，加工速度也增加。但浓度太高时，磨粒在加工区域的循环运动和对工件的撞击运动受到影响，又会导致加工速度降低。通常采用的浓度为磨料对水的质量比约为 0.8～1。

工作液的液体类型对加工速度的影响如表 6-2 所示。由表 6-2 可见，水的相对生产率最高，其原因是水的粘度小，湿润性高且有冷却性，对超声波加工有利。

表 6-2　几种工作液的液体相对生产率

液　　体	相对生产率	液　　体	相对生产率
水	1	机油	0.3
汽油、煤油	0.7	亚麻仁油和变压器油	0.28
酒精	0.57	甘油	0.03

5. 被加工材料的影响

材料脆度与超声波可加工性如表 6-3 所示。材料脆度 $t_x = \dfrac{\rho}{\sigma}$，其中，$\rho$ 为切应力，σ 为断裂应力。被加工材料愈脆，则承受冲击载荷的能力愈低，因此愈易被去除加工；反之，韧性较好的材料则不易加工。如假设玻璃的可加工性（生产率）为 100%，则锗、硅半导体单晶的可加工性为 200%～250%，石英的可加工性为 50%，硬质合金的可加工性为2%～3%，淬火钢的可加工性为 1%，不淬火钢的可加工性小于 1%。

表 6-3　材料脆度与超声波的可加工性

类别	材 料 名 称	脆度 t_x	可加工性
I	玻璃、石英、陶瓷、锗、硅、金刚石等	>2	易加工
II	硬质合金、淬火钢、钛合金等	1～2	可加工
III	铅、软钢、铜等	<1	难加工

6.3.2　加工精度及其影响因素

超声波加工的精度除受机床、夹具精度影响之外，主要与磨料粒度、工具精度及其磨损情况、工具横向振动大小、加工深度、被加工材料性质等有关。一般加工孔的尺寸精度可达±0.02～0.05 mm。在通常加工速度下，超声波加工最大孔径和所需功率的大致关系如表 6-4 所示。一般超声波加工的孔径范围约为 0.1～90 mm，深度可达直径的 10～20 倍以上。

表 6-4　超声波加工功率和最大加工孔径的关系

超声电源输出功率/W	50～100	200～300	500～700	1000～1500	2000～2500	4000
最大加工盲孔直径/mm	5～10	15～20	25～30	30～40	40～50	>60
用中空工具加工最大通孔直径/mm	15	20～30	40～50	60～80	80～90	>90

超声波加工的孔一般都有锥度，这与工具磨损及工具的横向振动有关，如图 6-11 所示。为了减小工具磨损对圆孔加工精度的影响，可将粗、精加工分开，并相应更换磨粒粒度，合理选择工具材料。工具及变幅杆的横向振动会引起磨粒对孔壁的二次加工，在孔深度方向上形成从进口端至出口端逐渐减小的锥度。

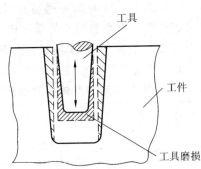

图 6-11　工具磨损对圆孔加工精度影响的示意图

当工具尺寸一定时，加工的孔的尺寸将比工具尺寸有所扩大，扩大量约为磨料磨粒直径的两倍，加工的孔的最小直径 D_{min} 约等于工具直径 D_1 与磨料磨粒平均直径 d_s 的两倍。表 6-5 给出了几种常用磨料粒度及其基本磨粒尺寸范围的关系。

表 6 - 5　常用磨料粒度及其基本磨粒尺寸范围

磨料粒度	120°	150°	180°	240°	280°	W40	W28	W20	W14	W10	W7
基本磨粒尺寸范围/μm	125～100	100～80	80～63	63～50	50～40	40～28	28～20	20～14	14～10	10～7	7～5

　　磨粒愈细，加工孔精度愈高。尤其在加工深孔时，细磨粒有利于减小孔的锥度。

　　在超声波加工过程中，磨料会由于冲击而逐渐磨钝并破碎，这些破碎和已钝化的磨粒会影响加工精度，而且即使新的磨料磨粒也不是完全均匀的。所以，选择均匀性好的磨料，并在使用 10～15 h 后经常更换磨料，对保证加工精度、提高加工速度是十分重要的。

　　此外，加工圆形孔时，其形状误差主要有椭圆度和锥度。椭圆度大小与工具横向振动大小和工具沿圆周磨损不均匀有关；锥度大小与工具磨损量有关。如果采用工具或工件旋转的方法，则可以提高孔的圆度和生产率。

6.3.3　表面质量及其影响因素

　　超声波加工具有较好的表面质量，不会产生表面烧伤和表面变质层。

　　超声波加工的表面粗糙度也较好，一般可在 1～0.1 μm 之间，它取决于每粒磨料每次撞击工件表面后留下的凹痕大小，与磨料颗粒的直径、被加工材料的性质、超声振动的振幅以及磨料工作液的成份等有关。

　　当磨粒尺寸较小、工件材料硬度较大、超声振幅较小时，加工表面粗糙度将得到改善，但生产率也随之降低，如图 6 - 12 所示。

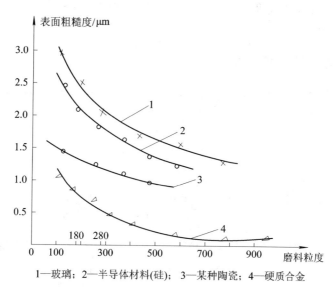

1—玻璃；2—半导体材料(硅)；3—某种陶瓷；4—硬质合金

图 6 - 12　超声波加工表面粗糙度与磨料粒度的关系

　　磨料工作液的性能对表面粗糙度的影响比较复杂。实践表明，用煤油或润滑油代替水可使表面粗糙度有所改善。

6.3.4　工具磨损

　　超声波加工过程中，工具也同时受到磨粒的冲击及空化作用而产生磨损。表 6-6 所示为不同材质的工具加工玻璃和硬质合金的磨损情况。由表 6-6 可见，用碳钢或不淬火工具钢制造工具，磨损较小，制造容易且强度高。

表 6-6　不同材质工具加工中的工具磨损情况

工具材料	被加工材料					
	玻　　璃			硬 质 合 金		
	纵向磨损/mm	加工深度/mm	相对磨损/%	纵向磨损/mm	加工深度/mm	相对磨损/%
硬质合金	0.038	38.3	0.1	3.5	3.18	110
低碳钢	0.45	45.1	1.0	2.8	3.18	88
黄铜	0.53	31.8	1.68	4.45	3.18	140
不锈钢	0.2	29.2	0.7	0.4	1.14	35
T8 淬火工具钢	0.064	13.9	0.46	0.3	1.17	26

注：实验条件为工具振动频率 20 kHz，工具双振幅 51 μm，工具直径 φ6.4 mm；磨料为碳化镉 100°；最佳静压力状态下加工。

6.4　超声波加工的应用

超声波加工的生产率虽然比电火花、电解加工等特种加工方法低，但其加工精度和表面粗糙度都比它们好，而且能加工半导体、非导体的脆硬材料，如玻璃、石英、宝石、锗、硅甚至金刚石等。即使是电火花加工后的一些淬火钢、硬质合金冲模、拉丝模、塑料模具，最后也可用超声波抛磨、光整加工。

6.4.1　超声波的型孔、型腔加工

超声波加工型腔、型孔时，具有精度高、表面质量好的优点。目前，在各工业部门中，超声波主要用于对脆硬材料加工圆孔、型孔、型腔、套料、微细孔等，如图 6-13 所示。

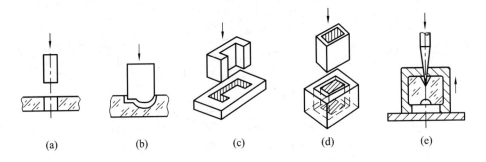

　　　(a)　　　　　　(b)　　　　　　(c)　　　　　　(d)　　　　　　(e)

图 6-13　超声加工的型孔、型腔加工应用

(a) 加工圆孔；(b) 加工型腔；(c) 加工异型孔；(d) 套料加工；(e) 加工微细孔

加工某些冲模、型腔模、拉丝模时，先经过电火花、电解及激光加工(粗加工)后，再用超声波研磨抛光，以减小表面粗糙度值，提高表面质量。如拉伸模、拉丝模多用合金工具钢制造，若改用硬质合金，以超声波加工(电火花加工常会产生微裂纹)，则模具寿命可提高 80～100 倍。

图 6-14 所示为硬质合金下料阴模（凹模）的加工示意图。其工艺过程是：

（1）电火花加工出预制孔，孔壁留大约 1 mm，作为超声波加工余量。

（2）超声波粗加工，磨料粒度为 $180^{\#} \sim 240^{\#}$，工具直径按比工件孔径最终尺寸小 0.5 mm 设计，如图 6-14(a) 所示。由于超声波加工后孔有扩大量及锥度，因此在入口端单面留有 0.15 mm 加工余量，出口端单面留有 0.21 mm 加工余量。如图 6-14(b) 所示。

（3）超声波精加工，磨料粒度为 $W_{20} \sim W_{10}$，工具直径按比工件孔径最终尺寸减小 0.08 mm 设计，如图 6-14(c) 所示。由于加工后的孔有扩大量及锥度，因此入口端已达到工件最终尺寸时，出口端单面仍留有 0.025 mm 的加工余量，如图 6-14(d) 所示。

（4）用超声波加工研磨修整内孔，将原来约 $40'$ 斜度修正为 $4'$，如图 6-14(e) 所示。

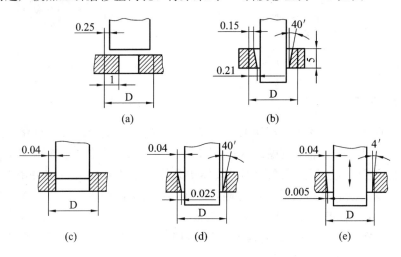

图 6-14　硬质合金下料阴模加工示意图

6.4.2　超声波切割

用普通机械加工切割脆硬的半导体材料是很困难的，采用超声波切割则较为有效。图 6-15 所示为用超声波加工法切割单晶硅片的示意图。切割时，首先用铝焊或铜焊将工具（薄钢片或磷青铜片）焊接在变幅杆的端部；加工时喷注磨料液，一次可以切割 10~20 片。

图 6-16 所示为成批切块刀具，它采用了一种多刃刀具，即包括一组厚度为 0.127 mm 的软钢刃刀片，间隔 1.14 mm，铆合在一起，然后焊接在变幅杆上。刀片伸出的高度应足够在磨损后作几次重磨。最外边的刀片应比其他刀片高出 0.5 mm，切割时插入坯料的导槽中，起定位作用。

加工时喷注磨料液，将坯料片先切割成 1 mm 宽的长条，然后将刀具转过 90°，使导向片插入另一导槽中，进行第三次切割以完成模块的切割加工。图 6-17 所示为已切成的陶瓷模块。

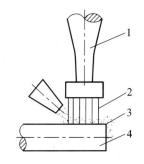

1—变幅杆；2—工具（薄钢片）；
3—磨料液；4—工件（单晶硅）

图 6-15　超声波切割单晶硅片

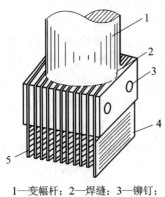

1—变幅杆；2—焊缝；3—铆钉；
4—导向片；5—软钢刀片

图 6-16　成批切槽（块）刀具

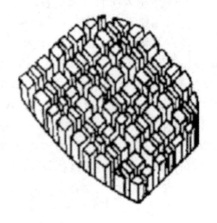

图 6-17　切割成的陶瓷模块

6.4.3　超声清洗

超声清洗的原理主要基于超声频振动在液体中产生的交变冲击波和空化作用。超声波在清洗液（汽油、煤油、酒精、丙酮或水等）中传播时，液体分子往复高频振动，产生正、负交变的冲击波，当声波达到一定数值时，液体中急剧生长微小空化气泡并瞬时强烈闭合，产生的微冲击波使被清洗物表面的污物遭到破坏，并从被清洗表面脱落下来。即使是被清洗物上的窄缝、细小深孔、弯孔中的污物，也很易被清洗干净。所以，超声清洗被广泛用于对喷油嘴、喷丝板、微型轴承、仪表齿轮、手表机芯、印制电路板、集成电路微电子器件等的清洗，可获得很高的净化度。图 6-18 所示为超声清洗装置示意图。

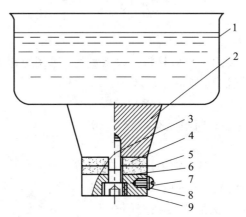

1—清洗槽；2—硬铝合金；3—压紧螺钉；4—换能器压电陶瓷；
5—镍片(＋)；6—镍片；7—接线螺钉；8—垫圈；9—钢垫块

图 6-18　超声清洗装置

超声清洗时，清洗液会逐渐变脏，对被清洗的零件造成二次污染。采用超声气相清洗，可以解决上述弊病，达到更好的清洗效果。超声气相清洗装置由超声清洗槽、气相清洗槽、蒸馏回收槽、水份分离槽、超声发生器等组成，如图 6-19 所示。

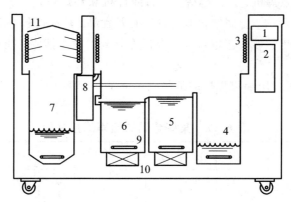

1—操作面板；2—超声发生器；3—冷排管；4—气相清洗槽；
5—第二超声清洗槽；6—第一超声清洗槽；7—蒸馏回收槽；
8—水份分离器；9—加热装置；10—换能器；11—冷凝器

图 6-19 四槽式超声气相清洗机示意简图

零件经过两次超声清洗后，即悬吊于气相清洗槽上方进行气相清洗。气相清洗剂选用沸点低(40～50℃)、不易燃、化学性质稳定的有机溶剂，如三氯乙烯、三氯乙烷或氟里昂等。当气相清洗槽内的溶剂加热后即迅速蒸发，蒸汽遇零件后即凝结成雾滴下降，面对零件进行淋洗，在槽的上方有冷排管，清洗液蒸汽遇冷后即凝结下降，也对工件起淋浴清洗作用，最后回落到气相清洗槽中而不致溢出槽外。超声清洗剂还可以通过独立的蒸馏回收槽回收以重新使用。

6.4.4 超声焊接

超声焊接的原理是利用超声频振动作用，去除工件表面的氧化膜，显露出新的本体表面，在两个被焊工件表面分子的高速振动撞击下摩擦发热并亲和粘接在一起。图 6-20 为超声焊接示意图。

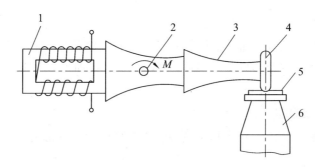

1—换能器；2—固定轴；3—变幅杆；4—焊接工具头；5—工件；6—反射体

图 6-20 超声焊接示意图

超声焊接可以焊接尼龙、塑料以及表面易生成氧化膜的铝制品等。由于在超声焊接时时间短，且薄表面层冷却快，因此获得的接头焊接区是细晶粒组成的连续层。目前，超声焊机有四种类型，即点焊机、连续缝焊机、直线焊机和环焊机，主要应用于焊接电子电器元件及集成电路的接引线、金属箔包装件的密封及食品、药品的包装等。

此外，利用超声化学镀工艺也可以在陶瓷等非金属表面挂锡、挂银及涂覆熔化的金属薄层。

表6-7所示为可以用超声焊接的某些成对金属。从表中可以看出，某些金属在超声作用下扩大了可焊接性。

表 6 - 7　某些金属的超声焊接性能

金属	铝	铍	铜	铁	镁	钼	镍	钽	钛	钨	锆
铝	+	+	+	+	+	+	+	+	+	+	+
铍		+	—	—	—	—	—	—	—	—	—
铜			+	+	—	+	+	—	+	—	+
铁				+	—	+	+	+	+	+	+
镁					+	—					
钼						+	+	+	+	+	+
镍							+	—	+	—	—
钽								+	—	—	—
钛									+	—	—
钨										+	—
锆											+

　　　　注："+"表示可以焊接；"—"表示不易焊接。

此外，利用超声波的定向发射、反射等特性，还可进行测距和探伤等。

6.4.5　超声波复合加工

在利用超声波加工硬质合金、耐热合金等硬质金属材料时，加工速度较低，工具损耗较大。为了提高加工速度及降低工具损耗，可以把超声波加工和其他加工方法相结合进行复合加工。

1. 超声波电解复合加工

用超声波电解复合加工方法来加工喷油嘴、喷丝板上的小孔或窄槽，可以大大提高加工速度和质量。

图6-21所示为超声电解复合加工小孔和深孔的示意图。工件5接直流电源6的正极，工具3(钢丝、钨丝或铜丝)接负极。工件与工具间施加6～18 V的直流电压，采用钝化性电解液混加磨料作电解液，被加工表面在电解液中产生阳极溶解，电解产物阳极钝化膜被超声振动的工具和磨料破坏，由超声振动引起的空化作用引起了钝化膜的破坏和磨料电解液的循环更新，从而使加工速度和质量大大提高。

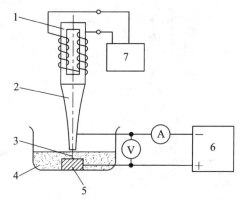

1—换能器；2—变幅杆；3—工具；4—电解液和磨料；
5—工件；6—直流电源；7—超声发生器

图 6-21　超声波电解复合加工小孔

2. 超声波电火花复合加工

用超声电火花复合加工法加工小孔、窄缝及精微异形孔时，也可获得较好的工艺效果。

其方法是在普通电火花加工时引入超声波，使电极工具端面作超声振动。其装置与图6-21类似，超声振动系统夹持在电火花加工机床主轴头下部，电火花加工用的方波脉冲电源（RC 线路脉冲电源也可）加到工具和工件上（精加工时工件接正极），加工时主轴作伺服进给，工具端面作超声振动。当不加超声的电火花精加工时的放电脉冲利用率为 3%～5%，加上超声振荡后，电火花精加工时的有效放电脉冲利用率可提高到 50% 以上，从而提高生产率 2～20 倍，愈是小面积、小用量加工，生产率的提高倍数愈多。

但随着加工面积和加工用量（脉宽、峰值电流、峰值电压）的增大，工艺效果却逐渐不明显，与不加超声时的指标相接近。

超声电火花复合精微加工时，超声功率和振幅不宜大，否则将引起工具端面和工件瞬时接触频繁短路，导致电弧放电。

3. 超声波复合研磨抛光

超声振动还可用于研磨抛光电火花或电解加工之后的模具表面、拉丝模小孔等，可以改善表面粗糙度。超声波研磨抛光时，工具与工件之间最好有相对转动或往复移动。

在光整加工中，利用导电油石或镶嵌金刚石颗粒的导电工具，对工件表面进行电解超声波复合抛光加工，更有利于改善表面粗糙度。如图 6-22 所示，用一套超声振动系统使工具头产生超声振动，并在超声变幅杆上接直流电源的阴极，在被加工工件上接直流电源阳极。电解液由外部导管导入工作区，也可以由变幅杆内的导管流入工作区。于是在工具和工件之间产生电解反应，工件表面发生电化学阳极溶解，电解产物和阳极钝化膜不断地被高频振动的工具头刮除并被电解液冲走。采用这种方法时，由于有超声波的作用，使油石的自砺性好，又由于电解液在超声波作用下的空化作用，使工件表面的钝化膜去除加快，这相当于增加了金属表面活性，使金属表面凸起部分优先溶解，从而达到了平整的效果。工件表面的粗糙度值可达到 $0.15～0.17~\mu m$。

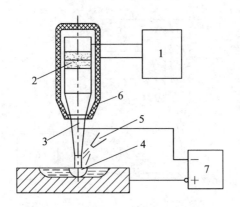

1—超声发生器；2—压电陶瓷换能器；3—变幅杆；4—导电油石；
5—电解液喷嘴；6—工具手柄；7—直流电源

图 6-22　手携式电解超声波复合抛光原理图

4. 超声波切削复合加工

在车、钻、攻螺纹中引入超声波，可用于切削难加工材料，能有效地降低切削力，降低表面粗糙度值，延长刀具使用寿命，提高生产率等。图 6-23 所示为超声波振动车削示意图。

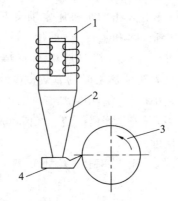

1—换能器；2—变幅杆；3—工件；4—车刀

图 6-23　超声振动切削加工

习题与思考题

6-1　超声波加工的原理和特点是什么？

6-2　超声波加工设备的进给系统有何特点？

6-3　超产波加工时，工具系统的振动有何特点？

6-4　为什么超声波加工技术特别适合于加工硬脆材料？

6-5　试举例说明超声波在工业、农业或其他行业中的应用情况。

第 7 章　电子束和离子束加工

电子束加工(Electron Beam Machining，简称 EBM)和离子束加工(Ion Beam Machining，简称 IBM)是近年来得到较大发展的新兴特种加工方法。它们在精密微细加工方面，尤其是在微电子学领域中得到较多的应用。电子束加工主要用于打孔、焊接等热加工和电子束光刻化学加工。离子束加工主要用于离子刻蚀、离子镀膜和离子注入等加工。近期发展起来的亚微米加工和毫微米加工技术就主要用的是离子束加工和电子束加工。

7.1　电　子　束　加　工

7.1.1　电子束加工的原理及特点

1. 电子束加工的原理

如图 7-1 所示，电子束加工是在真空条件下，利用聚焦后能量密度极高($10^6 \sim 10^9$ W/cm^2)的电子束，以极高的速度冲击到工件表面极小面积上，在极短的时间(几分之一微秒)内，其能量的大部分转变为热能，使被冲击部分的工件材料达到几千摄氏度以上的高温，从而引起材料的局部熔化和汽化，再用真空系统抽走汽化的材料的加工方法。这种利用电子束热效应的加工称为电子束热加工。

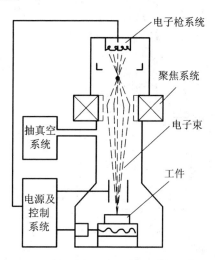

图 7-1　电子束加工原理及设备组成

电子束加工的另一种方式是利用电子束流的非热效应。功率密度较小的电子束流和电子胶相互作用，电能转化为化学能，产生辐射化学或物理效应，使电子胶的分子链被切断或重新组合而形成分子量的变化，从而实现电子束曝光。采用这种方法，可以实现材料表面微槽或其他几何形状的刻蚀加工。

2. 电子束加工的特点

电子束加工具有如下特点：

（1）由于电子束能够极其微细地聚焦，甚至能聚焦到 $0.1\ \mu m$，因此加工面积可以很小，是一种精密微细的加工方法。微型机械中的光刻技术可达到亚微米级宽度。

（2）电子束能量密度很高，使照射部分的温度超过材料的熔化和汽化温度，去除材料主要靠瞬时蒸发。它是一种非接触式加工，工件不受机械力作用，不产生宏观应力和变形。加工材料范围很广，对脆性、韧性、导体、非导体及半导体材料都可加工。

（3）电子束的能量密度高，因而加工生产率很高。例如，每秒钟可以在 2.5 mm 厚的钢板上钻 50 个直径为 0.4 mm 的孔；厚度为 200 mm 的钢板，电子束可以 4 mm/s 的速度一次焊透。

（4）可以通过磁场或电场对电子束的强度、位置、聚焦等进行直接控制，所以整个加工过程便于实现自动化。特别是在电子束曝光中，从加工位置找准到加工图形的扫描都可实现自动化。在电子束打孔和切割时，可以通过电气控制加工异形孔，实现曲面弧形切割等。

（5）由于电子束加工是在真空中进行的，因而污染少，加工表面不氧化，特别适用于加工易氧化的金属、合金材料以及纯度要求极高的半导体材料。

（6）电子束加工需要一整套专用设备和真空系统，价格较贵，生产应用有一定局限性。

7.1.2　电子束加工的装置

电子束加工装置的基本结构如图 7-2 所示，它主要由电子枪、真空系统、控制系统和电源等部分组成。

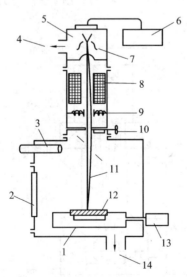

1—移动工作台；2—带窗真空室门窗；3—观察筒；4、14—抽气口；5—电子枪；
6—加速电压控制；7—束流强度控制板；8—束流聚焦控制；9—束流位置控制；
10—更换工件用截止阀；11—电子束；12—工件；13—电动机

图 7-2　电子束加工装置结构示意图

1. 电子枪

电子枪是获得电子束的装置，它包括发射电子的阴极、控制栅极和加速的阳极等，如图 7-3 所示。阴极经电流加热发射电子，带负电荷的电子高速飞向带高电位的阳极，在飞向阳极的过程中，经过加速极加速，又通过电磁透镜把电子束聚焦成很小的束斑。

发射阴极一般用钨或钽制成，在加热状态下发射大量电子。小功率时用钨或钽做成丝状阴极，如图 7-3(a) 所示；大功率时用钽做成块状阴极，如图 7-3(b) 所示。控制栅极为中间有孔的圆筒形，其上加以较阴极为负的偏压，既能控制电子束的强弱，又有初步的聚焦作用。加速阳极通常接地，而阴极为很高的负电压，所以能驱使电子加速。

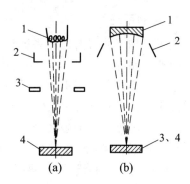

1—发射电子的阴极；2—控制栅极；
3—加速的阳极；4—工件

图 7-3　电子枪

2. 真空系统

真空系统用于保证在电子束加工时维持 $1.33×10^{-2}$ ～ $1.33×10^{-4}$ Pa 的真空度。因为只有在高真空中，电子才能高速运动。此外，加工时的金属蒸汽会影响电子发射，产生不稳定现象，因此，也需要不断地把加工中生产的金属蒸汽抽出去，如图 7-4 所示。

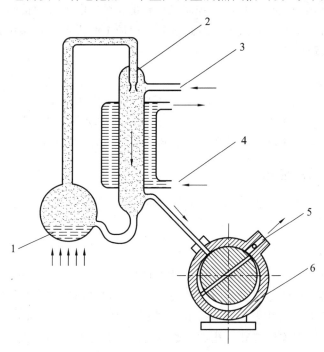

1—油(或水银)；2—扩散泵；3—高真空抽气；4—冷却水；5—排气口；6—机械泵

图 7-4　抽真空系统示意图

真空系统一般由机械旋转泵和油扩散泵或涡轮分子泵两级组成，先用机械旋转泵把真空室抽至 1.4～0.1⁴ Pa，然后由油扩散泵或涡轮分子泵抽至 0.014～0.000 14 Pa 的高真空度。

3. 控制系统

电子束加工装置的控制系统包括束流聚焦控制、束流位置控制、束流强度控制以及工作台位移控制等。

束流聚焦控制用于提高电子束的能量密度，使电子束聚焦成很小的束斑，它基本上决定着加工点的孔径或缝宽。聚焦方法有两种：一是利用高压静电场使电子流聚焦成细束；另一是利用电磁透镜的磁场聚焦。

所谓电磁透镜，实际上是一个电磁线圈，它通电后产生的轴向磁场与电子束中心线并行，径向磁场与中心线垂直。根据左手定则，电子束在前进运动中切割径向磁场时，将产生圆周运动，而在圆周运动时，在轴向磁场中将又产生一个径向运动，所以实际上每个电子的合成运动为一个半径愈来愈小的空间螺旋线，最终聚焦于一点。为了消除像差和获得更细的焦点，常进行第二次聚焦。

束流位置控制用于改变电子束的方向，常用磁偏转来控制电子束焦点的位置。如果使偏转电压或电流按一定程序变化，则电子束焦点便按预定的轨迹运动。

为了获得较好的经济效益，必须根据工件材料的熔点、沸点等来选取电子束参数。例如，使脉冲能量的 75% 用于材料熔化，余下的 25% 能量使蚀除材料的 5% 汽化，靠汽化时的喷爆作用使熔化的材料去除，因此常在束流强度控制极上加上比阴极电位更低的负偏压来实现束流强度控制。

工作台位移控制用于在加工过程中控制工作台的位置。电子束的偏转距离只能在数毫米之内，过大将增加像差和影响线性，因此在大面积加工时需要用伺服电机控制工作台移动，并与电子束的偏转相配合。

4. 电源

电子束加工装置对电源电压的稳定性要求较高，通常电源电压波动范围不得超过百分之几，这是因为电子束聚焦以及阴极的发射强度与电压波动有密切关系，所以常用稳压设备。各种控制电压以及加速电压由升压整流或超高压直流发电机供给。

7.1.3　电子束加工的应用

电子束加工按其功率密度和能量注入时间的不同，可用于打孔、切割、蚀刻、焊接、热处理和光刻加工等。

1. 高速打孔

电子束打孔已在生产中实际应用，目前最小直径可达 0.003 mm 左右。打孔的速度主要取决于板厚和孔径，孔的形状复杂时还取决于电子束扫描速度（或偏转速度）以及工件的移动速度。通常每秒可加工几十到几万个孔。例如，喷气发动机套上的冷却孔，机翼的吸附屏的孔，不仅孔的密度连续变化，孔数达数百万个，而且有时还要改变孔径，此时最宜用电子束高速打孔。高速打孔可在工件运动中进行。例如，在 0.1 mm 厚的不锈钢上加工直径 0.2 mm 的孔，速度为 3000 孔每秒。

在人造革、塑料上用电子束打大量微孔，可使其具有如真皮革那样的透气性。现在生产上已出现了专用塑料打孔机，将电子枪发射的片状电子束分成数百条小电子束同时打孔，其速度可达 50000 孔每秒，孔径 120～40 μm 可调。

电子束打孔还能加工深孔，如在叶片上打深度 5 mm、直径 0.4 mm 的孔，孔的深径比大于 10∶1。

用电子束加工玻璃、陶瓷、宝石等脆性材料时，由于在加工部位的附近有很大温差，容易引起变形甚至破裂，因此在加工前或加工时，需用电阻炉或电子束进行预热。采用电子束预热零件时，加热用的电子束称为回火电子束。回火电子束是发散的电子束。

2. 加工型孔及特殊表面

图 7-5 所示为电子束加工的喷丝头型孔截面的一些实例。出丝口的窄缝宽度为 0.03～0.07 mm，长度为 0.80 mm，喷丝板厚度为 0.6 mm。为了使人造纤维具有光泽、松软有弹性、透气性好，喷丝头的型孔都是特殊形状的。

电子束还可以用来切割各种复杂型面，切口宽度为 6～3 μm，边缘表面粗糙度可控制在 ±0.5 μm。

离心过滤机、造纸化工过滤设备中，钢板上的小孔为锥孔（上小下大），这样可防止堵塞，并便于反冲清洗。用电子束在 1 mm 厚不锈钢板上打 φ0.13 mm 锥形孔，每秒可打 460 孔，在 3 mm 厚的不锈钢板上打 φ1 mm 锥形孔，每秒可打 20 孔。

燃烧室混气板及某些叶片需要打不同方向的斜孔，使叶片容易散热，从而提高发动机的输出功率。如某种叶片需要打斜孔 30 000 个，使用电子束加工能廉价地实现。燃气轮机上的叶片、混气板和蜂房消音器等三个重要部件已用电子束打孔代替电火花打孔。

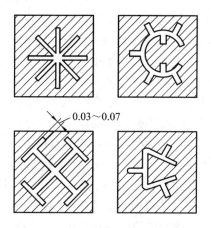

图 7-5　电子束加工的喷丝头异形孔

电子束不仅可以加工各种直的型孔和型面，而且可以加工弯孔和曲面。利用电子束在磁场中偏转的原理，使电子束在工件内部偏转，控制电子速度和磁场强度，即可控制曲率半径，也就可以加工出弯曲的孔。如果同时改变电子束和工件的相对位置，就可进行切割和开槽。如图 7-6(a) 所示，对长方形工件 1 施加磁场之后，若一面用电子束 3 轰击，一面依箭头 2 方向移动工件，就可获得如实线所示的曲面。经如图 7-6(a) 所示的加工后，再改变磁场极性进行加工，就可获得如图 7-6(b) 所示的工件。同样原理，可加工出如图 7-6(c) 所示的弯缝。如果工件不移动，只改变偏转磁场的极性，则可获得如图 7-6(d) 所示的一个入口两个出口的弯孔。

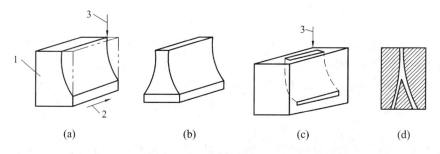

(a)　　　　　　　(b)　　　　　　　(c)　　　　　　　(d)

1—工件；2—工件运动方向；3—电子束

图 7-6　电子束加工曲面、弯孔

3. 刻蚀

在微电子器件生产中，为了制造多层固体组件，可利用电子束对陶瓷或半导体材料刻出许多微细构槽和孔，如在硅片上刻出宽 2.5 μm、深 0.25 μm 的细槽；在混合电路电阻的金属镀层上刻出 40 μm 宽的线条。还可在加工过程中对电阻值进行测量校准，这些都可用计算机自动控制完成。

电子束刻蚀还可用于制版，如在铜制印滚筒上按色调深浅刻出许多大小与深浅不一的沟槽或凹坑，其直径为 70～120 μm，深度为 5～40 μm，小坑代表浅色，大坑代表深色。

4. 焊接

电子束焊接是利用电子束作为热源的一种焊接工艺。当高能量密度的电子束轰击焊件表面时，使焊件接头处的金属熔融，在电子束连续不断地轰击下，形成一个被熔融金属环绕着的毛细管状的蒸汽管。如果焊件按一定速度沿着焊件接缝与电子束作相对移动，则接缝上的蒸汽管由于电子束的离开而重新凝固，使焊件的整个接缝形成一条焊缝。

由于电子束的能量密度高，焊接速度快，因此电子束焊接的焊缝深而窄，焊件热影响区小，变形小。电子束焊接一般不用焊条，焊接过程在真空中进行，因此焊缝化学成份纯净，焊接接头的强度往往高于母材。

电子束焊接可以焊接难熔金属，如钽、铌、钼等，也可焊接钛、锆、铀等化学性能活泼的金属。对于普通碳钢、不锈钢、合金钢、铜、铝等各种金属，也能用电子束焊接。电子束焊接可焊接很薄的工件，也可焊接几百毫米厚的工件。

电子束焊接还能焊接用一般焊接方法难以完成的异种金属焊接，如铜和不锈钢的焊接，钢和硬质合金的焊接，铬、镍和钼的焊接等。

由于电子束焊接对焊件的热影响小、变形小，因此可以在工件精加工后进行。又由于它能够实现异种金属焊接，因此就有可能将复杂的工件分成几个零件，这些零件可以单独地使用最合适的材料，采用合适的方法来加工制造，最后利用电子束焊接成一个完整的工件，从而获得理想的技术性能和显著的经济效益。例如，可变后掠翼飞机的中翼盒长达 6.7 m，壁厚 12.7～57 mm，钛合金小零件可以用电子束焊接制成，共 70 道焊缝，仅此一项工艺就减轻飞机重量 270 kg；大型涡轮风扇发动机的钛合金机匣，壁厚 1.8～69.8 mm，外径 2.4 m，是发动机中最大、加工最复杂、成本最高的部件，采用电子束焊接后，节约了材料和工时，成本降低 40%。此外，登月仓的铍合金框架和制动引擎的 64 个零部件也都采用了电子束焊接。

5. 热处理

电子束热处理也是把电子束作为热源，但适当控制电子束的功率密度，使金属表面加热而不熔化，达到热处理的目的。电子束热处理的加热速度和冷却速度都很高，在相变过程中，奥氏体化时间很短，只有几分之一秒乃至千分之一秒，奥氏体晶粒来不及长大，从而能获得一种超细晶粒组织，可使工件获得用常规热处理不能达到的硬度，硬化深度可达 0.3～0.8 mm。

电子束热处理与激光热处理类同，但电子束的电热转换效率高，可达 90%，而激光的转换效率只有 7%～10%。电子束热处理在真空中进行，可以防止材料氧化，电子束设备的功率可以做得比激光功率大，所以电子束热处理工艺很有发展前途。

如果用电子束加热金属达到表面熔化，可在熔化区添加元素，使金属表面形成一层很薄的新的合金层，从而获得更好的机械物理性能。铸铁的熔化处理可以产生非常细的莱氏体结构，其优点是抗滑动磨损。铝、钛、镍的各种合金几乎全可进行添加元素处理，从而得到很好的耐磨性能。

6. 电子束曝光

先利用低功率密度的电子束照射称为电致抗蚀剂的高分子材料，由入射电子与高分子相碰撞，使分子的链被切断或重新聚合而引起分子量的变化，这一步骤称为电子束曝光，如图 7-7(a)所示。如果按规定图形进行电子束曝光，就会在电致抗蚀剂中留下潜像。然后将它浸入适当的溶剂中，则由于分子量不同而溶解度不一样，就会使潜像显影，如图 7-7(b)所示。将光刻与离子束刻蚀或蒸镀工艺结合，见图 7-7(c)、(d)，就能在金属掩模或材料表面上制出图形，见图 7-7(e)、(f)。

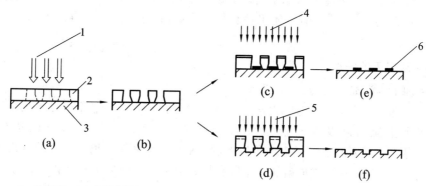

1—电子束；2—电致抗蚀剂；3—基板；4—金属蒸汽；5—离子束；6—金属

图 7-7　电子束曝光加工过程

(a) 电子束曝光；(b) 显影；(c) 蒸镀；(d) 离子刻蚀；(e)、(f) 去掉抗蚀剂，留下图形

由于可见光的波长大于 $0.4~\mu m$，因此曝光的分辨率小于 $1~\mu m$ 较难。用电子束曝光最佳可达到 $0.25~\mu m$ 的线条图形分解率。

此外，还有电子束掺杂、电子束熔炼等，随着电子束加工设备、工艺的进一步研究、应用和完善，电子束加工的应用前景将更加广阔。

7.2　离 子 束 加 工

7.2.1　离子束加工的原理及特点

1. 离子束加工的原理

离子束加工的原理和电子束加工的原理基本类似，也是在真空条件下，将离子源产生的离子束经过加速聚焦，使之打到工件表面。不同的是离子带正电荷，其质量比电子大数千、数万倍，如氩离子的质量是电子的 7.2 万倍，所以一旦离子加速到较高速度时，离子束比电子束具有更大的撞击动能，它是靠微观的机械撞击能量，而不是靠动能转化为热能来加工的。

高速电子在撞击工件材料时，因电子质量小、速度大，动能几乎全部转化为热能，使工件材料局部熔化、汽化，它主要是通过热效应进行加工的。而离子本身质量较大，速度较低，撞击工件材料时，将产生变形、分离、破坏等机械作用。例如，加速到几十电子伏到几千电子伏时，主要用于离子溅射加工；如果加速到 1 万到几万电子伏，且离子入射方向与工件表面成 $25°\sim30°$，则离子可将工件表面的原子或分子撞击出去，以实现离子铣削、离子蚀刻或离子抛光等；当加速到几十万电子伏或更高时，离子可穿入工件材料内部，称为离子注入。

电子束加工的物理过程是用空腔理论进行解释的，其本质是一种热过程，被高速轰击的工件材料产生局部蒸发，加工是通过使蒸发进程重复进行而实现的。而离子束加工的物理过程与电子束加工不同，因离子的质量大、动量大，其物理本质更加复杂。实验表明，离子束加工主要是一种无热过程。当入射离子碰到工件材料时，撞击原子、分子，由于制动作用使离子失去能量。因离子与原子之间的碰撞接近于弹性碰撞，所以离子损失的能量传递给原子、分子，其中一部分能量使工件材料产生溅射、抛出，其余能量转变为材料晶格的振动能。

2. 离子束加工的特点

离子束加工具有如下特点：

(1) 由于离子束可以通过电子光学系统进行聚能扫描，离子束轰击材料是逐层去除原子的，且离子束流密度及离子能量可以精确控制，因此离子刻蚀可以达到毫微米 $(0.001\ \mu m)$ 级的加工精度，离子镀膜可以控制在亚微米级精度，离子注入的深度和浓度也可极精确地控制。所以说，离子束加工是所有特种加工方法中最精密、最微细的加工方法，是当代毫微米加工技术的基础。

(2) 由于离子束加工是在高真空中进行的，因此污染少，特别适用于对易氧化的金属、合金材料和高纯度半导体材料的加工。

(3) 离子束加工是靠离子轰击材料表面的原子来实现的，它是一种微观作用，宏观压力很小，所以加工应力、热变形等极小，加工质量高，适合于对各种材料和低刚度零件的加工。

(4) 离子束加工设备费用贵、成本高、加工效率低，因此应用范围受到一定限制。

7.2.2　离子束加工的装置

离子束加工装置与电子束加工装置类似，它也包括离子源、真空系统、控制系统和电源等部分。主要的不同部分是离子源系统。

离子源用以产生离子束流。产生离子束流的基本原理和方法是使离子电离。具体方法是把要电离的气态原子(惰性气体或金属蒸汽)注入电离室，经高频放电、电弧放电、等离子体放电或电子轰击，使气态原子电离为等离子体。等离子体是多种离子的集合体，其中有带电粒子和不带电粒子，在宏观上呈电中性。采用一个相对于等离子体为负电位的电极(吸极)，将离子由等离子体中引出而形成离子束流，而后使其加速射向工件或靶材。

离子源的基本要求有：

(1) 带离子束成型装置的离子源给出的连续束或脉冲束的束流强度应能达到所要求的大小。

（2）离子源给出的离子成份应纯净、无污染，并能达到规定的离子平均能量和最小离子速度，即离子速度差越小越好。

（3）离子源的效率要高，应在最低工作物质消耗率之下获得所需要的离子束流强度。

（4）离子源的工作应稳定可靠，应寿命长、结构简单、维修方便等。

根据离子束产生的方式和用途的不同，离子源有很多型式，常用的有考夫曼型离子源、双等离子管型离子源和高频放电型离子源。具体关于离子源的介绍可参考相关书籍，这里因篇幅限制不予介绍。

7.2.3　离子束加工的应用

离子束加工的应用范围正在日益扩大、不断创新。目前用于改变零件尺寸和表面机械物理性能的离子束加工有离子刻蚀加工、离子镀膜加工、离子注入加工等，如图 7-8 所示。

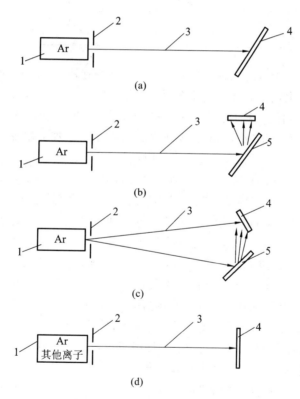

1—离子源；2—吸极；3—离子束；4—工件；5—靶材

图 7-8　各类离子束加工示意图
（a）离子刻蚀；（b）离子溅射沉积；（c）离子镀；（d）离子注入

1. 离子刻蚀加工

离子刻蚀是通过用能量为 0.5～5 keV 的离子轰击工件，使工件材料原子从工件表面去除的工艺过程，它是一个撞击溅射过程。当离子束轰击工件时，入射离子的动量传递到工件表面原子，传递的能量超过了原子间的键合力时，靶原子就从工件表面撞击溅射出来，从而达到刻蚀的目的。为了避免入射离子与工件材料发生化学反应，必须用惰性元素的原子。氩气的原子序数高，而且价格便宜，所以通常用氩离子进行轰击刻蚀。由于离子直径很小(约十分之几纳米)，可以认为离子刻蚀的过程是逐个原子剥离的，刻蚀的分辨率可达微米甚至亚微米级，但刻蚀速度很低，剥离速度大约每秒一层到几十层原子。因此，离子刻蚀是一种原子尺度的切削加工，又称离子铣削。表 7-1 列出了一些材料的典型刻蚀率。

表 7-1　一些材料的典型刻蚀率

靶材料	刻蚀率/(nm·min^{-1})	靶材料	刻蚀率/(nm·min^{-1})	靶材料	刻蚀率/(nm·min^{-1})
Si	36	Ni	54	Cr	20
AgGa	260	Al	55	Zr	32
Ak	200	Fe	32	Nb	30
Au	160	Mo	40		
Pt	120	Ti	10		

刻蚀加工时，对离子入射能量、束流大小、离子入射到工件上的角度以及工作室气压等能分别调节控制，根据不同加工需要选择参数。用氩离子轰击被加工表面时，其效率取决于离子能量和入射角度。离子能量从 100 eV 增加到 1000 eV 时，刻蚀率随能量增加而迅速增加，而后增加速率逐渐减慢。离子刻蚀率随入射角 θ 增加而增加，但入射角增大会使表面有效束流减小。一般入射角 $\theta = 40° \sim 60°$ 时刻蚀效率最高。

目前，离子束刻蚀在高精度加工、表面抛光、图形刻蚀、电镜试样制备、石英晶体振荡器以及各种传感器件的制作等方面应用较为广泛。离子束刻蚀加工可达到很高的分辨率，适于刻蚀精细图形，实现高精度加工。离子束刻蚀加工小孔的优点是孔壁光滑，邻近区域不产生应力和损伤，而且能加工出任意形状的小孔。

离子刻蚀用于加工陀螺仪空气轴承和动压马达上的沟槽，其分辨率高、精度高、重复一致性好。另外，它加工非球面透镜能达到其他方法不能达到的精度。

离子束刻蚀应用的另一个方面是刻蚀高精度的图形，如集成电路、声波表面器件、磁泡器件、光电器件和光集成器件等微电子学器件亚微米图形的离子束刻蚀。

由波导、耦合器和调制器等小型光学元件组成可触发的光路称为集成光路。离子束刻蚀已用于制造和控制集成光路中的光照和波导。

用离子轰击已被机械磨光的玻璃时，玻璃表面 1 μm 左右被剥离并形成极光滑的表面。用离子束轰击厚度为 0.2 mm 的玻璃，能改变其折射率分布，使之具有偏光作用。玻璃纤维用离子轰击后，变为具有不同折射率的光导材料。离子束加工还能使太阳能电池表面具有非反射纹理表面。

离子束刻蚀还用来致薄材料，例如，用于致薄石英晶体振荡器和压电传感器。致薄探测器的探头可以大大提高其灵敏度，如国内已用离子束加工出厚度为 40 μm，并且自己支撑的高灵敏探测器头。离子束刻蚀还用于致薄样品，以进行表面分析，如用离子束刻蚀可以致薄月球岩石样品，从 10 μm 致薄到 10 nm。离子束刻蚀还能在 10 nm 厚的 Au-Pa 膜上刻出 8 nm 的线条。

2. 镀膜加工

离子镀膜加工有溅射镀膜和离子镀两种。

1) 离子溅射镀膜

离子溅射镀膜是基于离子溅射效应的一种镀膜工艺，不同的溅射技术，所采用的放电方式是不同的。例如，直流二极溅射利用直流辉光放电，三极溅射利用热阴极支持的辉光放电，而磁控溅射则是利用环状磁场控制下的辉光放电。其中，直流二极溅射和三极溅射这两种方式由于生产率低、等离子体区不均匀等原因，难以在实际生产中大量应用，而磁控溅射具有高速、低温、低损耗等优点，镀膜速度快，基片温升小，没有高能电子轰击基片所造成的损伤，故其实际应用更为广泛。

离子溅射镀膜工艺适用于合金膜和化合物膜等的镀制。在各种镀膜技术中，溅射镀膜最适合于镀制合金膜。具体方法有三种：多靶溅射、镶嵌靶溅射和合金靶溅射。这些方法均采用直流溅射，且只适合于导电的靶材。化合物膜通常是指由金属元素的化合物镀成的薄膜。镀膜方法包括直流溅射、射频溅射和反应溅射等三种。

离子溅射镀膜的应用举例如下：

(1) 用磁控溅射在高速钢刀具上镀氮化钛(TiN)硬质膜，可以显著提高刀具的寿命。由于氮化钛具有良好的导电性，可以采用直流溅射，直流磁控溅射的镀膜速率可达 $300\ nm/min$。镀膜过程中，氮化钛膜的色泽逐渐由金属光泽变成明亮的金黄色。

(2) 在齿轮的齿面和轴承上可以采用离子溅射镀制二硫化钼(MoS_2)润滑膜，其厚度为 $0.2\sim0.6\ \mu m$，摩擦因数为 0.04。溅射时，采用直流溅射或射频溅射，靶材用二硫化钼粉末压制成型。但为得到晶态薄膜，必须严格控制工艺参数。

离子溅射还可用以制造薄壁零件，其最大特点是不受材料限制，可以制成陶瓷和多元合金的薄壁零件。例如，某零件是直径为 $15\ mm$ 的管件，壁厚 $63.5\ \mu m$，材料为 10 元合金，其成份(质量分数)为 $Fe-Ni$ 42%、Cr 5.4%、Ti 2.4%、Al 0.65%、Si 0.5%、Mn 0.4%、Cu 0.05%、C 0.02%、S 0.008%。先用铝棒车成芯轴，而后镀膜。镀膜后，用氢氧化钠水溶液将铝芯全部溶蚀，即可取下零件。或用不锈钢芯轴表面加以氧化，溅射成膜后，用喷丸方法或者液态冷却方法使之与芯轴脱离。

2) 离子镀

离子镀是在真空蒸镀和溅射镀膜的基础上发展起来的一种镀膜技术。此时工件不仅接受靶材溅射来的原子，还同时受到离子的轰击，这使离子镀具有许多独特的优点。

离子镀镀膜附着力强、膜层不易脱落。这首先是因为镀膜前离子以足够高的动能冲击基体表面。清洗掉表面的脏污和氧化物，从而可提高工件表面的附着力。其次是因为镀膜刚开始时，由工件表面溅射出来的基材原子，有一部分会与工件周围气氛中的原子和离子发生碰撞而返回工件。这些返回工件的原子与镀膜的膜材原子同时到达工件表面，形成了膜材原子和基材原子的共混膜层。而后，随膜层的增厚，逐渐过渡到单纯由膜材原子构成的膜层。这种混合过渡层的存在，可以减少由于膜材与基材两者膨胀系数不同而产生的热应力，增强了两者的结合力，使膜层不易脱落。离子镀镀层的组织致密，针孔气泡少。

用离子镀的方法对工件镀膜时，其绕射性好，使基板的所有暴露的表面均能被镀覆。这是因为蒸发物质或气体在等离子区离解而成为正离子，这些正离子能随电力线而终止在负偏压基片的所有边缘。

离子镀的可镀材料广泛，可在金属或非金属表面上镀制金属或非金属材料。各种合金、化合物，某些合成材料、半导体材料、高熔点材料均可镀覆。

离子镀技术已用于镀制润滑膜、耐热膜、耐蚀膜、耐磨膜、装饰膜和电气膜等。

用离子镀方法在切削工具表面镀氮化钛、碳化钛等硬质材料，可以提高刀具的耐用度。试验表明，在高速钢刀具上用离子镀镀氮化钛后，刀具耐用度可提高 $1\sim2$ 倍；镀碳化钛后，刀具耐用度可提高 $3\sim8$ 倍。而硬质合金刀具用离子镀镀上一层氮化钛或碳化钛，刀具耐用度可提高 $2\sim10$ 倍。

离子镀可以得到钨、钼、钽、铌、铍以及氧化铝等的耐热膜。如在不锈钢上镀一层氧化铝，可提高基体在 980℃ 介质中的抗热循环和抗蚀能力。在适当的基体上镀一层 ADT-1 合金，能具有良好的抗高温氧化和抗蚀性能。这种膜可用作航空涡轮叶片型面、榫头和叶冠等部位的保护层。

在表壳或表带上镀氮化钛膜，这种氮化钛膜呈金黄色，它的反射率与 18 K 金镀膜相近，其耐磨性和耐腐蚀性大大优于镀金膜和不锈钢，其价格仅为黄金的 1/60。离子镀装饰膜还用于工艺美术品首饰、景泰蓝以及金笔套、餐具等的修饰上，其膜原仅为 $1.5\sim2~\mu m$。

离子镀膜代替镀铬硬膜，可减少镀铬公害。$2\sim3~\mu m$ 厚的氮化钛膜可代替 $20\sim25~\mu m$ 的硬铬膜。航空工业中可采用离子镀铝代替飞机部件镀镉。

离子镀的种类有很多，常用的离子镀是以蒸发镀膜为基础的，即在真空中使被蒸发物质汽化，在气体离子或被蒸发物质离子冲击作用的同时，把蒸发物蒸镀在基体上。

3. 离子注入加工

离子注入是将工件放在离子注入机的真空靶中，在几十至几百千伏的电压下，把所需元素的离子注入工件表面。离子注入工艺比较简单，它不受热力学限制，可以注入任何离子，而且注入量可以精确控制。注入离子融在工件材料中，含量可达 $10\%\sim40\%$，注入深度可达 $1~\mu m$ 甚至更深。

由于离子注入本身是一种非平衡技术，它能在材料表面注入互不相溶的杂质而形成一般冶金工艺所无法制得的一些新的合金，而不管基体性能如何。它可在不牺牲材料整体性能的前提下，使其表面性能优化，而且不产生任何显著的尺寸变化。但是，离子注入的局限性在于它是一个直线轰击表面的过程，不适合处理复杂的凹入的表面样品。

除了常规的离子注入工艺之外，近年来又发展了几种新的工艺方法，如反冲注入法、轰击扩散镀层法、动态反冲法以及离子束混合法等，从而使得离子注入加工技术的应用更为广泛。

离子注入在半导体方面的应用已很普通，它用硼、磷等"杂质"离子注入半导体，从而改变导电型式（P 型或 N 型）和制造 P-N 结，用以制造一些用热扩散难以获得的各种特殊要求的半导体器件。由于离子注入的数量、P-N 结的浓度、注入的区域都可以精确控制，因此离子注入加工成为制作半导体器件和大面积集成电路的重要手段。

离子注入改善金属表面性能方面的应用正在形成一个新兴的领域。利用离子注入可以改变金属表面的物理化学性能，可以制得新的合金，从而改善金属表面的抗蚀性能、抗疲劳性能、润滑性能和耐磨性能等。表 7-2 所示是离子注入金属样品后，改变金属表面性能的例子。

表 7-2 离子注入改善金属表面性能举例

注入目的/基体	离子种类	能量/keV	剂量/(离子·cm^{-2})	效果(最大提高)/%
耐磨性	B、C、Ne、N、S、Ar、Co、Cu、Kr、Mo、Ag、In、Sn、Pb	20~100	>10^{17}	
耐蚀性	B、C、Al、Ar、Cr、Fe、Ni、Zn、Ga、Mo、In、Eu、Ce、Ta、Ir	20~100	>10^{17}	
摩擦因数	Ar、S、Kr、Mo、Ag、In、Sn、Pb	20~100	>10^{17}	
拉伸疲劳/镍	B、C、N	30~60	10^{16}~10^{19}	127
弯曲疲劳/AISI1018	B、N	400~550	2×10^{17}	250
微动磨损疲劳/钛合金	Ba		10^{16}	提高显著
高温疲劳/钛合金	C	150	(1~2)×10^{16}	提高显著
腐蚀疲劳/AISI1018	N、Ti、Ta、Mo	30	10^{15}~10^{17}	降低

离子注入对金属表面进行掺杂是在非平衡状态下进行的,能注入互不相溶的杂质,从而形成一般冶金工艺无法制得的一些新的合金。如将 W 注入到低温的 Cu 靶中,可得到 W - Cu 合金等。

离子注入可以提高材料的耐腐蚀性能。如把 Cr 注入 Cu,能得到一种新的亚稳态的表面相,从而改善了耐蚀性。离子注入还能改善金属材料的抗氧化性能。

离子注入可以改善金属材料的耐磨性能。如在低碳钢中注入 N、B、Mo 等,在磨损过程中,表面局部温升形成温度梯度,使注入离子向衬底扩散,同时注入离子又被表面的位错网络捕集,不能推移很深。这样,在材料磨损过程中,不断在表面形成硬化层,提高了耐磨性。

离子注入还可以提高金属材料的硬度,这是因为注入离子及其凝集物格引起材料晶格畸变、缺陷增多的缘故。如在纯铁中注入 B,其显微硬度可提高 20%;将硅注入铁,可形成马氏体结构的强化层。

离子注入之所以能改善金属材料的润滑性能,是因为离子注入表层后,在相对摩擦过程中,这些被注入的细粒起到了润滑作用,提高了材料的使用寿命。如把 C、N 注入碳化钨中,其工作寿命可大大延长。

此外,离子注入在光学方面可以制造光波导。例如,对石英玻璃进行离子注入,可增加折射率,从而形成光波导。离子注入还用于改善磁泡材料的性能,制造超导性材料,如在铌线表面注入锡,则成为表面具有超导性 Nb$_3$Sn 的导线。

离子注入的应用范围在不断扩大,今后将会发现更多的应用。离子注入金属改性还处于研究阶段,因为它生产效率低、成本高。对于一般光学元件或机械零件的表面改性,还要经过一个时期的开发研究才能实用。

习题与思考题

7-1　电子束加工、离子束加工在原理上和应用范围上有何异同?

7-2　电子束加工、离子束加工和激光加工相比,各自的适用范围如何? 三者各有什么优缺点?

7-3　电子束、离子束、激光束三者相比,哪种束流和相应的加工工艺能聚焦得更细? 最细的焦点直径大约是多少?

7-4　电子束加工装置和示波器、电视机的原理有何异同之处?

第 8 章　其他特种加工

8.1　快速成型技术

20 世纪 80 年代发展起来的快速成型(Rapid Protoyping，简称 RP)技术被认为是近 30 年来制造领域的一次重大突破。快速成型技术综合了机械工程、CAD、数控技术、激光技术及材料科学技术，可以自动、直接、快速、精确地将设计思想转变为具有一定功能的原型或直接制造零件，从而可以对产品设计进行快速评估、修改及功能试验，大大缩短了产品的研制周期。

快速成型技术与传统制造技术相比，具有下列独特的优越性：

(1)产品的单价几乎与产品结构的复杂性及批量无关，特别适用于新产品的创新和开发。

(2)产品整个开发过程的费用低、周期短，无需模型、模具即可获得零件。

(3)快速成型技术与传统制造方法结合(如铸造、粉末冶金、冲压、模压成型、喷射成型等)，为需要各种工具、模具的传统制造方法注入新的活力。

快速成型和快速制模技术可以使新产品开发在时间和费用上节约 50％以上。由于快速成型技术的明显技术优势和它的经济效益，因而在下列领域得到广泛应用：

(1)设计验证。使用快速成型技术快速制作产品的物理模型，以验证设计人员的构思，发现产品设计中存在的问题。使用传统的方法制作原型，意味着从绘图到工装模具设计和制造，一般至少历时数月，要经过多次返工和修改。采用快速成型技术则可节省大量时间和费用。

(2)功能验证。使用快速成型技术制作的原型可直接进行装配检验、干涉检查和模拟产品真实工作情况的一些功能试验，如运动分析、应力分析、流体和空气动力学分析等，从而迅速完善产品，节约相应工艺及所需工具、模具的设计。

(3)可制造性和可装配性检验。快速成型技术是面向装配和制造设计的配套技术。对新产品开发，尤其是空间有限的复杂产品(如汽车、飞机、卫星、导弹)，其部件的可制造性和可装配性的事先检验尤为重要。

(4)非功能性样品制作。在新产品正式投产之前，或按照订单制造时，需要制作产品的展览样品或摄制产品样本照片，采用快速成型是理想的方法。当客户询问产品情况时，能够提供物理原型的效果是显而易见的。

(5)快速制模技术。在许多情况下，客户希望快速成型件与最终零件具有相同的物理机械特性，因此，需要用各种转换技术将快速成型件转换为最终零件。例如，利用硅胶模、环氧树脂与精密铸造等工艺结合制造模具，经过一次或多次转换制造最终产品；或者将快速成型得到的工件直接用做产品的试制模具；或者将此工件当作母模，制作生产用模具，加快模具的制造过程。其中，用快速成型技术制作件代替铸造木模就是一个典型的例子。

　　在众多的快速成型工艺中，具有代表性的快速成型加工工艺有光敏树脂液相固化成型、选择性激光粉末烧结成型、薄片分层叠加成型和熔丝堆积成型四种。

　　几种常用快速成型工艺的比较见表 8-1。

表 8-1　　常用快速成型工艺比较

指标 工艺方法	精度	表面质量	材料成本	材料利用率	运行成本	生产成本	设备成本	市场占有率
光敏树脂液相固化成型(SL)	好	优	较贵	接近100%	较高	高	较贵	70%
选择性激光粉末烧结成型(SLS)	一般	一般	较贵	接近100%	较高	一般	较贵	10%
薄片分层叠加成型(LOM)	一般	较差	较便宜	较差	较低	高	较便宜	7%
熔丝堆积成型(FDM)	较差	较差	较贵	接近100%	一般	较低	较便宜	6%

8.1.1　光敏树脂液相固化成型

1. 工艺原理

　　光敏树脂液相固化成型(Stereo Lithograph，SL)又称光固化立体造型或立体光刻。

　　光敏树脂液相固化成型工艺是基于液态光敏树脂的聚合原理工作的。这种液态材料在一定波长和功率的紫外激光的照射下能迅速发生光聚合反应，分子量急剧增大，材料也就从液态转变成固态。光敏树脂液相固化成型工艺的成型过程如图 8-1 所示。

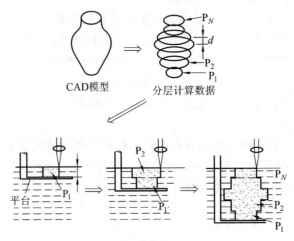

CAD模型　　　　　　分层计算数据

P_1、P_2和P_N分别为光敏树脂液相固化成型的第一、第二和第N层；d为分层厚度

图 8-1　光敏树脂液相固化成型过程示意图

　　液槽中盛满液态光固化树脂，激光束在偏转镜作用下，能在液态表面上扫描，扫描的轨迹及激光的有无均由计算机控制，光点扫描到的地方，液体就固化。成型开始时，工作平台在液面下一个确定的深度，液面始终处于激光的焦平面，聚焦后的光斑在液面上按计

算机的指令逐点扫描，即逐点固化。当一层扫描完成后，未被照射的地方仍是液态树脂。然后升降台带动平台下降一层高度，已成型的层面上又布满一层树脂，刮平器将粘度较大的树脂液面刮平，然后再进行下一层的扫描，新固化的一层牢固地粘在前一层上。如此重复，直到整个零件制造完毕，得到一个三维实体模型。其工艺原理图如图 8 - 2 所示。

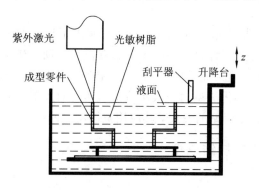

图 8 - 2　光敏树脂液相固化成型工艺原理图

光敏树脂液相固化成型方法是目前 RP 技术领域中研究得最多的方法，也是技术上最为成熟的方法。

2. 特点

光敏树脂液相固化成型技术的优点是：

（1）尺寸精度较高，可确保工件的尺寸精度在 0.1 mm 以内，甚至达到 0.05 mm；表面质量较好，工件的上层表面很光滑，侧面可能有台阶状不平；耗时较少，可以节约时间和费用。

（2）不需要切削工具和机床，没有更换工具和工具耗损的问题，原材料利用率将近100%。

（3）是一种非接触加工，没有加工废屑，也没有振动和噪音，可在办公室操作，无需熟练技术；系统工作稳定，整个构建过程自动运行，无需看管，直至整个成型过程结束；完全自动运转，可昼夜工作。

（4）系统分辨率较高，因此能构建复杂结构的工件；同一台装置可用于制造各种各样的模型和器具，如形状特别复杂（如空心零件）、特别精细（如首饰、工艺品等）的零件。

光敏树脂液相固化成型技术的缺点是：

（1）激光管寿命有限，价格昂贵；须对整个截面进行扫描固化，成型时间较长。

（2）可选的材料种类有限，必须是光敏树脂，且光敏树脂对环境有污染。

（3）须设计支撑结构，以便确保在成型过程中原型的每一结构部分能可靠定位。

3. 应用

光敏树脂液相固化成型的应用有很多方面：可直接制作各种树脂功能件，用作结构验证和功能测试；可制作比较精细和复杂的零件；可制造出有透明效果的制件；制作出来的原型件可快速翻转以制作各种模具，如硅橡胶模、金属冷喷模、陶瓷模、合金模、电铸模、环氧树脂模等。

此外，在医学上可以用来制备人体器官模型。对于同一器官，其大小和形状都因人而异，因此如需大量地制备实际使用或诊断用的人体器官模型是很困难的。有了光敏树脂液相固化成型技术，便可通过层面 X 射线照相术（即 CT）提供信息，然后由计算机控制光敏树脂液相固化成型技术器件复制人体器官模型。这种准确、真实的模型可以为医生提供准确的病人器官信息，有助于疾病的诊治和手术的进行，有利于加快制订医疗方案、减少手术时间。

例如，有人通过光敏树脂液相固化成型技术复制出了病人的头颅骨模型，准确地提供了病人的头颅骨信息，对头颅骨裂缝的校正手术有很大帮助。有人在改进光固化树脂配方后，用光敏树脂液相固化成型制备的假牙可直接用于牙体移植。随着光固化树脂的发展，有可能通过光敏树脂液相固化成型为病人制造植入体内的人工骨，这将大大促进病人的康复。随着光敏树脂液相固化成型的发展，其应用范围将不断扩大。

8.1.2　选择性激光粉末烧结成型

1. 工艺原理

选择性激光粉末烧结成型（Selected Laser Sintering，简称 SLS）工艺是利用粉末材料（金属粉末或非金属粉末）在激光照射下烧结的原理，将材料粉末铺洒在已成型零件的上表面，并刮平；用高强度的 CO_2 激光器在刚铺的新层上扫描出零件截面；材料粉末在高强度的激光照射下被烧结在一起，得到零件的截面，并与下面已成型的部分粘接；当一层截面烧结完后，铺上新的一层材料粉末，选择性地烧结下层截面；最终在计算机控制下层层堆积成型。选择性激光粉末烧结成型工艺原理如图 8-3 所示。

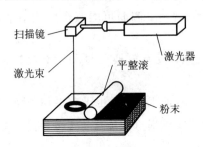

扫描镜　激光器　激光束　平整滚　粉末

图 8-3　选择性激光粉末烧结成型工艺原理图

2. 特点

选择性激光粉末烧结成型技术的优点是：

（1）与其他快速成型工艺相比，能够制作高硬度的金属原型和模具，是快速制模和直接金属制造的基础，应用前景广阔。

（2）可以采用多种粉末材料及其混合物。例如，各种工程塑料粉末、铸造砂、陶瓷粉末和金属粉末等。

（3）原型的构建速度比较快，甚至可以达到 2500 cm^3/h（与材料有关）。

（4）除原材料之外，无须支撑结构。

（5）工件的翘曲变形比液相固化的小，无需对原型进行校正。

选择性激光粉末烧结成型技术的缺点是：

（1）在加工前，通常需要花费近 2 h 将粉末加热到接近粘结剂熔点。

（2）由于需对整个轮廓截面进行扫描烧结粉末，因此激光器的功率要较大，且成型时间较长。

（3）原型构建完成后，需要花费 5～10 h 冷却（与粉末材料类型有关），然后才能将原型从粉末缸中取出。

（4）原型的表面粗糙度受到粉末颗粒大小和激光斑点的限制。原型的表面一般呈多孔状，为了提高表面质量，必须进行后处理。例如，在烧结陶瓷、金属原型后，须将原型置于加热炉中，烧掉其中的粘结剂，并在孔隙中渗入填充物（如渗铜），其后处理过程较为复杂。

（5）设备价格较高，使用时往往还需要对加工室充氮气，以保证使用安全，这进一步增加了使用成本。

（6）快速成型过程中有可能产生有害气体（取决于采用何种粉末材料），污染环境。

3. 应用

选择性激光粉末烧结成型工艺的应用范围与光敏树脂液相固化成型工艺类似，可直接制作各种高分子粉末材料的功能件，用作结构验证和功能测试，并可用于装配样机。制件可直接作精密铸造用的蜡模和沙型、型芯，制作出来的原型件可快速繁殖各种模具，如硅橡胶模、金属冷喷模、陶瓷模、合金模、电铸模、环氧树脂模和气化模等。图 8-4 所示为利用选择性激光粉末烧结技术制作的一些样件。

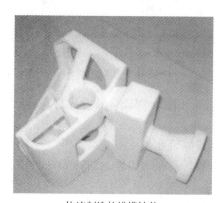

快速制造的蜡模铸件　　　　　　　　　　快速制造的金属件

图 8-4　选择性激光粉末烧结技术制作的样件（图样来源于互联网）

8.1.3　薄片分层叠加成型

1. 工艺原理

薄片分层叠加成型（Laminated Object Manufacturing，简称 LOM）工艺采用薄片材料，如纸、塑料薄膜等。片材表面事先涂覆上一层热熔胶。加工时，热压辊热压片材，使之与下面已成型的工件粘接；用 CO_2 激光器在计算机控制下按照 CAD 模型轨迹，在刚粘接的新层上切割出零件截面轮廓和工件外框，并在截面轮廓与外框之间多余的区域内切割出上下对齐的网格；激光切割完成后，工作台带动已成型的工件下降，与带状片材（料带）分离；供料机构转动收料轴和供料轴，带动料带移动，使新层移到加工区域；工作台上升到加工平面；热压辊热压，工件的层数增加一层，高度增加一个料厚；再在新层上切割截面轮廓。

如此反复,直至零件的所有截面粘接、切割完,得到分层制造的实体零件。

薄片分层叠加成型工艺的原理类似于手工"剪纸",先得到每一层轮廓形状后,再将其叠加粘结在一起,形成三维实体的原型。其成型的工艺原理如图8-5所示。

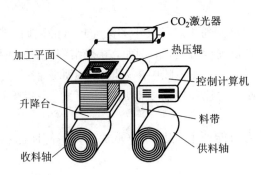

图8-5 薄片分层叠加成型工艺原理图

2. 特点

薄片分层叠加成型技术的优点是:

(1) 由于只需使激光束沿着截面轮廓扫描,无需扫描整个断面,因此是一种高速节能的快速成型工艺。零件体积越大,时间节省越多。

(2) 激光器的实际使用时间较短,相对寿命较长。

(3) 构建的原型可以直接使用,无需进行后矫正。

(4) 除原材料之外,无需支撑结构,易于使用,无环境污染。

薄片分层叠加成型技术的缺点是:

(1) 尽管原理上可选用若干不同的原料,如纸、塑料、铝箔、陶瓷以及合成材料,但通常用的只是纸,其他材料尚在研制开发中。

(2) 构建成的原型容易吸潮,必须立即涂漆或进行其他后处理。

(3) 由于剔除内腔里的细小废料较难,因此不能构建形状和结构复杂的精细原型。

(4) 当室温过高时常有火灾危险。

3. 应用

薄片分层叠加成型工艺和设备由于其成型材料(即纸张)较便宜,因此运行成本和设备投资较低,从而获得了一定的应用,可以用来制作汽车发动机曲轴、连杆、各类箱体、盖板等零部件的原型样件。

8.1.4 熔丝堆积成型

熔丝堆积成型(Fused Deposition Modeling,简称FDM)工艺由美国学者 Dr. Scott Crump 于1988年研制成功,并由美国 Stratasys 公司推出商品化的机器。

1. 工艺原理

熔丝堆积成型工艺的材料一般是热塑性材料,如蜡、ABS、PC、尼龙等,以丝状供料。材料在喷头内被加热熔化。喷头沿零件截面轮廓和填充轨迹运动,同时将熔化的材料挤出,材料迅速固化,并与周围的材料粘结,最后在计算机控制下层层堆积成型。每一个层片都是在上一层上堆积而成的,上一层对当前层起到定位和支撑的作用。随着高度的增加，层片轮廓的面积和形状都会发生变化。当形状发生较大的变化时，上层轮廓就不能给当前层提供充分的定位和支撑作用，这就需要设计一些辅助结构——"支撑"，对后续层提供定位和支撑，以保证成型过程的顺利实现。熔丝堆积成型的工艺原理如图8-6所示。

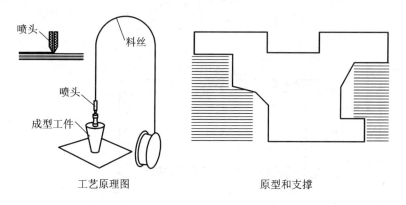

图8-6 熔丝堆积成型的工艺原理图

2. 特点

熔丝堆积成型的特点是操作使用简单、成本低、不需用激光加热设备，但需要辅助支承材料。成型材料是熔丝堆积成型工艺的基础。熔丝堆积成型工艺中使用的材料除成型材料外，还有支撑材料。常用的成型材料是ABS工程塑料。

3. 应用

熔丝堆积成型工艺的一大优点是可以成型任意复杂程度的零件，经常用于成型具有很复杂的内腔、孔等的零件。用蜡成型的零件原型可以直接用于失蜡铸造。用ABS工程塑料制造的原型因具有较高强度而在产品设计、测试与评估等方面得到了广泛应用。近年来又开发出PC、PC/ABS、PPSF等更高强度的成型材料，使得该工艺有可能直接制造功能性零件。由于这种工艺具有一些显著优点，因此该工艺发展极为迅速。目前，熔丝堆积成型系统在全球已占快速成型系统大约30％的份额。

8.2 化 学 加 工

化学加工（Chemical Machining，简称CHM）是利用酸、碱、盐等化学溶液对金属产生化学反应，使金属腐蚀溶解，改变工件尺寸和形状（以至表面性能）的一种加工方法。

化学加工的应用形式很多，但属于成型加工的主要有化学蚀刻和光刻加工法；属于表面加工的有化学抛光和化学镀膜等。

8.2.1 化学蚀刻加工

1. 化学蚀刻加工的原理

化学蚀刻加工又称化学铣切（Chemical Milling，简称CHM）。它的原理如图8-7所示，先把工件非加工表面用耐腐蚀性涂层保护起来，将需要加工的表面露出来，浸入到化学溶液中进行腐蚀，使金属按特定的部位溶解去除，达到加工目的。

　　金属的溶解作用不仅在垂直于工件表面的深度方向进行，而且在保护层下面的侧向也进行，并呈圆弧状，如图 8-7 中的 H 和 R。金属的溶解速度与工件材料的种类及溶液成份有关。

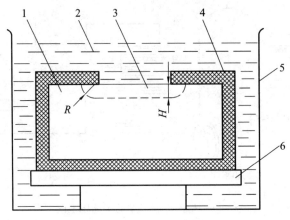

1—工件；2—化学溶液；3—腐蚀部分；
4—保护层；5—溶液箱；6—工作台

图 8-7　化学铣切加工原理示意图

2. 化学蚀刻加工的特点

化学蚀刻加工的优点：

（1）可加工任何难切削的金属材料，而不受任何硬度和强度的限制，如铝合金、钼合金、钛合金、镁合金、不锈钢等。

（2）适于大面积加工，可同时加工多件。

（3）加工过程中不会产生应力、裂纹、毛刺等缺陷，表面粗糙度可达 2.5～1.25 μm。

（4）加工操作比较简单。

化学蚀刻加工的缺点：

（1）不适宜加工窄而深的槽、型孔等。

（2）原材料的小缺陷和表面不平度、划痕等不易消除。

（3）腐蚀液对设备和人体有危害，故需有适当的防护性措施。

3. 化学蚀刻加工的应用

化学蚀刻加工主要用于：

（1）较大工件的金属表面厚度减薄加工。蚀刻厚度一般小于 13 mm。如在航空和航天工业中常用于减轻结构件的重量，对大面积或不利于机械加工的薄壁、内表层金属蚀刻更适宜。

（2）在厚度小于 1.5 mm 的薄壁零件上加工复杂的型孔。

8.2.2　光刻加工

　　光刻加工是用照相复印的方法将掩模上的图形印制在涂有光致抗蚀剂的薄膜或基材表面，然后进行选择性腐蚀，达到蚀出规定的图形的加工方法。它与化学蚀刻（化学铣削）加工的主要区别是不靠样板人工刻型、划线，而是用照相感光来确定工件表面要蚀除的图形、线条，因此其精度非常高，可以加工出非常精细的文字图案，尺寸精度可达到 0.01～

0.005 mm，是半导体器件和集成电路制造中的关键工艺之一。目前，在工艺美术、机械工业和电子工业中，光刻加工常用于制造一些精密产品的零部件，如刻度尺、刻度盘、光栅、细孔金属网板、电路布线板、可控硅元件等。

光刻加工技术使用的基材有各种金属、半导体和介质材料。光刻抗蚀剂俗称光刻胶或感光胶，是一类经光照后能发生交联、分解或聚合等光化学反应的高分子溶液。根据形成图像的形态，光致抗蚀剂可分为两大类：

（1）正型抗蚀剂。在光照后发生光分解、光降解反应使溶解性增大。这类抗蚀剂以邻重氮萘醌感光剂—酚醛树脂型为主。

（2）负型抗蚀剂。在光照后发生交联、光聚合，使溶解性减小。这类抗蚀剂以环化橡胶—双叠氮化合物、聚乙烯醇肉桂酸酯及其衍生物等为主。

目前使用较为广泛的光致抗蚀剂是负型抗蚀剂，它与衬底材料（特别是金属）粘附性较好，并且具有较好的耐腐蚀性能。但是，每种抗蚀剂都有一定的优点，也有一定的缺点，要根据产品的要求进行合理选择。同时，为了保证刻蚀出来的图像重叠精度高、清晰，没有钻蚀、毛刺、针孔和小岛等缺陷，必须严格按照工艺要求进行操作。

8.2.3　化学镀膜

化学镀膜的目的是在金属或非金属表面镀上一层金属，起装饰、防腐蚀或导电等作用。

1. 化学镀膜的原理和特点

化学镀膜的原理是在含金属盐溶液的镀液中加入一种化学还原剂，将镀液中的金属离子还原后沉积在被镀零件表面。

化学镀膜的特点是：有很好的均镀能力，镀层厚度均匀，这对大表面和精密复杂零件很重要；被镀工件可为任何材料，包括非导体，如玻璃、陶瓷、塑料等；不需电源，设备简单，镀液一般可连续、再生使用。

2. 化学镀膜的工艺要点及应用

化学镀铜主要用硫酸铜溶液，镀镍主要用氯化镍溶液，镀铬用溴化铬溶液，镀钴用氯化钴溶液，以次磷酸钠或次硫酸钠作为还原剂，也有选用酒石酸钾钠或葡萄糖等为还原剂的。对特定的金属，需选用特定的还原剂。镀液成份、浓度、温度和时间都对镀层质量有很大影响。镀前还应对工件表面做除油、去锈等净化处理。

应用最广的是化学镀镍、钴、铬、锌，其次是镀铜、锡。在电铸前，常在非金属的表面用化学镀镀上很薄的一层银或铜作为导电层和脱模之用。

8.3　水　射　流　加　工

8.3.1　水射流加工的原理及特点

1. 基本原理

"水滴石穿"这个古老的故事给了我们"以柔克刚"的启发。19 世纪 70 年代左右，人们开始利用高压水为生产服务，用来开采金矿，剥落树皮；二战期间，飞机运行中的"雨蚀"使雷达舱破坏这一现象启发了人们的思维。水射流切割（Water Jet Cuting，简称 WJC）又称液体喷射加工（Liquid Jet Machining，简称 LJM），它利用高压、高速的细径液流作为工作介质，对工件表面进行喷射，依靠液流产生的冲击作用去除材料，实现对工件的切割。稍微降低水压或增大靶距和流量，还可以进行高压清洗、破碎、表面毛化、去毛刺及强化处理。

图 8-8 所示为采用水或带有添加剂的水，以 500～900 m/s 的高速冲击工件进行加工或切割的原理图。水经水泵后通过增压器增压，储液蓄能器使脉动的液流平稳。水从孔径为 0.1～0.5 mm 的人造蓝宝石喷嘴喷出，直接对被加工部位进行切削，"切屑"随液流排出。

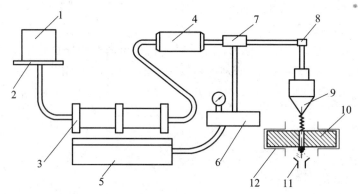

1—水箱；2—过滤器；3—水泵；4—蓄能器；5—液压机构；6—增压器；
7—控制器；8—阀门；9—喷嘴；10—工件；11—水槽；12—夹具

图 8-8　超高压水射流切割原理图

2. 水射流加工的特点及分类

水射流加工具有以下特点：

（1）工艺灵活，没有切割方向限制，可完成各种不同形状的切割加工；加工过程中所产生横向及纵向的作用力极小，可降低使用夹具的难度。

（2）不会产生热效应，没有变形或细微的裂缝，也不会产生毛边，表面质量高。

（3）用同一种机器即可完成钻孔及切割功能，切割速度高且切口细，可减少材料的浪费，节省成本。

（4）喷嘴的成本较高。

根据高压射流工作介质的不同，超高压水射流切割技术可分为两类：纯水高压水切割（Water-Jet Cutting，简称 WJC）和磨料高压水切割（Ahrasive Water-Jet Cutting，简称 AWJ）。

纯水高压水切割以经过处理的工业用水作为工作介质，经过精细过滤，不掺杂任何固体颗粒物料，用于切割软质材料，如纸张、纸板、玻璃纤维制品、食品等。磨料高压水切割则是在液流中掺加了一定比例的细粒度磨料，磨料比例最高可达 20%（质量），目的在于增加射流的能量密度，提高切割效率，用于切割硬脆材料，如各种金属材料、石材、玻璃、塑料、陶瓷等。

8.3.2 水射流加工的设备

水射流加工的设备主要包括高压水发生装置、喷嘴、高压管路及密封系统、机身及执行机构、磨料及输送系统、水介质处理与过滤装置等。

1. 高压水发生装置

水射流加工需要 400 MPa 压力的"细流束",通常由往复式增压器或超高压水泵产生。

2. 喷嘴

喷嘴是水射流加工中的关键部件。根据切割工艺的不同,喷嘴可分为纯水切割喷嘴和磨料切割喷嘴,分别如图 8-9 和图 8-10 所示。

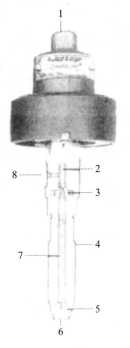

1—空气入口;2—针;3—座;4—水嘴体;
5—水嘴;6—水柱;7—水室;8—入水口

图 8-9 纯水切割喷嘴

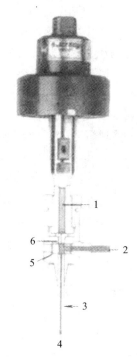

1—水室;2—砂入口;3—喷嘴;
4—砂柱;5—混合室;6—空口固定

图 8-10 磨料切割喷嘴

纯水切割喷嘴用于切割密度小、硬度较低的非金属软质材料,其内孔的直径范围为 0.05~0.8 mm。

磨料切割喷嘴用于切割密度较大、硬度较高的硬质材料。高压水从喷嘴中喷射时,将产生瞬时负压真空,在负压的作用下,磨料通过砂入口 2 被吸入喷嘴,在混合室 5 中与高压水混合之后,形成砂射流。根据使用的磨料种类不同,喷嘴孔的直径范围从 0.5 mm 至 1.65 mm 不等。

由于喷嘴在切割工件时受到极大的液体内压力以及磨料的高速磨削作用,要求制造喷嘴的材料应具有优良的耐磨性、耐腐蚀性和力学性能。目前,常用的材料有蓝宝石、红宝石、硬质合金和金刚石等,宝石类较为多用。

3. 高压管路及密封系统

高压水射流切割时的水压高达 100～400 MPa，高出普通液压传动装置液体工作压力的 10 倍以上。高压系统中的水密封及管路系统是否可靠，对保障切割过程的稳定、安全、可靠具有重要意义。

高压水密封分为静密封（如蓄能器的连接处）和动密封（如往复式增压器的大小活塞处）两种，在设备调试时，均需经受超出工作压力一倍以上的超高压，且应无渗漏现象。

管路中的高压水管采用高强度不锈钢厚壁无缝管或双层不锈钢管，管接头多采用金属弹性密封结构。为了方便喷嘴移动，在喷嘴与固定水管之间设置了超高压柔性钢管。

4. 机身及执行机构

高压水射流切割设备通常采用龙门式或悬臂式机梁结构。为了提高切割效率，还可以在同一个切割头上配置多个喷嘴，进行多件同时切割。

由于超高压水射流属于点切割，即在其切割范围内可以到达任何一点，因此在计算机控制下，可以切割出任意复杂的图形，重复定位精度可小于±0.05 mm。在进行石材拼花切割时，由于计算机可以方便地实现间隙补偿，因此，能够做到零件形状配合得严丝合缝。

为了切割二维复杂形状零件，切割头可以安装在关节式机器人的手臂上，进行五轴联动，从而可实现多自由度的空间切割。1994 年，中国科学院沈阳自动化研究所研制成功了我国第一台五自由度高压水切割机器人。

5. 磨料及输送系统

在磨料高压水切割设备中，配备有磨料供给系统，包括料仓、磨料、流量阀和输送管。料仓的形状和料仓内的网筛要保证磨料的供给通畅，不至于堵塞。流量阀用于控制磨料流量的通断和大小。通常，磨料消耗量随水压的增高而增加。常用的磨料有刚玉、石英砂、石榴石、碳化硅等，分为人造和天然两种，粒度在 0.1～0.8 mm 之间。

6. 水介质处理与过滤装置

在进行高压水射流切割时，对工业用水进行必要的处理和过滤具有重要意义。提高水介质的过滤精度，可以有效延长增压器密封装置、宝石喷嘴等的寿命，提高切割质量，提高设备的运行可靠性。通常，应将水介质的过滤精度控制在 0.1 μm 以内。为此，可采取多级过滤的方法。另外，还应对工业用水进行软化处理，以减小对设备的锈蚀程度。

8.3.3　水射流加工的应用

水射流切割可以加工很薄、很软的金属和非金属材料，如铜、铝、铅、塑料、木材、橡胶、纸等七八十种材料。水射流切割可以代替硬质合金切槽刀具，而且切边的质量很好，所加工的材料厚度少则几毫米多则几百毫米。例如，切割 19 mm 厚的吸音天花板，采用的水压为 310 MPa，切割速度为 76 m/min；玻璃绝缘材料可加工到 125 mm 厚。由于加工的切缝较窄，因此可节约材料和降低加工成本。

由于加工温度较低，因而可以加工木板和纸品，还能在一些化学加工的零件保护层表面上划线。

美国汽车工业中常用水射流来切割石棉刹车片、橡胶基地毯、复合材料板、玻璃纤维增强塑料等。航天工业中，常将之用于切割高级复合材料、蜂窝状夹层板、钛合金元件和印制电路板等，可提高抗疲劳寿命。

8.4　其他常见特种加工技术简介

8.4.1　等离子体加工

1. 基本原理

等离子体加工又称等离子弧加工（Plasma Arc Machining，简称 PAM），它利用电弧放电使气体电离成过热的等离子气体流束，再靠局部熔化及汽化来去除材料。

通常物质存在的三种状态是气、液、固三态，等离子体被称为物质存在的第四种状态。等离子体是高温电离的气体，它由气体原子或分子在高温下获得能量电离之后，离解成的带正电荷的离子和带负电荷的自由电子所组成，整体的正、负电荷数值仍相等，因此称为等离子体。

图 8-11 所示为等离子体加工原理示意图。该装置由直流电源供电，钨电极 6 接阴极，工件 10 接阳极。利用高频振荡或瞬时短路引弧的方法，使钨电极与工件之间形成电弧，电弧产生的热量使介质气体的原子或分子在高温中获得很高的能量，其电子冲破了带正电的原子核的束缚，成为自由的负电子，而原来呈中性的原子失去电子后成为正离子。这种电离化的气体，正、负电荷的数量仍然相等，从整体看呈电中性，称为等离子体电弧。在电弧外围不断送入介质气体，回旋的介质气流还形成与电弧柱相应的气体鞘，压缩电弧，使其电流密度和温度大大提高。常采用的介质气体有氮、氩、氨、氢，或这些气体的混合。

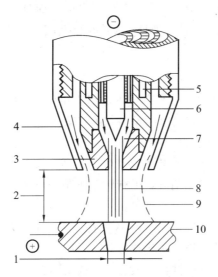

1—切缝；2—距离；3—喷嘴；4—保护罩；5—冷却水；6—钨电极；
7—介质气体；8—等离子体；9—保护气体屏；10—工件

图 8-11　等离子体加工的原理图

等离子体具有极高的能量密度，这主要是由下列三种效应造成的：

（1）机械压缩效应。电弧在被迫通过喷嘴通道喷出时，通道对电弧产生机械压缩作用，而喷嘴通道的直径和长度对机械压缩效应的影响很大。

（2）热收缩效应。喷嘴内部通入冷却水，使喷嘴内壁冷却，温度降低，因而靠近内壁的气体电离度急剧下降，导电性差；而电弧中心导电性好，电离度高，电弧电流被迫在电弧中心高温区通过，使电弧的有效截面缩小，电流密度大大增加。这种因冷却而形成的电弧截面缩小就是热收缩效应。一般高速等离子气体流量越大，压力越大，冷却愈充分，则热收缩效应愈强烈。

（3）磁收缩效应。由于电弧电流周围磁场的作用，迫使电磁产生强烈的收缩作用，使电弧变得更细，电弧区中心电流密度更大，电弧更稳定而不扩散。

由于上述三种压缩效应的综合作用，使等离子体的能量高度集中，电流密度、等离子体电弧的温度都很高，达到 11 000～28 000℃（普通电弧仅 5000～8000℃），气体的电离度也随着剧增，并以极高的速度（约 800～2000 m/s，比声速还高）从喷嘴孔喷出，具有极大的动能和冲击力。当到达金属表面时，可以释放出大量的能量，从而加热和熔化金属，并将熔化的金属材料吹除。

等离子体加工有时叫做等离子体电弧加工或等离子体电弧切割。

也可以把图 8-11 中的喷嘴接直流电源的阳极，钨电极接阴极，使阴极钨电极和阳极喷嘴的内壁之间发生电弧放电。如此，吹入的介质气体受电弧作用加热膨胀，从喷嘴喷出形成射流，称之为等离子体射流，使放在喷嘴前面的材料充分加热。由于等离子体电弧对材料直接加热，因而比用等离子体射流对材料的加热效果好得多。因此，等离子体射流主要用于各种材料的喷镀及加热处理等方面；等离子体电弧则用于金属材料的加工、切割以及焊接等。

等离子体电弧不但具有温度高、能量密度大的优点，而且焰场可以控制。适当地调节功率大小、气体类型、气体流量、进给速度、火焰角度及喷射距离等，可以使用一个电极加工不同厚度和不同质地的材料。

2. 设备和工具

等离子体切割设备有简单的手持等离子体切割器和小型手提式装置；有比较复杂的程序控制和数字程序控制的设备、多喷嘴的设备；还有采用光学跟踪的设备。工作台尺寸最大可达 13.4 m×25 m，切割速度为 50～6100 mm/min。在大型程序控制成型切削机床上可安装先进的等离子体切割系统，并装备有喷嘴的自适应控制，以自动寻找和保证喷嘴与板材的正确距离。除了平面成型切割外，还有用于车削、开槽、钻孔和刨削的等离子体加工设备。

切割用的直流电源空载电压一般为 300 V 左右。用氩气作为切割气体时，空载电压可以降低为 100 V 左右。常用的电极为铈钨或钍钨。用压缩空气作为介质气体切割时，使用的电极为金属锆或铪，使用的喷嘴材料一般为紫铜或锆铜。

3. 应用

等离子体加工已广泛用于切割稀有金属，各种金属材料，特别是不锈钢、铜、铝的成型切割，获得了重要的工业应用。它可以快速而较整齐地切割软钢、合金钢、钛、铸铁、钨、钼等。切割不锈钢、铝及其合金的厚度一般为 3～100 mm。等离子体加工还用于金属的穿孔。

此外，等离子弧还作为热辅助加工，这是一种机械切削和等离子弧的复合加工方法。在切削前，用等离子弧对工件待加工表面进行加热，使工件材料变软，强度降低，从而使切削加工具有切削力小、效率高、刀具寿命长等优点，已用于车削、开槽、刨削等。

等离子体电弧焊接已得到广泛应用，使用的气体为氩气。用直流电源可以焊接不锈钢和各种合金钢，焊接厚度一般为 1～10 mm。1 mm 以下的金属材料可用微束等离子弧焊接。近些年又发展了交流及脉冲等离子体电弧焊接铝及其合金的新技术。等离子弧还用于各种合金钢的熔炼，熔炼速度快，质量好。

等离子体表面加工技术近年来有了很大的发展，日本近年试制成功一种很容易加工的超塑性高速钢，就是采用这一技术实现的。采用等离子体对钢材进行预热处理和再结晶处理，使钢材内部形成微细化的金属结晶微粒，结晶微粒之间的韧性很好，所以具有超塑性能，加工时不易碎裂。

采用等离子体表面加工技术还可提高某些金属材料的硬度。例如，使钢板表面氮化，可大大提高钢材的硬度。在氧等离子体中，采用微波放电可使硅、铝等进行氧化，制得超高纯度的氧化硅和氧化铝。采用无线电波放电，在氮等离子体中，对钛、锆、铌等金属进行氮化，可制得氮化钛、氮化锆、氮化铌等化合物。由直流辉光放电发生的氩等离子，使四氯化钛、氢气与甲烷发生反应，可在金属表面生成碳化钛，大大提高了材料的强度和耐磨性能。

等离子体还用于人造器官的表面加工，采用氨和氢—氮等离子体，对人造心脏表面进行加工，使其表面生成一种氨基酸，这样，人造心脏就不受人体组织排斥和血液排斥，从而使人造心脏植入手术获得成功。

8.4.2　挤压珩磨加工

挤压珩磨在国外称做磨料流动加工（Abrasive Flow Machining，称 AFM），是 20 世纪 70 年代发展起来的一项表面加工新技术，最初主要用于去除零件内部通道或隐蔽部分的毛刺，随后扩大应用到零件表面的抛光。

1. 基本原理

磨料流动加工是利用一种含磨料的半流动的粘性磨料介质，在一定压力下，强迫其在被加工表面上流过，由磨料颗粒的刮削作用去除工件表面微观不平材料的工艺方法。图 8-12 所示为磨料流动加工过程示意图。工件安装并被压紧在夹具中，夹具与上、下磨料室相连，磨料室内充以粘性磨料，由活塞在往复运动过程中通过粘性磨料对所有表面施加压力，使粘性磨料在一定压力作用下，反复在工件待加工表面上滑移通过，就好像人手用砂布均匀地压在工件上慢速移动一样，从而达到表面抛光或去毛刺的目的。

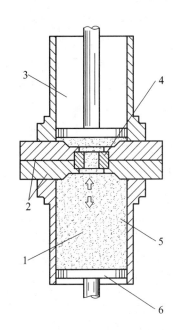

1—粘性磨料；2—夹具；3—上磨料室；
4—工件；5—下磨料室；6—活塞

图 8-12　挤压珩磨加工示意图

2. 挤压珩磨的特点

(1) 适用范围广。由于粘性磨料是一种半流动状态的粘弹性材料，它可以适应各种复杂表面的抛光和去毛刺，如各种型孔、型面、齿轮、叶轮、交叉孔、喷嘴小孔、液压部件、各种模具等，因此它的适用范围很广，几乎能加工所有的金属材料，同时也能加工陶瓷、硬塑料等。

(2) 抛光效果好。挤压珩磨加工后的表面粗糙度与原始状态和磨料粒度等有关，一般可降低为加工前粗糙度值的 1/10，最低的粗糙度可以达到 0.025 μm 的镜面。磨料流动加工可以去除在 0.025 mm 深度的表面残余应力；可以去除前面工序（如电火花加工、激光加工等）形成的表面变质层和其他表面微观缺陷。

(3) 材料去除速度快。磨料流动加工的材料去除量一般为 0.01～0.1 mm，加工时间通常为 1～5 min，最多十几分钟即可完成，与手工作业相比，加工时间可减少 90% 以上。对一些小型零件，可以多件同时加工，大大提高效率。对多件装夹的小零件，其生产率可达每小时 1000 件。

(4) 加工精度高。磨料流动加工是一种表面加工技术，因此它不能修正零件的形状误差。切削均匀性可以保持在被切削量的 10% 以内，因此，也不至于破坏零件原有的形状精度。由于去除量很小，因此可以达到较高的尺寸精度，一般尺寸精度可控制在微米数量级。

3. 粘性磨料介质

粘性磨料介质是由一种半固体、半流动性的高分子聚合物和磨料颗粒均匀混合而成的。这种高分子聚合物是磨料的载体，能与磨粒均匀粘结，而与金属工件则不发生粘附。它主要用于传递压力，携带磨粒流动以及起润滑作用。

磨料一般使用氧化铝、碳化硼、碳化硅磨料。当加工硬度合金等坚硬材料时，可以使用金刚石粉。磨料粒度范围是 8°～600°；含量范围为 10%～60%。应根据不同的加工对象确定具体的磨料种类、粒度和含量。

碳化硅磨料主要用于去毛刺。粗磨料可获得较快的去除速度；细磨料可以获得较好的粗糙度，故一般抛光时都用细磨料，对微小孔的抛光应使用更细的磨料。此外，还可利用细磨料（600°～800°）作为添加剂来调配基体介质的稠度。在实际使用中，常将几种粒度的磨料混合使用，以获得较好的性能。

4. 应用

挤压珩磨可用于边缘光整、倒圆角、去毛刺、抛光和少量的表面材料去除加工，特别适用于难以加工的内部通道的抛光和去毛刺加工。

挤压珩磨已用于硬质合金拉丝模、挤压模、拉伸模、粉末冶金模、叶轮、齿轮、燃料旋流器等的抛光和去毛刺，还用于去除电火花加工、激光加工或渗氮处理这类热能加工中产生的不希望有的变质层。

8.4.3　磨料喷射加工

1. 基本原理

磨料喷射加工是将混有细磨料或粉末的气体聚焦成束，再利用其高速喷射来加工工件材料的。图 8-13 所示为其加工过程示意图。气瓶或气源供应的气体必须是干燥的、清净的，并具有适度的压力。混合腔往往利用一个振动器进行激励，以使磨料均匀混合。喷嘴紧靠工件并具有一个很小的角度。操作过程应封闭在一个防尘罩中或接近一个能排气的集收器。影响切削过程的有磨料类型、气体压力、磨料流动速度、喷嘴对工件的角度和接近程度以及操作时间。利用铜、玻璃或橡皮面罩可以控制刻蚀图形。

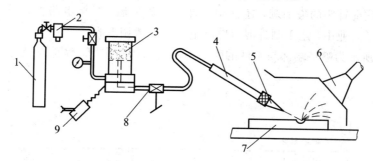

1—气源；2—过滤器；3—磨料室；4—手柄；5—喷嘴；
6—集收器；7—工件；8—控制阀；9—振动器

图 8-13　磨料喷射加工示意图

2. 设备和工具

磨料喷射加工的设备主要包括四部分：

（1）储藏、混合和载运磨料装置。

（2）工作室。

（3）灰尘收集器。

（4）干燥气体供应装置。

灰尘收集器的功率约为 500 W，它带有过滤器，可以控制粉末微粒在 1 μm 以内运动。气体压力不小于 90～690 kPa，气体应经过干燥，相对湿度小于 5/100 000。可以采用瓶装二氧化碳或氮作为干燥气体。工作地点应有充足的照明。

喷嘴端部通常由硬质合金制造，它的寿命取决于所采用的磨料型号和操作压力。采用碳化硅磨料时，喷嘴端部寿命为 8～15 h；采用氧化铝磨料时，喷嘴端部寿命为 20～35 h。

粉末磨料必须是清洁、干燥的，并且经过仔细的筛选分类。粉末磨料通常不能重复使用，因为磨损了的或混杂的磨料会使切削性能降低。用于磨料喷射加工的粉末磨料必须是无毒的，但完善的灰尘控制装置仍然是必要的，因为在磨料喷射加工过程中有可能产生灰尘，这对健康是有害的。工厂的压缩空气如果没有充分地过滤以去除混气和油，是不能作为运载气体的。氧气不能用作运载气体，因为氧气和工件屑或磨料混合时可能产生强烈的化学反应。

3. 实际应用

磨料喷射加工可用于玻璃、陶瓷或脆硬金属的切割、去毛刺、清理和刻蚀。它还可用于小型精密零件，如液压阀、航空发动机的燃料系统零件和医疗器械上的交叉孔、窄槽和螺纹的去毛刺。由尼龙、特氟隆（聚四氯乙烯）和狄尔林（乙缩醛树脂）制成的零件也可以采用磨料喷射加工来去除毛刺。磨料流束可以跟随工件的轮廓形状，因而可以清理不规则的表面，如螺纹孔等。磨料喷射加工不能用于在金属上钻孔，因为孔壁将有很大的锥度，且钻孔速度很慢。

　　磨料喷射加工操作时通常采用手动喷嘴、缩放仪或自动夹具等。可以在玻璃上切割直径小于 1.6 mm 的圆盘，其厚度达 6.35 mm，并且不会产生表面缺陷。

　　磨料喷射加工还成功地用于剥离绝缘层和清理导线，而不会影响到导体；还用于微小截面，如皮下注射针头的去毛刺；还常用于加工磨砂玻璃、微调电路板以及硅、镓等的表面清理；在电子工业中，用于制造混合电路电阻器和微调电容。

　　图 8 - 14 所示为喷嘴端部与工件的距离不同时的切削作用，喷嘴直径为 0.46 mm。

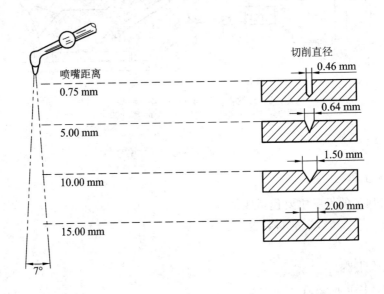

图 8 - 14　喷嘴与工件之间的距离对加工效果的影响

8.4.4　磁性磨料研磨加工

　　磁性磨料研磨加工(Magnetic Abreasive Machining，简称 MAM)又称磁力研磨或磁磨料加工，它和磁性磨料电解研磨加工(Magnetic Abrasive Electrochemical Machining，简称 MAECM)是近 10 年来发展起来的光整加工工艺，在精密仪器制造业中日益得到广泛应用。

1. 基本原理

　　磁性磨料研磨加工的原理在本质上和机械研磨加工相同，只是磨料是导磁的，磨料作用于工件表面的研磨力是磁场形成的。

　　图 8 - 15 所示为对圆柱表面进行磁性磨料研磨加工的原理示意图。在垂直于工件圆柱面轴线方向加一磁场，在 S、N 两磁极之间加入磁性磨料，磁性磨料吸附在磁极和工件表面上，并沿磁力线方向排列成有一定柔性的"磨料刷"。工件一边旋转，一边作轴向振动。磁性磨料在工件表面轻轻刮擦、挤压、窜滚，从而将工件表面上极薄的一层金属及毛刺切除，使微观不平度逐步整平。

　　图 8 - 16 所示为磁性磨料电解研磨原理示意图。它在磁性磨料研磨的基础上，再加上电解加工的阳极溶解作用，以加速阴极工件表面的整平过程，提高工艺效果。

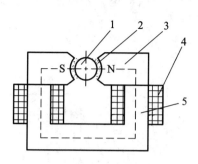

1—工件；2—磁性磨料；3—磁极；　　　　　　1—磁极；2—工件；3—阴极及喷嘴；
4—励磁线圈；5—铁芯　　　　　　　　　　　　4—电解液；5—磁性磨料

　　图 8-15　磁性磨料研磨加工原理　　　　　　图 8-16　磁性磨料电解研磨原理

　　磁性磨料电解研磨的表面光整效果是在以下三重因素作用下产生的：

　　（1）阳极溶解电化学作用。阳极工件表面的金属原子在电场及电解液的作用下，失去电子而成为金属离子，溶解入电解液，或在金属表面形成氧化膜或氢氧化膜，即钝化膜。微凸处比凹处的这一氧化过程更为显著。

　　（2）磁性磨料的刮削作用。实际上主要是刮除工件表面的金属钝化膜，而不是刮金属本身，使露出的新的金属原子不断溶解。

　　（3）磁场的加速、强化作用。电解液中的正、负离子在磁场中受到洛仑兹力作用，使离子运动轨迹复杂化。当磁力线方向和电力线方向垂直时，离子按螺旋线轨迹运动，增加了运动长度，增加了电解液的电离度，促进了电化学反应，降低了浓差极化。

　　2. 设备和工具

　　此类设备一般都是用台钻、立钻或车床等改装，或者设计成专用夹具装置，目前还没有定型的商品化机床生产厂家。

　　工件转速为 200～2000 r/min，工件轴向振动频率为 10～100 Hz，振幅为 0.5～5 mm，具体根据工件大小和光整加工的要求而定。

　　小型零件的磁力系统可采用永磁材料，以节省电能消耗；大、中型零件的磁力系统则用导磁性较好的软钢、低碳钢或硅钢片制成磁极、铁芯回路，外加励磁线圈，并通以直流电，即成为电磁铁。

　　磁性磨料是将铁粉或铁合金（如硼铁、锰铁或硅铁）的粉和磨料（加白色氧化铝或绿色电刚玉碳化硅、碳化钨等）加入粘结剂搅拌均匀后加压烧结而成的。也可将铁粉和磨料混合后用环氧树脂等粘结成块，然后粉碎、筛选成不同粒度。磨料在研磨过程中始终吸附在磁极间，一般不会流失。但研磨日久后，磨粒会破碎变纯，且磨料中混有大量金属微屑而变脏，因而需更换。

　　至于磁性磨料电解研磨，则还应有电解加工用的低压直流电源和相应的电解液，泵、箱等循环浇注系统。

　　3. 实际应用

　　磁性磨料研磨加工和其电解研磨加工适用于导磁材料的表面光整加工、棱边倒角和去毛刺等，既可用于加工外圆表面，也可用于平面或内孔表面甚至齿轮齿面、螺纹和钻头等复杂表面的研磨抛光，如图 8－17 所示。

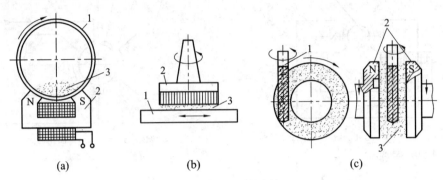

　　　　（a）　　　　　　　　　（b）　　　　　　　　　（c）

1—工件毛坯；2—磁极；3—磁性磨料

图 8－17　磁性磨料研磨应用实例示意图

（a）研磨平面；（b）研磨内孔；（c）研磨钻头复杂表面

8.4.5　复合加工概述

　　特种加工可以解决传统加工难以加工或无法加工的难题，在加工范围、加工质量、生产效率等方面，显示出许多优越性和独到之处。但是，科学技术的发展，各种新材料的应用，国防、航空、尖端工业生产的需求向其提出更新的问题，有许多问题是不能用一种加工手段所解决的。人们既不能一味追求"以柔克刚"，发展某种特种加工方法，也不应排斥"以硬对柔"的某些特点，而应从加工的可能性、方便性、经济性等因素综合考查，探索研究新的加工方法。复合加工正是在这种前提下产生和发展起来的。目前，复合加工主要向以下三个方向发展：

　　（1）以满足工件加工尺寸精度、表面粗糙度或其他表面质量方面的要求为目的，去发展已有的加工方法，组合新的复合加工方式。

　　（2）以提高生产率和扩大加工范围为目的发展复合加工。

　　（3）环境问题、经济性问题也会限制一部分加工方法的使用，而具有"绿色"特征的复合加工会得到优先发展。

　　复合加工的分类还没有明确的规定，现以加工时主要的作用形式和能量来源，对常用的复合加工方法进行分类，具体见表 8－2。

表 8－2　常用复合加工方法分类表

加工方法	主要能量来源及形式	作用形式	符　　号
复合切削加工	机械能、声能、磁能、热能	切削	
复合电解加工	电化学能、机械能	切蚀	
超声复合加工	声能、电能、热能	熔化、切蚀	
电解电火花磨削加工	电能、热能、机械能	离子转移、熔化、切削	MEEC
电化学腐蚀加工	电化学能、热能	熔化、汽化腐蚀	ECE
电化学电弧加工	电化学能	熔化、汽化腐蚀	ECAM

除此之外，还可以将复合加工按以传统加工方法为主与特种加工方法结合，以特种加工方法为主与传统加工方法结合，特种加工方法之间结合来分为三大类。

无论是以传统加工为主，还是以特种加工为主或特种加工之间的复合加工，只要其能量来源、作用形式不同，其加工特点、应用范围就不会一样，每种复合加工都各自具有一定的特点。为了更好地应用和发挥各种复合加工的最佳功能和效果，必须依据材料、尺寸、形状、精度、生产率、经济性等条件作具体分析，合理选用复合加工的方法和方式。

习题与思考题

8-1　试列表归纳、比较本章中各种特种加工方法的优缺点和适用范围。

8-2　如何能提高化学蚀刻加工和光化学腐蚀加工的精密度(分辨率)？

8-3　从"滴水穿石"到水射流切割工艺的实用化，在思想上对你有何启迪？要具体逐步解决什么关键技术问题？

8-4　在人们日常的工作和生活中，有哪些物品或商品(包括工艺美术品等)是用本书所述的特种加工方法制造的？

参 考 文 献

［1］　刘晋春，白基成，郭永丰，等. 特种加工［M］. 5 版. 北京：机械工业出版社，2008.

［2］　袁根福，祝锡晶. 精密与特种加工技术［M］. 北京：北京大学出版社，2007.

［3］　周旭光. 特种加工技术［M］. 西安：西安电子科技大学出版社，2007.

［4］　罗学科，李跃中. 数控电加工机床［M］. 北京：化学工业出版社，2003.

［5］　贾立新. 电火花加工实训教程［M］. 西安：西安电子科技大学出版社，2007.

［6］　周湛学，刘玉忠，等. 数控电火花加工［M］. 北京：化学工业出版社，2007.

［7］　北航 CAXA 教育培训中心. CAXA 数控车 XP 实例教程［M］. 北京：北京航空航天大学出版社，2002.

［8］　丛文龙，张祥兰. 数控特种加工技术［M］. 北京：高等教育出版社，2005.

［9］　杨武成，曹静，孙俊茹. 电刷镀锡技术在干式电流互感器一次载流体制造中的应用［J］. 高压电器，2007，43(6).

［10］　孔庆华. 特种加工［M］. 上海：同济大学出版社，1997.

［11］　张建华. 精密与特种加工［M］. 北京：机械工业出版社，2003.

［12］　杨洪亮. 数控加工及特种加工技术［M］. 哈尔滨：哈尔滨工业大学出版社，2008.

［13］　陈良治. 新型材料与特种加工技术的应用［M］. 西安：西北工业大学出版社，1990.

［14］　刘晋春，赵家齐. 特种加工［M］. 2 版. 北京：机械工业出版社，1993.